宁夏常规饲草
质量控制
与安全评价研究

刘 霞 著

中国农业科学技术出版社

图书在版编目（CIP）数据

宁夏常规饲草质量控制与安全评价研究 / 刘霞著.
北京：中国农业科学技术出版社，2025.4. --ISBN
978-7-5116-7358-9

Ⅰ.S54

中国国家版本馆 CIP 数据核字第 2025928KB3 号

责任编辑　李冠桥
责任校对　王　彦
责任印制　姜义伟　王思文

出 版 者	中国农业科学技术出版社
	北京市中关村南大街 12 号　　邮编：100081
电　　话	（010）82106632（编辑室）　　（010）82106624（发行部）
	（010）82109709（读者服务部）
网　　址	https://castp.caas.cn
经 销 者	各地新华书店
印 刷 者	北京捷迅佳彩印刷有限公司
开　　本	170 mm×240 mm　1/16
印　　张	16.5　彩插　8 面
字　　数	302 千字
版　　次	2025 年 4 月第 1 版　2025 年 4 月第 1 次印刷
定　　价	98.00 元

版权所有·翻印必究

资助项目

1. 宁夏农林科学院农业高质量发展和生态保护科技创新示范课题"宁夏青贮饲料质量安全控制关键技术研究"（NGSB-2021-5）

2. 宁夏回族自治区自然科学基金项目"添加剂对金银花枝条与苜蓿混合青贮发酵品质及微生物差异性研究"（2023AAC03421）

3. 宁夏回族自治区自然科学基金项目"金银花枝条对苜蓿青贮发酵微生物多样性及有氧贮存稳定性研究"（2022AAC03439）

4. 2022年自治区青年科技人才托举工程项目

5. 2022年宁夏回族自治区科技创新领军人才项目（2022GKL-RLX09）

6. 宁夏回族自治区自然科学基金项目"固原地区不同时间尺度苜蓿-土壤C、N、P生态化学计量特征的研究"（2019AAC03294）

《宁夏常规饲草质量控制与安全评价研究》
主要参与人员

刘　霞　李　冬　王晓菁　杨　斌　张　艳
牛　艳　李彩虹　王晓静　葛　谦　吴　燕
杨　静　赵子丹　王彩艳　苟春林　杨春霞
开建荣　张锋锋　王　芳　张　静　闫　玥
石　欣　李淑玲　马小龙　魏新举　单巧玲

目　录

第一章　我国牧草产业的发展与研究概述 1
　第一节　我国牧草产业发展现状 1
　第二节　我国苜蓿产业发展现状概述 3
　第三节　我国青贮玉米产业发展现状概述 13

第二章　我国青贮饲料的发展与研究概述 18
　第一节　青贮饲料生产现状 18
　第二节　青贮饲料的种类、制备及其在畜牧业中的应用 20
　第三节　青贮饲料的青贮、腐败过程及微生物学机理 27
　第四节　青贮饲料添加剂研究 31
　第五节　青贮饲料微生物多样性的研究 38

第三章　畜牧业质量安全现状概述 44
　第一节　畜产品质量安全影响因素及对人体危害 45
　第二节　草产品质量安全影响因素 48
　第三节　农畜产品质量安全防控措施 55

第四章　宁夏畜牧业发展现状与概述 59
　第一节　宁夏养殖业发展现状 59
　第二节　宁夏牧草产业发展现状 61

第五章　试验材料与方法 65
　第一节　苜蓿-土壤 C、N、P 化学计量研究 65
　第二节　宁夏地区主要牧草营养品质评价 74
　第三节　宁夏地区青贮饲料质量安全评价方法 85

第六章 不同时间尺度苜蓿-土壤 C、N、P 生态化学计量特征的研究 ……………………………………………………………… 112
第一节 不同年限苜蓿-土壤 C、N、P 化学计量特征的研究………… 113
第二节 不同茬次苜蓿-土壤 C、N、P 化学计量特征的研究………… 121

第七章 金银花枝条对苜蓿青贮发酵微生物多样性及有氧贮存稳定性研究 ……………………………………………………………… 132
第一节 金银花枝条和乳酸菌对苜蓿青贮营养品质及微生物多样性的研究 ……………………………………………………………… 133
第二节 有氧暴露下金银花枝条对苜蓿青贮营养品质变化影响研究 ……………………………………………………………… 153

第八章 添加剂对金银花枝条与苜蓿混合青贮发酵品质及微生物差异性研究 ……………………………………………………………… 163
第一节 研究现状及发展动态分析………………………………… 164
第二节 甲酸添加量和金银花枝条比例对苜蓿青贮品质的影响…… 166
第三节 单宁酸添加量和金银花枝条比例对苜蓿青贮品质的影响… 177
第四节 乳酸添加量和金银花枝条比例对苜蓿青贮品质的影响…… 189

第九章 青贮玉米与苜蓿混合青贮营养品质的研究……………………… 201

第十章 宁夏地区青贮饲料质量安全现状评价研究……………………… 215
第一节 宁夏地区奶牛常规青贮饲料营养品质评价……………… 215
第二节 宁夏地区奶牛常规青贮饲料安全现状评价……………… 222

参考文献………………………………………………………………… 229

第一章 我国牧草产业的发展与研究概述

20世纪90年代以来,我国牧草产业在国家西部大开发、退耕还草、退牧还草等的政策支持下,取得了较快的发展。2005年之后,由于受良种补贴、退耕还林补贴等国家政策、市场价格以及其他因素的影响,产业发展起伏波动很大,尤其是受粮食补贴政策影响,牧草种植面积大幅下降。目前,我国牧草产业正处于逐步恢复发展阶段。新时期发展牧草产业,是促进现代草食畜牧业可持续发展的关键手段;是改善农村生态环境的重大举措;是优化产业结构、促进农业和农村经济快速发展的重要增长点;是应对气候变化的重要途径;是促进生物能源产业升级的有效选择。

第一节 我国牧草产业发展现状

20世纪90年代中后期以来,逐渐兴起的牧草产业,已初步形成了集种子繁育、牧草种植、产品加工、贮运和销售等各环节连接的产业链条。但自2004年以来,随着国家粮食安全政策的强有力实施,对牧草产业形成了不小的冲击。自国内发生"三聚氰胺"事件以来,许多大型养殖企业,特别是奶牛养殖场开始注重用苜蓿饲喂奶牛,以提高奶产品产量和质量,从而拉动了苜蓿等主要草产品价格的快速回升,导致近2年我国牧草产业逐步趋向回升的势头。

一、我国牧草产业发展成就

2020年全国利用耕地(含草田轮作、农闲田)种植优质饲草近8 000万亩①，产量约 7 160 万 t（折合干重，下同），比 2015 年增长 2 400 万 t。其中，全株青贮玉米 3 800 万亩、产量 4 000 万 t，饲用燕麦和多花黑麦草 1 000 万亩、产量 820 万 t，其他一年生饲草 1 500 万亩、产量约 1 200 万 t，优质高产苜蓿 650 万亩、产量 340 万 t，其他多年生饲草 1 000 万亩、产量约 800 万 t。全株青贮玉米、优质苜蓿平均亩产分别达到 1 050kg、514kg，比 2015 年分别提高 19.6%、11.5%。同时，草原牧区积极推进人工饲草地建设，刈割利用水平稳步提升，年可供干草约 1 000 万 t。

2021 年底我国饲草加工业快速发展，全国草产品加工企业和合作社数量达到 1 547 家，比 2015 年增长近 2 倍；优质商品草产量 996 万 t，增长 27%。饲草产品质量稳步提升，90% 的全株青贮玉米达到良好以上水平，苜蓿二级以上占 70%。多地立足气候条件和资源禀赋，河西走廊、北方农牧交错带、河套灌区、黄河中下游及沿海盐碱滩涂区统筹畜牧业发展和生态建设，大力发展苜蓿等优质饲草，培育了一批饲草产业集群。东北、西北地区积极推广短生育期饲草，种植模式实现"一季改两季"。各地在全面推广全株青贮玉米的基础上，还因地制宜地选择饲用燕麦、黑麦草、苜蓿、箭筈豌豆、小黑麦等饲草品种开展粮草轮作，推行豆科与禾本科饲草混播或套种，土地产出率大幅提高。

各地实践证明，在耕地上发展饲草，实现了化草为粮，玉米籽粒和秸秆一起全株饲用，既保障了粮食播种面积，又提高了秸秆利用率，土地产出率提高 30% 左右。1 亩优质高产苜蓿提供的蛋白相当于 2 亩大豆，还能有效改善土壤通气透水性能、增加有机质、提升地力。在盐碱地、滩涂上种植耐盐碱饲草品种，不仅增加了饲草供应，而且改良了土质，形成了土地增量。在黄河流域、草原等生态保护重点区域发展人工种草，涵养了水源，减少了水土流失，遏制了草原退化、沙化、盐碱化趋势。

二、我国牧草产业存在的问题

1. 与畜牧业发达国家差距大

20 世纪 50 年代，美国就将紫花苜蓿列入战略物资名录，草产业已成为

---

① 1 亩约为 667m²，全书同。

美国农业中的重要支柱产业，为发展健康农业、有机农业、循环农业，改良中低产田和发展节粮型畜牧业方面作出了巨大贡献。然而，我国由于长期受农耕文化的影响，牧草产业一直没有真正发展起来。只是在 20 世纪 90 年代末，在牧草国际市场需求旺盛和国内农业产业结构战略性调整的大背景下，牧草产业才出现了短暂的兴盛。当前，我国牧草产业还非常落后，生产规模小，市场机制还不健全，所生产的大部分豆科牧草产品质量较低，缺乏在国际市场上的竞争能力。

目前，我国商品草仅 280 万 t，且 80% 为 3 级以下。2008 年美国干草收获面积为 2 446.0 万 hm^2，各类牧草总产量达到 1.48 亿 t，紫花苜蓿和其他牧草干草总产量分别为 7 094.4 万 t 和 7 701.1 万 t，1 级品苜蓿干草占到苜蓿干草产品的 70% 以上，粗蛋白质含量 18% 以上，出口苜蓿草产品总值达 1.64 亿美元。

2. 草产品供应难以满足需求

当前，我国的畜牧业，特别是草食畜牧业已发展到相当大的规模，传统的"秸秆+精料"的粗放型饲喂模式已难以为继，近年来频发的畜产品质量安全事件更为草食畜牧业的传统饲养方式敲响了警钟。养殖业者和决策部门已经认识到牧草对于草食畜牧业可持续发展的极端重要性。如自"三聚氰胺"事件发生以来，国家政策及奶业市场不断推动着奶牛业的转型，对苜蓿的需求量快速增加，苜蓿进口量迅速提高，2009 年我国进口苜蓿干草 7.66 万 t，同比增加 290.9%；出口苜蓿干草 1.11 万 t，同比减少 58.7%。随着奶业市场和其他畜产品市场的不断规范，我国对草产品的需求会快速增加，而国内由于土地资源的稀缺，用于牧草生产的土地极其有限，因而国内草产量供不应求的状况日趋凸显。

第二节　我国苜蓿产业发展现状概述

苜蓿草作为"牧草之王"，一直被牧业作为奶牛的高营养粗饲料，是奶业生产的关键因素之一。由于我国长期以来将苜蓿草产业视为畜牧业、奶业的附属产业，并未作为一个基础产业给予支持，再加上受到从 2004 年开始实施的粮食安全政策的冲击，与欧美等草食畜牧业发达国家相比，我国的苜蓿草产业发展还相对落后，国际市场竞争力还相对薄弱。然而国内苜蓿草自给率不足50%，且质量相对较低。随着国家深化农业供给侧结构性改革、种植结构调整、"粮改饲"等政策出台，以苜蓿为主的优质草产品产业发展前景良好，振兴我国以苜蓿为主的牧草产业已成为牧草产业关注的一个热点问题。

一、我国苜蓿草发展历程

苜蓿在我国已有2000多年的种植、食用、饲用及药用历史，但没有形成产业，未进入商品草市场，属于农民自产自用的作物。

从20世纪90年代末至21世纪初，中央政策鼓励退耕还林还草，商品化苜蓿草伴随着生态工程而兴起，我国苜蓿草种植面积激增。在这一阶段，我国苜蓿商品草产品主要瞄准国际市场。

2004年后，政府把农业优惠政策转向补贴粮食生产，从而对饲草产业造成冲击，全国种植苜蓿保留面积急剧下降，呈现出低迷徘徊状态。

2008年"三聚氰胺"事件之后，国人才重新审视牧草业在奶牛安全生产发展中的关键地位和作用，与此同时，美国高质量苜蓿开始进入中国养殖业市场，这使企业重拾苜蓿种植的积极性，我国苜蓿草产业发展受到国家政策层面的高度重视。

在"振兴奶业苜蓿发展行动"等政策的推动下，国产苜蓿草种植面积和产量显著增加，质量提升较快，形成了甘肃河西走廊、内蒙古科尔沁草地、宁夏河套灌区等一批10万亩以上集中连片的优质苜蓿种植基地。随着我国奶牛养殖对商品苜蓿草的需求日益增加，优质的国产苜蓿已成为许多牧场的首选。

二、我国苜蓿草生产现状分析

自2012年开始，农业部（现称农业农村部）会同财政部启动实施高产优质苜蓿示范建设项目，经过多年的不懈努力，优质苜蓿生产得到有效发展，国产苜蓿种植面积有所增加。

目前，甘肃是我国苜蓿种植面积最大的省份，苜蓿商品草种植面积占到全国总种植面积的四成；其次是内蒙古，约占全国种植面积的两成。此外，宁夏、黑龙江、陕西、新疆、河北、山东、山西、安徽、河南和吉林10余省份也有大面积种植苜蓿。

科尔沁沙地区、河西走廊、鄂尔多斯高原、银川平原、榆林沙地、天山南北麓等区域是我国苜蓿干草主要生产区；安徽蚌埠黄河故道区、黄河滩区、黄河三角洲区是我国主要苜蓿青贮商品区；甘肃定西黄土高原丘陵沟壑区、陇东黄土高原塬梁区、宁夏六盘山区形成我国农牧交错区草畜一体化发展的典型产区。

2014年我国苜蓿种植面积约598.1万亩，到2021年增长到了635.5万亩。近几年我国苜蓿种植面积情况如图1-1所示。

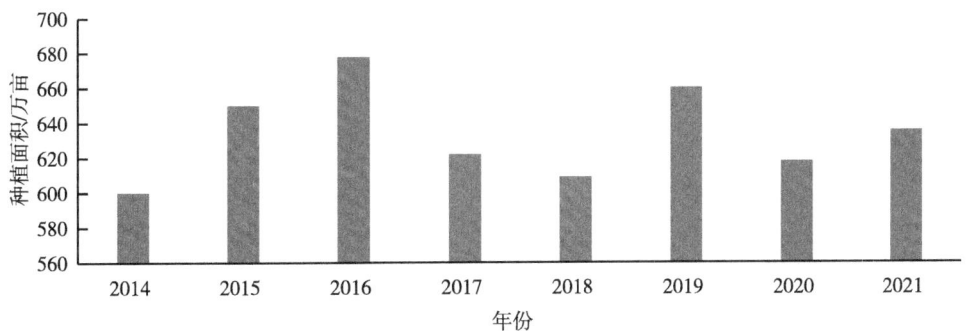

图1-1　2014—2021年中国苜蓿种植面积情况

2014年我国苜蓿产量357.9万t，到2021年增长到了422.4万t。近几年我国苜蓿产量情况如图1-2所示。

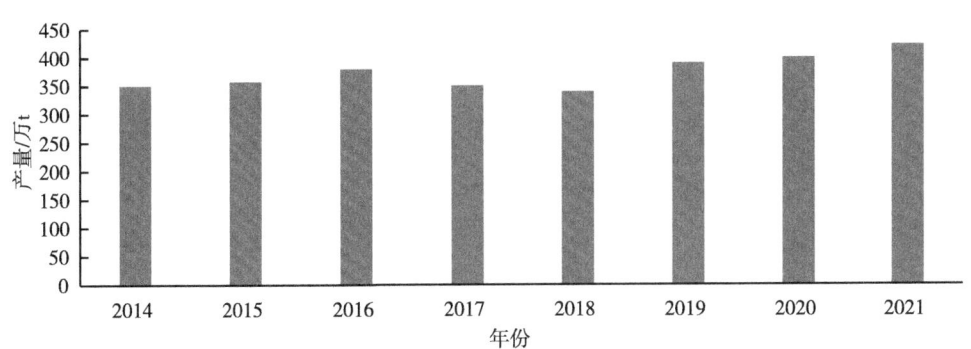

图1-2　2014—2021年中国苜蓿产量情况

三、苜蓿进口情况分析

自 2008 年的"三聚氰胺"事件发生以来,国家政策及奶业市场不断推动着奶牛养殖业的转型,对苜蓿的需求量快速增加,我国苜蓿进口量迅速提高。美国加大了对中国苜蓿产品的出口。目前我国每年依然从美国、西班牙等地进口大量的苜蓿草产品,如图 1-3 所示。2021 年中国进口苜蓿干草 178 万 t。

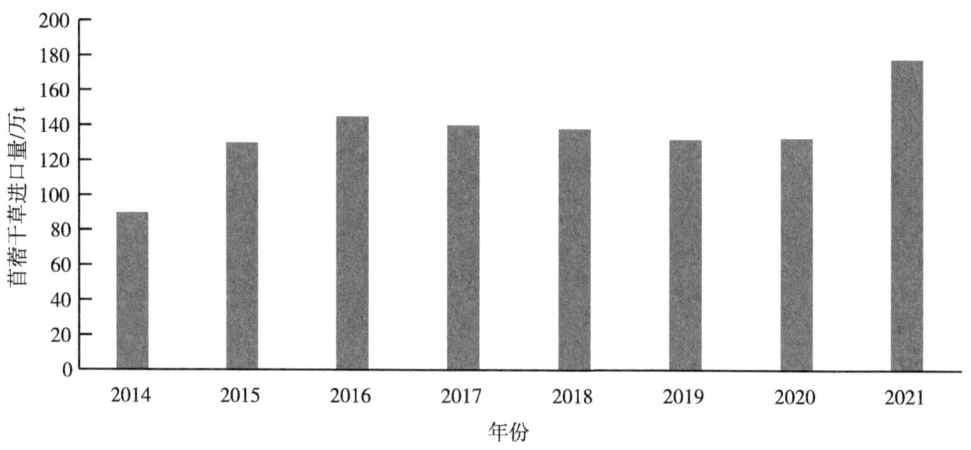

图 1-3　2014—2021 年中国苜蓿进口数量情况

从进口来源国看,2021 年苜蓿干草主要来自美国,进口量为 143.43 万 t,占比 80.60%;其次为西班牙 22.73 万 t,占比 12.80%;此外还从南非、加拿大等国少量进口,如图 1-4 所示。

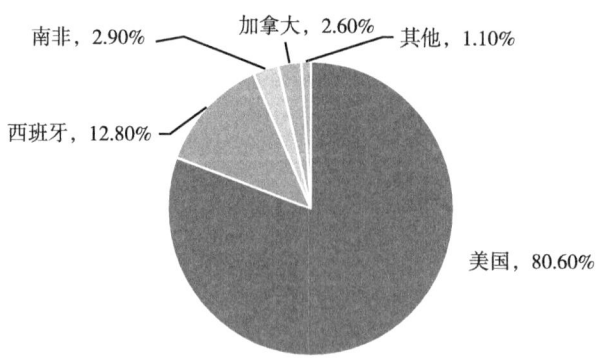

图 1-4　2021 年中国苜蓿干草进口国来源结构

四、我国苜蓿产业相关政策

根据国家统计局发布的《国民经济行业分类》（GB/T 4754—2017），苜蓿产业属于农业行业，行业代码 A01，其细分领域为农业中的其他农业，代码为 A0190。苜蓿种植与加工行业的主要监管部门为农业农村部和各级农业农村部门，苜蓿草行业相关政策具体详见表 1-1。

表 1-1 苜蓿草行业相关政策

名称	发布时间	发布单位	主要相关内容
"十四五"全国饲草产业发展规划	2022年2月	农业农村部	发展优质苜蓿种植，大力推进西北、华北、东北和部分中原地区苜蓿产业带建设，建成一批优质高产苜蓿商品草基地，逐步实现优质苜蓿就地就近供应，保障奶牛规模养殖苜蓿需求。推广先进栽培技术、水肥一体化技术、生物灾害绿色防控技术、测土配方施肥技术、高效节水灌溉技术、裹包青贮技术和机械化收获技术等，推进苜蓿生产规模化、田间管理标准化和生产服务社会化
"十四五"奶业竞争力提升行动方案	2022年2月	农业农村部	实施振兴奶业苜蓿发展行动，支持内蒙古、甘肃、宁夏建设一批高产优质苜蓿基地，提高国产苜蓿品质，推广青贮苜蓿饲喂技术，提升国产苜蓿自给率。推进农区种养结合，探索完善牧区半舍饲模式，推动农牧交错带种草养畜。推进饲草料种植和奶牛养殖配套衔接，总结推广粗饲料就地就近供应典型技术模式，降低饲草料投入成本
2021—2023年农机购置补贴实施指导意见	2021年3月	农业农村部、财政部	重视发挥农机购置补贴政策引导作用，支持提高苜蓿等牧草生产机械化水平。目前，中央财政资金全国农机购置补贴机具种类范围包括播种机、割草机、搂草机、打（压）捆机、圆草捆包膜机、青饲料收获机、抓草机等品目，基本涵盖了苜蓿生产所需的主要机具
关于促进畜牧业高质量发展的意见	2020年9月	国务院办公厅	因地制宜推行"粮改饲"，提高苜蓿、燕麦草等紧缺饲草自给率。推进饲草料专业化生产，加强饲草料加工、流通、配送体系建设
关于推进奶业振兴保障乳品质量安全的意见	2018年6月	国务院办公厅	推进饲草料种植和奶牛养殖配套衔接，就地就近保障饲草料供应，实现农牧循环发展。建设高产优质苜蓿示范基地，提升苜蓿草产品质量，力争到2020年优质苜蓿自给率达到80%，推进饲草料品种专业化、生产规模化、销售市场化，全面提升种植收益、奶牛生产效率和养殖效益

（续表）

名称	发布时间	发布单位	主要相关内容
全国苜蓿产业发展规划（2016—2020年）	2016年1月	农业部	到2020年，新增优质苜蓿种植面积300万亩，改造提升优质苜蓿种植面积300万亩，苜蓿干草单产达到600kg/亩，增加优质苜蓿产量180万t，优质苜蓿自给率达到80%左右；二级及以上标准的苜蓿干草比例达到55%以上；新增或改造提升苜蓿种子田面积10万亩，苜蓿种子单产达到30kg/亩；发展壮大100家万t级苜蓿草业龙头企业，建设500个高产优质苜蓿生产基地+奶牛（或其他草食动物）的种养结合示范场，建设238个优质苜蓿重点县
全国草食畜牧业发展规划（2016—2020年）	2016年7月	农业部	饲草料产业坚持"以养定种"的原则，以优质牧草等为重点，因地制宜推进优质饲草料生产，加快发展商品草。推进草种保育扩繁推一体化发展，培育适应性强的优良牧草新品种。加强牧草种子繁育基地建设，不断提升牧草良种覆盖率和自育草种市场占有率
振兴奶业苜蓿发展行动	2012年7月	农业部	中央财政每年安排3亿元，支持50万亩高产优质苜蓿示范片区建设，每亩补贴600元，重点用于推行苜蓿良种化、应用标准化生产技术、改善生产条件和加强苜蓿质量管理等方面。2019年项目规模扩大，安排补贴苜蓿面积扩大到100万亩以上，资金增加6亿元，并给予地方更大的自主权。2022年该政策继续实施

五、苜蓿营养价值及在畜牧业的应用

苜蓿具有适应性强、产量高、草质优良、营养丰富、适口性好、家畜易于消化等特点，而且苜蓿有增加机体免疫力的作用，苜蓿的利用方式有多种，可青饲、放牧，也可调制干草、草粉及草颗粒等草产品，目前美国是世界上苜蓿种植面积最大的国家，约占世界种植面积的1/3，种植面积仅次于小麦、玉米和大豆，位列第四。

苜蓿的营养价值主要体现在不仅含有丰富的蛋白质、矿物质元素、碳水化合物、多种氨基酸、维生素等营养物质，同时还含有一些未知促生长因子，品质优良，是优质蛋白质饲料的首选原料。

1. 苜蓿的营养价值

（1）粗蛋白质。紫花苜蓿以粗蛋白质含量高而著称。据相关报道，紫花苜蓿粗蛋白质含量在孕蕾期达到23%左右，是玉米粗蛋白质含量的2.47倍。

苜蓿的粗蛋白质中氨基酸种类齐全、组成合理，含有20种以上的氨基酸，包括人和动物的全部必需氨基酸，以及一些稀有氨基酸，如瓜氨酸、刀豆氨酸等。其中赖氨酸含量约为玉米籽实的5.7倍，而其他必需氨基酸，如精氨酸、组氨酸等为玉米的2倍左右，色氨酸和蛋氨酸也显著高于玉米。紫花苜蓿的蛋白质及氨基酸比例均衡，与动物体内的蛋白质及氨基酸组成比例相似，转化效价较高。

苜蓿叶片中的粗蛋白质含量高于茎，其中30%~50%的蛋白质存在于叶绿体中。另外，非蛋白氮（游离氨基酸、肽、酰胺、嘌呤、嘧啶和生物碱等）约占苜蓿总氮量的1/3，其中游离氨基酸占60%~70%。

粗蛋白质是苜蓿等级划分的重要依据，其含量高低直接关系到苜蓿商品等级和经济价值（可参考 NY/T 1170—2020、NY/T 1574—2007）。蛋白质品质受到两个因素的制约，即蛋白质的组成及其降解率。苜蓿粗蛋白质大部分都可以被反刍动物的瘤胃降解，且其降解率高于油菜籽粉、大豆饼粉等。苜蓿干草的粗蛋白质降解率可达到78%（NRC，1989）。从产量来看，亩产1 000kg干草的苜蓿人工草地蛋白质产量是同等面积大豆产量（85.03kg）的5.9倍，具有明显的优势。在北方生产栽培条件下，苜蓿的干物质产量为15t/hm^2，粗蛋白质产量为相同面积小麦-玉米两熟系统的2.41倍，表现出能量基本相当，蛋白质明显高出的优势。而且苜蓿生产的功能蛋白存在于茎叶内，可直接为家畜摄入，比某些贮存蛋白更易被家畜吸收。White研究指出，苜蓿的产量和质量成反比关系，种植密度越大，粗蛋白质含量和可消化干物质含量越低。

苜蓿中粗蛋白质的含量差别很大，与其品种、生育期、物候期、气候条件以及生长环境密切相关。不同的苜蓿品种，粗蛋白质含量不同，这是由不同苜蓿品种间茎和叶组成、形态和生长发育特点决定的。数据显示，苜蓿粗蛋白质含量与株高、茎叶比呈负相关，与节间数、叶茎比呈显著正相关，与节间长呈显著负相关关系。紫花苜蓿的株龄（半月龄）与其粗蛋白质含量呈显著负相关（$P<0.01$），是影响其粗蛋白质含量变化的主要内在因素。苜蓿蛋白质在生育期内的变化有两个高峰，一是返青期到分枝期，二是开花期到基部结荚乳熟期。

（2）碳水化合物。紫花苜蓿中的碳水化合物主要以糖类、淀粉、纤维素、半纤维素、木质素为主，是一类重要的能量营养素，在动物日粮中占有相当大的比例。据研究，随着苜蓿植株体成熟度的增加，苜蓿中的碳水化合物（糖类、纤维素、半纤维素）和木质素的变化趋势恰恰相反，且茎叶比增大。

碳水化合物在苜蓿草粉中的含量并不稳定，随苜蓿的品种、株龄、收获期以及干燥方式等的不同，其含量差异很大。苜蓿与其他非豆科牧草相比，苜蓿的中性洗涤纤维含量较低，发酵率高，家畜对苜蓿的采食量高。

（3）维生素和矿物质元素。苜蓿草中的维生素种类多、品种齐全，特别是叶酸、叶绿素、维生素 K、生物素、维生素 E、维生素 B_2、叶黄素、胡萝卜素含量较高，其中 β-胡萝卜素、叶酸、生物素的平均含量分别为 94.6mg/kg、4.36mg/kg 和 0.54mg/kg（NRC，1998），且是生物素利用率最高的原料之一。

苜蓿草中还含有钙、磷、铁、镁、钾、铜、锰等多种矿物质元素，矿物质的含量远比禾本科牧草中矿物质含量高，钙、镁、钾含量较丰富，其中钙的含量为 1.50%~1.90%，磷不含植酸磷，生物学效价高。据报道，苜蓿中含有大量的类胡萝卜素和叶黄素，能够改善鱼类及畜禽产品的色泽，提高其商品性能。

2. 苜蓿在畜牧业中的应用

苜蓿的产草量高、适口性好、营养丰富，是良好的饲草饲料。苜蓿作为饲料可以直接青饲，也可以放牧，还可以调制加工成青贮料、青干草、颗粒料。苜蓿在奶牛养殖中的应用较为广泛，合理的饲喂可以达到良好的饲喂效果，显著的提高奶牛的生产性能。

苜蓿属多年生禾本科植物，在我国各地都有栽培，是重要的饲草饲料，其中紫花苜蓿优点是产草量高，适口性好，适应性强，营养丰富，可再生能力强，具有良好的饲用价值。苜蓿不但含有丰富的粗蛋白质、矿物质和维生素，并且还含有动物生长发育的必需氨基酸、微量元素以及其他未知的生长因子，其营养价值较其他牧草高。苜蓿是奶牛养殖中的常用饲料，可作为蛋白质饲料，但是对高产奶牛来说，苜蓿可作为主要的能量饲料，可以显著提高奶牛的生产性能。苜蓿在奶牛养殖中应用较为广泛，可以直接刈割饲喂、放牧，还可以制成青贮料，晒制青干草，可长期贮存，为冬季青绿饲料缺乏时提供营养，另外，苜蓿还可制成苜蓿颗粒，可显著提高饲料利用率，提高奶牛的生产性能。

（1）牛。近年来，我国奶牛养殖业保持持续稳定的发展势头，奶牛产奶总量从1984年的259万t增加到2000年的919万t，然而我国奶牛生产中优质禾本科和豆科牧草的使用很低，奶牛的常规饲料仍为劣质秸秆类粗饲料（玉米秸秆、麦秸和稻秸）和三大料（玉米、麸皮、饼粕）的简单混合，其能量有余，蛋白质饲料单一，氨基酸搭配不当，矿物质、微量元素和维生素严重缺乏，饲料转化率低，产奶量、乳脂率低。

四种粗饲料的营养价值以苜蓿干草为最佳，其次是玉米青贮，再次是羊草干草，最差是玉米秸秆。1998年，我国奶牛平均产奶量为1 469kg，低于世界平均水平2 028kg。总结国外奶牛高产、奶牛健康和利用年限长的经验，主要是在于常年饲喂优质牧草饲料（如苜蓿和鲁梅克斯k-1）。因此，在我国也应大力推广优质牧草饲料。

刘树欣用5kg苜蓿代替5kg玉米精料饲喂奶牛，试验结果表明，用苜蓿饲喂奶牛可使每头牛日产奶量增加1.5kg，每头奶牛每天可多增收4.35元。这表明，用苜蓿替代部分精料可降低日粮成本，提高产奶量。李胜利用优质苜蓿作为高产奶牛的粗饲料，研究对奶牛生产性能的影响，试验结果表明，牛奶日产量增加3.2kg，乳脂率提高9.7%，乳蛋白率提高3.8%。

王运亨（2000）用2.5kg苜蓿干草取代2.5kg羊草饲喂奶牛，牛奶产量有了显著的提高，乳成分也得到改善，每头每日纯增效益3.68元。可见，用高蛋白苜蓿干草代替低蛋白的玉米秸、羊草和玉米青贮，可以提高产奶量、改善乳成分和提高经济效益。

（2）羊。苜蓿年产量高，并含有各种必需氨基酸，蛋白质的生物学价值也比较高，钙、磷、胡萝卜素、硫胺素、核黄素、维生素C、维生素E等均丰富。因此，用苜蓿干草饲喂肉羊可改善肉羊的育肥效果和经济价值。赵凤立用苜蓿干草饲喂肉羊肥育效果试验，结果发现试验组羊的屠宰率、净肉率、眼肌面积及失水率均显著高于对照组羊，但添加苜蓿量不宜超过日粮的30%。

胡永杰用紫花苜蓿饲喂肉羊，试验结果表明试验组山羊比对照组山羊日增重高27.4g，经济效益提高18.1%。洪名魁用苜蓿干草和蛋白粉饲料饲喂小尾寒羊进行育肥效果试验，结果发现苜蓿干草和蛋白粉对小尾寒羊日增重、屠宰率、净肉率影响基本一致。

（3）猪。在日粮中搭配一定的苜蓿草粉，能为生长猪提供部分维持能量及组织合成需要，但苜蓿中纤维含量较高，用量越多，其抗营养性越强，因此在猪日粮中的添加量不宜过大。韩东鲁试验表明，在猪日粮中添加5%的苜蓿草粉比添加9%的苜蓿草粉，平均日增重高17.78g。

但美国许多州（1953—1955年）的试验表明，生长育肥猪的日粮用5%~15%的优质苜蓿可使生长猪获得良好的生产性能。为提高猪对苜蓿的利用率，可在猪高苜蓿水平日粮中添加纤维素酶。申瑞玲在含10%苜蓿的猪日粮中添加0.1%的复合纤维素酶，粗蛋白质的利用率提高19.2%，粗纤维提高41.1%，日增重提高17.9%，屠宰率提高5.69%。

另外，在日粮中添加苜蓿对繁殖母猪的健康和胎儿的发育有着十分重要的作用。母猪在空怀期和妊娠期对饲料能量的需求并不太迫切，如果在这一时期内提供的能量过多，会使母猪太肥，导致不易受孕或产仔率不高。因此，在空怀期和妊娠期的前、中期，这两个半月内给母猪多喂优质牧草，不仅可节省大量精饲料，而且苜蓿中含有的大量维生素和矿物质对胎儿的健康十分有利。

（4）家禽。苜蓿中含有丰富的维生素和矿物质元素，以及其他一些未知生长因子，可改善家禽的生产性能。苜蓿总苷是从天然苜蓿中提取的具有生理活性的物质，具有类似大豆黄酮的功能。雷祖玉在肉仔鸡日粮中添加苜蓿总苷，试验结果表明，肉仔鸡的腹脂重和腹脂率分别降低了7.70%和11.16%，差异极显著（$P<0.01$）；半净膛重提高了3.89%。

这是因为苜蓿总苷使肉仔鸡体内合成蛋白质的能力增强，同时提高了氮的吸收和利用率，使氮的代谢产物减少，从而提高了半净膛重。苜蓿草粉也是家禽饲料中叶黄素的重要来源，它不仅使蛋黄的色泽鲜艳，提高产蛋性能，而且可降低生产成本。

陶福军报道，用苜蓿草饲喂豁鹅可使鹅个体产蛋量提高19%，商品咸鹅蛋蛋黄颜色明显变深、发红，呈金黄色，每只鹅增收12元。何欣试验表明，在蛋鸡饲料中添加5%的苜蓿草粉对蛋黄的着色有着极显著的促进作用。

（5）其他动物。粗纤维是家兔能量的部分来源，对维持家兔的正常消化功能，预防消化道疾病有重要的作用。苜蓿中含有丰富的粗纤维，还含有家兔生长发育所不能合成的四种维生素：维生素 A、维生素 E、维生素 K、维生素 B_{12}。高崇岳在毛兔日粮中添加 50% 的苜蓿草粉，日增重为 10.7g/d，产毛量 110.3g，屠宰率 52.3%，优于饲喂普通粗饲料。

崔日顺用苜蓿代替树叶饲喂梅花鹿，试验结果表明，试验组比对照组鹿茸干重增加 25.1%，二杠茸单产增加 10.66%；并建议，在鹿的日粮中添加 36% 左右的鲜苜蓿比较合适。

第三节　我国青贮玉米产业发展现状概述

青贮玉米是指在适宜收获期内收获包括果穗在内的地上全部绿色植株，经切碎、加工，并适宜用青贮发酵的方法制作饲料的玉米。与籽粒玉米相比具有营养价值高、适口性好、消化利用率高等优质特点，是草食动物的主要粗饲料原料的优质来源。青贮玉米与籽粒玉米对比结果详见表 1-2。

表 1-2　青贮玉米与籽粒玉米对比结果

指标	优质籽粒玉米	优质青贮玉米
产量	高籽粒产量和高试验重量	高可消化饲料的总植株产量
籽粒水分	在收割时尽可能干燥	保持 50% 胚乳线
籽粒硬度	尽可能坚硬以降低破损可能性	柔软且易碎，易于消化
籽粒大小	小，降低破损可能性	大，增加破损可能性
茎秆水分	湿润，使植株尽可能长时间存活，以达到理想谷物收成	干燥后达到 65% 的植株水分，并保持这一水平以延长收成期
茎秆完整性	为了晚季谷物收成，尽可能坚固与坚硬	尽可能柔软和有弹性，得以在青贮收成后保持竖立
穗高	在植株较高位置，以确保收割机能够收获	在植株较低位置，以增加穗以上部分可消化纤维比例
收获状态	湿润强壮的茎秆，能够支撑带有玻璃状、坚硬且干燥籽粒的穗	大植株，伴随着柔软的茎秆和大而易碎籽粒的潮湿的穗。茎秆和穗的干燥程度互补

一、青贮玉米商品饲草现状

青贮饲料绝大多数为养殖企业（养殖场、养殖户）自用，占 98% 左右；商品青贮饲料只占 2% 左右。从青贮玉米商品饲草产量来看，根据相关数据统计，2019 年中国青贮玉米商品饲草生产面积达到 308.6 万亩，同比增长

59.0%，如图1-5所示。

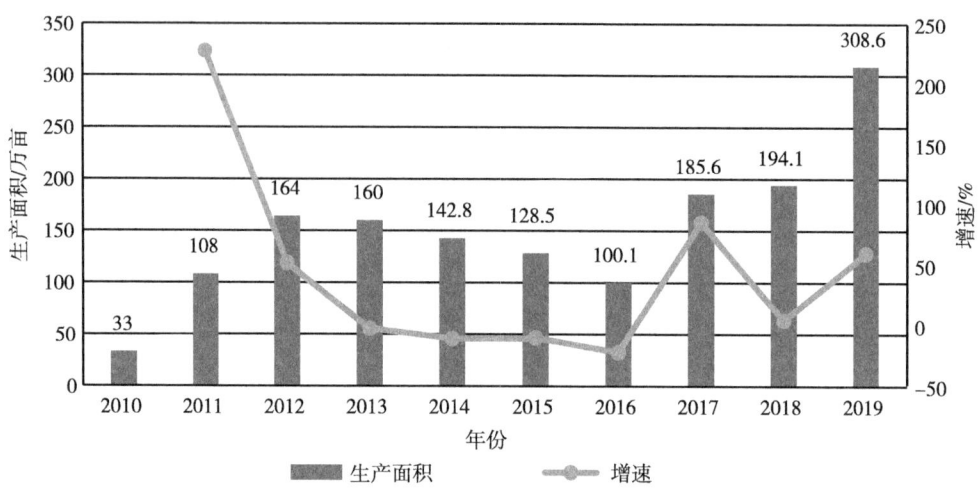

图1-5　2010—2019年中国青贮玉米商品饲草生产面积及增速

（资料来源：《中国草业统计2019》）

从产量方面来看，据统计，2019年中国青贮玉米商品饲草产量为393.4万t，同比增长56.0%，详见图1-6。

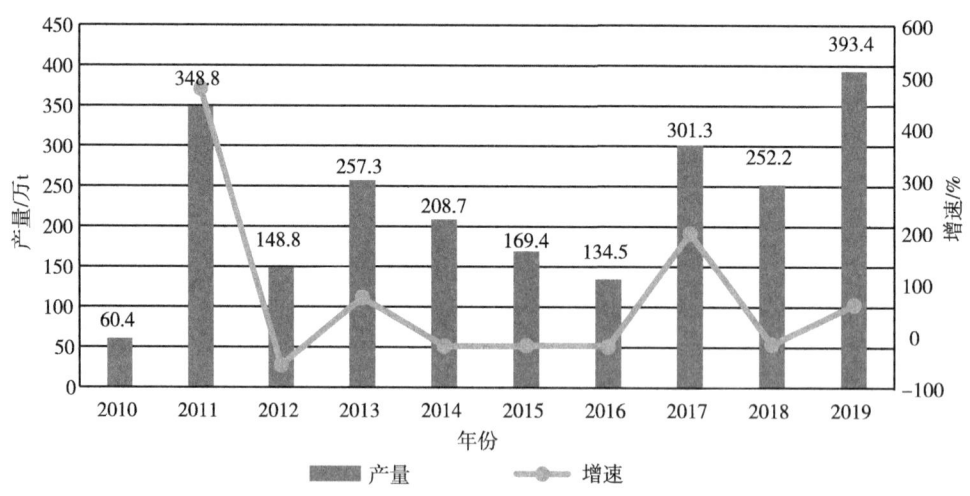

图1-6　2010—2019年中国青贮玉米商品饲草产量及增速情况

（资料来源：《中国草业统计2019》）

青贮玉米是南北方均能种植的饲草作物。2019年,内蒙古种植面积最大,占全国种植面积的24.5%,生产全国22.9%的青贮玉米商品草;其次是甘肃,占全国种植面积的24.0%,产量占全国产量的25.0%;河北位列第三,占全国种植面积的7.6%,生产全国6.0%的青贮玉米商品草,具体见图1-7。

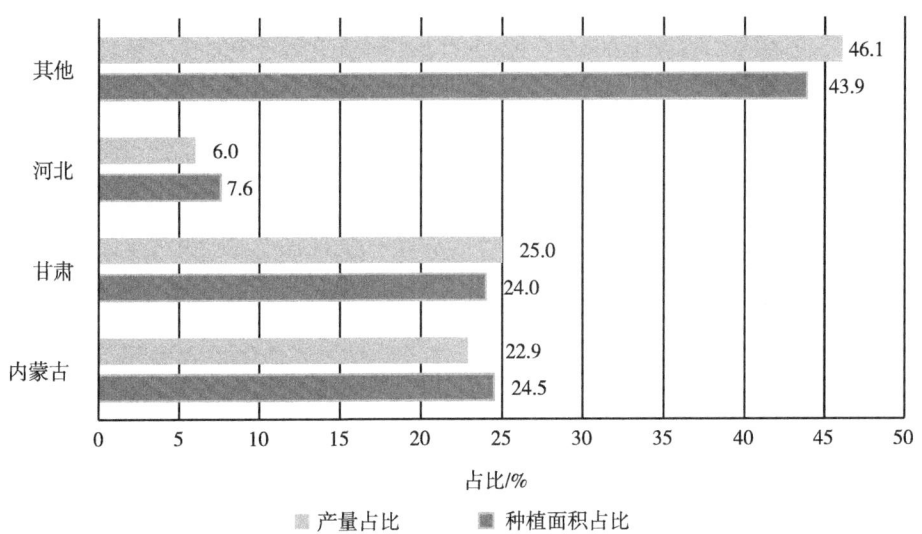

图1-7 2019年中国青贮玉米商品饲草种植面积及产量占比

(资料来源:《中国草业统计2019》)

二、我国青贮玉米产业相关政策

青贮饲料具有营养价值高、易消化、柔软芳香、适口性好、保存期长、成本低等诸多优点,已成为反刍家畜日粮中重要的饲料成分。发展青贮玉米是发展奶牛、肉牛、肉羊等草食家畜的有效措施,又能有效缓解人畜争粮的问题。因此,近些年政策重点是在我国未来畜牧业的发展中,有着巨大的发展潜力。2016—2020年我国青贮玉米行业相关政策见表1-3。

表 1-3　2016—2020 年我国青贮玉米行业相关政策

时间/年	政策	内容
2016	《全国种植业结构调整规划》	2020 年青贮玉米面积计划达到 2 500 万亩
2016	《全国草食畜牧业发展规划（2016—2020 年）》	饲料产业坚持以养定种的原则，以全株青贮玉米、优质苜蓿、羊草为重点，因地制宜推进优质饲料生产
2018	《中共中央　国务院关于实施乡村振兴战略的意见》	大力推进"粮改饲"政策，调整玉米种植结构，大规模发展适应于肉牛、肉羊、奶牛等草食畜牧业需求的青贮玉米
2020	《关于促进畜牧业高质量发展的意见》	提出因地制宜推行"粮改饲"，增加青贮玉米种植
2020	《2020 年畜牧兽医工作要点》	大力发展全株青贮玉米、苜蓿、燕麦草等优质饲草生产，力争全年完成 1 500 万亩以上

三、青贮玉米行业未来发展趋势

我国青贮玉米育种工作起步较晚，直到 1977 年中国农业科学院作物研究所引进墨白 1 号综合种，才开始青贮玉米研究。1985 年北京市审定的京多 1 号是我国首次审定的青贮玉米品种。截至 2017 年，已有 28 个青贮玉米通过审定。受传统粮食观念和饲养方式等因素的影响，我国玉米育种一直以玉米籽粒高产为品种选育的主要目标。

西方畜牧业发达国家非常重视青贮玉米的生产。在欧美国家，农牧方面的专家与畜牧从业人员普遍认为青贮玉米是草食家畜优质的青贮饲料，在美国养殖场把全株青贮玉米作为食草家畜的主料已有 100 多年的历史。美国 2015—2017 年每年收获青贮玉米面积约 266.7 万 hm^2，在玉米面积中的占比超过 7%，在奶牛的日粮配方中占粗饲料 80%。在德国，玉米总面积的 85% 是青贮玉米。

四、青贮玉米的营养价值及在肉牛中的应用

1. 青贮玉米的营养价值

全株青贮玉米是一种高水分饲料，其营养成分非常丰富，包括粗蛋白质（8%~10%）、粗脂肪（2%~3%）、碳水化合物（65%~70%）、粗纤维（25%~30%）和丰富的矿物质（钙为 0.38%、磷为 0.25%、钾为 1.45%）。

相关研究发现：对不同玉米品种原料进行测量，全株青贮玉米的平均粗蛋白质含量为9.3%、粗脂肪平均含量为2.3%、碳水化合物平均含量为68.5%、粗纤维平均含量为28.1%。上述数据表明，全株青贮玉米含有丰富的营养成分，能够为肉牛提供充足的营养，促进其生长和发育。同时，其含有的生物活性物质也能够为肉牛的健康和免疫力提供支持。

2. 全株青贮玉米在肉牛饲料中的应用

全株青贮玉米可以与其他饲料相混合使用，形成一种完整的肉牛饲料。在肉牛饲料中的应用主要包括以下4个方面：一是全株青贮玉米可直接作为肉牛的单一饲料，但要注意其粗蛋白质含量较高，需要搭配其他饲料以保持营养价值平衡。二是全株青贮玉米可以与其他饲料（如豆粕、玉米饲料、饲料谷物等）混合使用，形成一种完整的肉牛饲料，提高饲料的平衡性和营养价值。三是全株青贮玉米可以进行青贮发酵处理，通过青贮发酵可以有效提高饲料的消化率和营养价值，同时还可以预防饲料霉变，增加饲料的保存期限。四是全株青贮玉米还可用于饲料添加剂、浸出液和饲料粉等的制造，以增加饲料的口感和营养。相关研究发现，使用青贮饲料可代替肉牛常规精料，节约饲料成本的同时，还能给肉牛提供更多的营养物质，提高经济效益。

3. 全株青贮玉米对肉牛生产性能的影响

全株青贮玉米作为肉牛优质饲料，可以影响其生产性能，主要表现在以下3个方面：一是提高肉牛生产性能。研究表明，使用全株青贮玉米作为饲料，可以提高肉牛的生长速度，增加体重和体高。这是因为全株青贮玉米中含有较高的能量和蛋白质，能够提供足够的营养以支持肉牛的生长。二是适量使用全株青贮玉米可以提高肉牛的繁殖性能。研究表明，全株青贮玉米中的营养成分能够提高肉牛的受胎率和胎次数，缩短哺乳期，提高母牛的产奶量和产奶期。这对于提高肉牛的繁殖效益和经济效益均具有重要意义。三是合理使用全株青贮玉米可以促进肉牛健康。全株青贮玉米所含的抗氧化物质和维生素也能提高免疫力，降低肉牛患病风险。此外，相关研究发现，合理使用全株青贮玉米可使基础母牛的使用年限延长3~5年。因此，合理使用全株青贮玉米可以提高肉牛的生产性能和健康状况，对于肉牛养殖的可持续发展具有重要意义。

第二章　我国青贮饲料的发展与研究概述

青贮饲料作为国内外畜牧业重要的粗饲料来源，在世界各地有着悠久的历史，由于青贮饲料具有良好的贮存效果和经济效益，所以一直被世界各国所重视和研究。

青贮饲料是指利用高水分植物性饲料，在经过密封和发酵处理后制成的一类饲料。其主要用于喂养反刍动物，相比新鲜饲料，青贮饲料具有营养保存好、适口性好、消化率高、可调节青饲料供应不平衡和保护生态环境等优点。青贮饲料的制作能够从根本上解决枯草季节饲草供应不足和饲草质量不高的问题，现已广泛运用于畜牧养殖行业，为畜产品的稳产高产提供物质保障。

第一节　青贮饲料生产现状

长期以来我国农业资源绝对数量大，但相对数量小，人均耕地资源紧缺，在相当长的一段时间内，粮食生产处于安全警戒线边缘，粮食呈高负荷状态，我国不可能像欧美的畜牧业发达国家那样大比例种植青贮玉米，否则将使"人畜争粮"转变为"人畜争地"，形势将更为严峻。为解决此矛盾，我国将"秸秆畜牧业"列入国家综合开发项目。同时随着畜牧业结构的调整，农业农村部确定了今后畜牧业发展的重点，是要在稳定生猪和禽蛋生产的基础上，加快发展牛羊肉和禽肉生产，并突出发展奶业和羊毛生产，也就是要大力发展草食动物生产，从这个意义上来说，发展优质青贮饲料是调整畜牧业产业结构，发展节粮型畜牧业的有效途径。

农作物秸秆作为一种非竞争性资源，在我国具有数量大、分布广、种类多、价格低廉的特点。目前全国年产秸秆为6亿多吨，而用于饲料的还不足10%。针对秸秆类作为饲料的适口性差，采食量和消化率及营养价值低的特点，长期以来人们在改善秸秆的适口性、提高消化率、增加其营养价值等方面进行了大量深入细致的研究和生产实践，取得了很大的进展。长期的研究表明，将农作物秸秆经过发酵调制成优质的青贮饲料不仅可以满足家畜的饲草供给，更重要的是可以为家畜提供足够的营养需求，以满足其生长生产性能。随着秸秆畜牧业的发展，对青贮饲料的依赖与日俱增，大力发展秸秆青贮饲料对农业、畜牧业以及生态循环经济有着巨大的经济效益和社会价值。由于我国北方冬春季较长，气候寒冷，冬春季时大部分牧草均已枯黄，饲草供应发生困难，青绿饲料生产也受到限制，而将玉米秸调制为青贮饲料不仅有效地缓解饲草紧缺状态，保持青绿饲料的水分、维生素等营养物质，而且由于青贮饲料的酸度较高，会将青贮原料中的病菌和害虫杀死，有效地避免病菌和虫卵的滋生。

目前，世界上的大多数国家都将青贮饲料作为草食家畜日粮中的主要粗饲料来源，在我国，全株玉米青贮和玉米秸秆青贮也是养牛业的主要粗饲料来源，青贮饲料是我国畜牧业发展的物质基础，玉柱等调查1982年全国青贮饲料的产量为677万t，1991年增加到4 136万t，1997年则达到8 521万t。随着我国农业结构和畜牧业结构的不断调整，青贮饲料的研究与应用也在稳定快速发展，青贮种类已经由传统的高水分青贮饲料向低水分青贮饲料转变，进而向添加剂青贮饲料发展，青贮设备也由青贮窖、青贮塔发展为更为便捷的打捆包膜青贮和袋式灌装青贮，青贮饲料加工调制工艺也正朝着系统化、规模化、产业化的方向发展。在欧洲，如荷兰、德国和丹麦，当地牧草的90%以上是用来制作青贮的，法国和德国是最大的青贮玉米生产国，畜牧业生产中80%的粗饲料来源于青贮玉米。美国是玉米生产第一大国，其生产的玉米籽粒有75%左右用于饲料，剩余秸秆则被发酵为青贮饲料。此外，欧洲的畜牧业发达国家，还培育了大量的饲料专用型玉米品种，进行全株玉米青贮，使玉米茎叶得到有效利用，成为反刍家畜日粮中主要的能量来源和幼畜育肥的强化饲料。美国每年种植青贮玉米的面积约为4.6万hm^2，占玉米种植面积的12%，欧洲大约种植4.0万hm^2的青贮玉米，其中法国和德国种植面积最大，产量最高。在蒙晋津京地区，玉米作为主要的农作物，每年都会产生大量的秸秆，如果将其制作为青贮饲料，不仅可以解决环境污染的问题，而且还会有效地提高秸秆的利用率。青贮饲料是农作物秸秆与畜牧业生产资料实现循环生态经济发展的关键环节和桥梁纽带，所以青贮饲料作为畜牧业最重要的粗饲料来源蕴含着巨大的社会意义和经济价值。

第二节 青贮饲料的种类、制备及其在畜牧业中的应用

青贮饲料是指利用高水分植物性饲料，在经过密封和发酵处理后制成的一类饲料。如今，青贮饲料在养殖领域的运用已经变得相当普遍，其应用范围已经逐步扩展至整个畜牧生产行业。相比新鲜饲料，青贮饲料具有营养保存好、适口性好、消化率高、可调节青饲料供应不平衡和保护生态环境等优点。青贮饲料的制作能够从根本上解决枯草季节饲草供应不足和饲草质量不高的问题，为畜产品的稳产高产提供物质保障。

一、青贮饲料原料的来源与分类

青贮饲料具有原料来源广泛的特点，因此，因地制宜地选择青贮饲料原料是降低饲料成本的有效方式。青贮饲料常用原料来源，包括青贮玉米、苜蓿、燕麦以及其他农业或食品加工业副产物，全世界范围内使用最为广泛的是青贮玉米和苜蓿。2016年我国青贮玉米种植面积达到104万hm^2，欧洲为614.47万hm^2，美国为266.67万hm^2。我国北方地区常用青贮饲料原料包括小麦、高粱、全株玉米等抗寒耐旱类作物，而南方地区以水稻、桑树、构树、竹笋等喜湿喜温类作物及其副产物为主。青贮饲料原料虽然种类繁多，但依据其原料来源可分为农作物青贮、牧草青贮、非常规原料青贮。

1. 农作物青贮

目前常用作青贮饲料原料的农作物有玉米、高粱、小麦等，其中，全株玉米青贮在反刍动物饲养中使用最为广泛。在代谢蛋白质充足、氨基酸平衡的日粮中使用玉米青贮替代苜蓿青贮与豆粕对奶牛干物质采食量、体况、氮代谢以及乳成分的影响，结果表明苜蓿青贮组奶牛与玉米青贮组奶牛的干物

质采食量、代谢蛋白质摄入量、体重、体况评分、产奶量以及乳蛋白含量差异不显著，但玉米青贮组奶牛乳尿素氮含量更低，氮的利用率更高。氨基酸平衡有利于提高氨基酸利用率和蛋白质的生成，因此，在代谢蛋白质充足、氨基酸平衡的日粮中使用玉米青贮替代苜蓿青贮可以提高日粮中氮的利用效率，降低饲料成本。Zhang等（2022）对比研究了全株玉米青贮饲粮、全株玉米青贮与小麦秸秆混合饲粮、玉米秸秆饲粮、甜玉米秸秆饲粮消化率以及4种饲粮对西门塔尔肉牛生长性能、瘤胃发酵的影响，结果表明，各组肉牛干物质采食量无显著差异，但全株玉米青贮组肉牛平均日增重以及饲粮消化率显著提高。由于全株玉米青贮能够为家畜提供足量的有效纤维与淀粉，因此是反刍动物饲养中的理想粗饲料。青贮玉米产量受干旱影响较大，而高粱具有抗旱能力强与产量高的特点，因此在干旱地区常作为青贮玉米的首选替代作物。Ran等（2021）对我国西北半干旱地区的甜高粱青贮作为奶牛饲粮中玉米青贮替代物展开研究，替代比例分别为0%、25%、50%，结果表明，高粱青贮在饲粮中占比的不断提高对产奶量、4%乳脂矫正乳产量、能量矫正乳产量、乳糖含量、乳脂含量无显著影响，但奶牛干物质采食率和乳蛋白含量呈线性下降趋势，可能是由于高粱青贮饲粮中淀粉含量低导致。Yang等（2019）研究了玉米青贮饲粮与高粱青贮饲粮对奶牛生产性能的影响，结果显示，玉米青贮组奶牛平均每日多消耗13%DM并多产5%牛奶，青贮种类对乳蛋白和乳糖含量无显著影响，但高粱青贮组奶牛乳脂含量高出16%，虽然玉米青贮组奶牛产奶量高，但两组奶牛的3.5%乳蛋白产量无显著差异。综合上述研究可以看出，高粱青贮在干旱、半干旱地区可作为全株玉米青贮替代物，是反刍动物饲养中的优质粗饲料。

小麦与水稻是世界三大谷物，在收获时会产生大量秸秆，将秸秆制为青贮代替全株玉米青贮不仅能缓解秸秆处理带来的环境压力，还能够解决粗饲料短缺的问题。Harper等（2017）对小麦青贮作为玉米青贮替代物开展研究，将奶牛饲粮中10%的玉米青贮替换为小麦青贮，结果表明饲粮种类对奶牛干物质采食率无显著影响，两组奶牛乳蛋白、乳脂、乳糖含量无显著差异，但小麦青贮组奶牛产奶量相较于玉米青贮组显著降低，这可能是由于小麦青贮纤维含量高而淀粉含量低所导致。袁文焕等（2018）将奶牛饲粮中20%玉米青贮替换为小麦青贮，结果显示两组奶牛的干物质采食率、产奶量以及乳糖、乳脂、乳蛋白含量均无显著差异。Wang 等（2022）报道了水稻与甜菜渣混合青贮替代玉米青贮对奶牛生产性能的影响，替代比例分别为15%、30%、45%，结果显示，中性洗涤纤维（NDF）与酸性洗涤纤维（ADF）的干物质采食率和表观消化率随混合青贮比例的增加呈线性增加，与此同时，产奶量与乳蛋白含量也随混合青贮比例的增加呈线性增加，而对照组与 3 个试验组的乳脂与乳糖含量却无显著差异。上述研究结果表明，小麦青贮与水稻混合青贮可代替部分玉米青贮用于奶牛饲养中，且不会对奶牛生产性能造成较大的负面影响。

2. 牧草青贮

燕麦草是一种耐旱、抗寒、高产的禾本科牧草，具有淀粉与纤维含量较高的特点，是大洋洲、北美洲以及我国西北地区主要的青贮饲料原料之一。Harper 等（2017）研究了燕麦青贮替代玉米青贮对奶牛日采食量、产奶量以及乳成分的影响，替换比例为 10%，结果显示饲喂 2 种青贮的奶牛在日采食量、产奶量、乳成分方面无显著差异。谢小峰（2013）等选择胎次、产奶量、泌乳时间相近泌乳奶牛 32 头，分别饲喂全株玉米青贮和燕麦草青贮，探讨其对荷斯坦泌乳奶牛产奶量和乳成分的影响。结果显示，奶牛产奶量比对照组提高了 0.31 kg/d，乳脂率、乳糖率、非脂固形物及总固形物含量均较对照组有所提高。同时，燕麦草青贮替代全株玉米青贮，每头奶牛每天能够多盈利 1.22 元。早期国外研究报道了不同切割长度燕麦对奶牛生产性能的影响，研究结果显示，将燕麦草切割长度从 19mm 降低至 6mm 能将奶牛 DMI（干物质采食量）从 19.4kg/d 提高到 21.2kg/d，产奶量与乳脂率得到小幅度提升，但瘤胃 1d 中 pH 值低于 5.6 的时间超过 2h，极大地增加了瘤胃酸中毒的风险。燕麦青贮替代少量玉米青贮不会对奶牛生产性能产生负面影响，对消化率较低的燕麦青贮，在保证足够有效纤维的基础上，可通过适当降低切割长度的方式提高消化率与动物生产性能。

苜蓿是一种产量高、适应力强的优质牧草，相较于其他牧草，苜蓿具有蛋白质含量高、易于动物消化吸收等优点，因此在国内外反刍动物饲养中应用广泛。Wang 等（2021）研究了不同比例甜高粱与苜蓿混合青贮饲料对卡拉库尔肉羊生产性能的影响，青贮饲料中甜高粱/苜蓿分别为 1∶0、4∶1、3∶2、2∶3、4∶1，结果表明，使用苜蓿比例高的青贮饲料有提高营养物质消化率、生长性能、屠宰性能和肉品质的趋势，此外，高比例苜蓿青贮饲粮可显著提高肉羊 DMI、最终体重、平均日增重、屠体重量和肉中氨基酸含量。

巨菌草与皇竹草是我国反刍动物饲养中应用广泛的牧草，具有产量高、营养丰富、种植成本低的特点。有人研究了不同比例巨菌草青贮对肉羊生长性能的影响，饲粮中巨菌草青贮与玉米青贮比例分别为1：0、3：1、1：1、1：3、0：1，结果表明使用全巨菌草组肉羊日增重高，经济效益好，这是由于巨菌草蛋白质含量较玉米青贮高。唐泽宇等（2019）研究了在苜蓿中添加不同比例皇竹草对苜蓿青贮发酵品质的影响，添加比例分别为15%、25%、35%、50%，研究结果表明，随皇竹草添加比例提高，苜蓿青贮pH值与铵态氮浓度显著下降，乙酸浓度显著上升，苜蓿青贮发酵品质得到了较大改善。巨菌草与皇竹草1年可以收割多次，夏季可以鲜喂，秋季可制作成青贮饲喂，适合我国西部山区以及牧区饲养模式。

3. 非常规原料青贮

构树是一种桑科乔木植物，构树叶富含生物碱、多糖以及多种黄酮类化合物，具有抗炎、抑菌、抗氧化、提高家畜免疫力的功效，同时具有较高的蛋白质含量，在我国南方地区常用于替代苜蓿。何幼宽等（2021）研究了构树青贮替代苜蓿干草对川中黑山母羊生产性能的影响，替代比例为48%，结果发现，构树青贮组山羊平均日采食量较苜蓿干草组显著较低，但构树青贮组与苜蓿干草组平均日增重无显著差异；构树青贮与苜蓿干草的干物质（DM）、粗蛋白质（CP）、粗脂肪（EE）、中性洗涤纤维（NDF）、酸性洗涤纤维（ADF）表观消化率无显著差异。胡张涛等（2022）研究了玉米青贮、燕麦青贮、构树青贮对肉牛生产性能与免疫性能的影响，结果显示，构树青贮组肉牛相较于其余两组肉牛免疫性能、肉品质、肌肉氨基酸与脂肪酸含量有很大改善，但生长性能却没有显著提高，这可能是由于构树虽然具有较高的蛋白质含量与多种调节免疫的活性物质，但同时含有单宁酸等抗营养因子，致使营养物质消化吸收效果较差。综合上述研究可以看出，构树青贮可作为苜蓿替代物，是一种优质的青贮饲料原料。

苋菜是一种低成本、非常规植物，具有抗旱、产量高、CP含量高的特点。有人研究了苋菜青贮代替全株玉米青贮对荷斯坦奶牛 DMI、消化率、生产性能的影响，替代比例分别为0%、50%、100%，结果显示，随着饲粮中苋菜青贮含量增加，牛奶中乳脂、乳蛋白、乳糖含量无显著变化，当苋菜青贮替代比例达到50%时，奶牛DMI和产奶量达到最大。该研究表明，干旱地区苋菜青贮可作为玉米青贮的替代饲粮。

竹笋壳是我国西南地区竹笋生产中的一种副产物，富含碳水化合物、蛋白质、维生素、酚类化合物以及植物甾醇。Zhao等（2018）研究了竹笋壳替代全株玉米对全混合青贮发酵饲粮发酵品质、营养价值的影响，替代比例分别为0%、33%、55%、77%，结果表明，青贮90d后3个添加竹笋壳的全混合发酵饲粮中铵态氮和乙酸浓度显著提高，乳酸浓度显著降低，水溶性碳水化合物、NDF含量显著降低，CP含量显著提高，依据V-Score评价法，4种全混合青贮发酵饲粮均保存完好。研究表明，竹笋壳可替代全混合青贮发酵饲粮中部分全株玉米，是一种潜在的青贮饲料原料。

二、青贮饲料的制备条件

1. 原料的收集与准备

用于青贮的原料通常选择水分含量高、营养价值丰富的植物性饲料，如新鲜的牧草、蔬菜、农作物秸秆等。这些原料应具有丰富的营养成分，如蛋白质、维生素和矿物质。在选择时一定要注意不能使用有病虫害、霉变的植物原料。在收割原料时，带穗玉米的最佳收割期是乳熟期。禾本科牧草的最佳收割期为抽穗期。而豆科牧草则推荐在盛花期进行收割。为提升青贮饲料的发酵效率和口感，通常会把原料切割为2~5cm的小段，这样做有助于更好地进行压实和发酵过程。

2. 厌氧环境的建立

在青贮饲料制作时，必须选择密封性好、结构稳定的青贮设施，如青贮窖、青贮袋、青贮塔等。青贮开始之前1周，需要清理青贮窖，必须确保设施内壁光滑，无尖锐突起，以免刺破密封材料。在制作过程中需要特别注意控制其质量和密度。常规采用分层填装压实方法，每层厚度建议控制在15cm，这被视为最佳的填装厚度，既便于压实又能确保物料的质量。在压实过程中，轮式铲车被广泛使用。其能有效地压实青贮料，减少空气的存在空间，降低青贮料在发酵过程中的氧化损失。需要注意的是，在四周和角落等铲车难以到达的地方，应采用薄铺慢压的方式，使用人力踩实进行补充压实。确保这些区域的青贮料也能得到充分的压实。压实过程应迅速进行，目的是减少青贮料与空气的接触时间，降低氧化损失。

3. 水分与含糖量的调控

青贮饲料的水分含量对其发酵效果和保存性能有重要影响。在装填前需要测定原料的水分含量。一般青贮饲料的含水率应控制在65%~75%。若水分过高，可通过晾晒、风干等方法降低水分含量；若水分过低，可通过喷洒适量水来提高水分含量。为确保乳酸菌能在适宜的环境下迅速增殖，制造出高品质的青贮饲料，必须精确控制糖分的含量。具体来说，这个含量应该被限制在原料新鲜重量的1%~1.5%。若原料的含糖量不足时，需要添加一些糖蜜、糖浆等含糖物质来提高其发酵效果。

4. 温度的调控

青贮饲料的发酵需要适宜的温度，通常控制在25~35℃。这不仅能促进乳杆菌的生长繁殖，而且对其他有害细菌的生长也具有一定的抑制作用。在寒冷季节，可通过覆盖保温材料或加热设施来提高温度；在炎热季节，可通过喷水降温或通风散热来降低温度。在青贮过程中，可使用温度计或温度监测仪定期监测设施内部的温度，确保其在适宜范围内波动，确保青贮的质量和安全。

三、青贮饲料的优点

1. 营养成分的保持

青贮饲料通过厌氧发酵，不仅可以保存原料中大量的维生素、矿物质和蛋白质等营养元素，还保留了原料中的大部分生物活性成分，这些成分对于家畜的生长、发育和维持健康至关重要。与干草相比，青贮饲料中的营养成分损失较小，尤其是在长期保存过程中，其营养价值得以维持。

2. 良好的口感和消化率

青贮过程中，通过厌氧发酵产生的乳酸等物质，使得饲料保持了原有的风味和口感。这种酸甜可口的味道不仅提高了家畜的食欲，还有助于促进饲料的消化和吸收。青贮饲料经过发酵后，其纤维结构变得更为柔软，易于家畜的咀嚼和吞咽。此外，发酵产生的芳香物质也有助于提高饲料的适口性。青贮饲料中的纤维素经过微生物的分解作用，变得更加易于消化。发酵过程中产生的有机酸也有助于提高饲料的消化率，使得家畜能够更充分地利用饲料中的营养成分。

3. 解决季节性饲料短缺问题

青绿饲料在生长季节丰富多样，但在冬季或干旱季节则可能供应不足。青贮饲料可以长期保存，不受季节限制，解决了家畜在冬季或干旱季节饲料短缺的问题。青贮饲料在密封良好的条件下，可以保存数年而不变质。这使得家畜可以在整个生长周期内获得稳定的营养来源，保障了家畜的健康和生产性能。

4. 净化饲料，保护环境

青贮过程中产生的高酸度环境可以杀死青饲料中的大部分病菌和虫卵，减少家畜因食用被污染的饲料而患病的风险。传统的秸秆焚烧方式不仅浪费了资源，还会产生大量有害气体，污染环境。秸秆青贮则可以将这些废弃的秸秆转化为有价值的饲料，实现了资源的循环利用，减少了环境污染。

四、青贮饲料在养殖中的应用

1. 在奶牛养殖中的应用

养殖过程中，确保日常营养的供应才能提升牛奶的品质与产奶量。生产实践表明，与饲喂普通饲料相比，饲喂青贮饲料可使奶牛产奶量以及奶质更高。即使同样采用青贮饲料，与单一的青贮饲料应用相比，应用复合青贮饲料，更有利于提升奶牛产奶量以及奶质。有研究选择20头体况基本一致的健康奶牛，随机分为试验组与对照组。试验组饲喂复合青贮饲料，对照组饲喂普通青贮饲料，其他日常养殖管理、疫苗接种等保持一致。在养殖期间，记录奶牛每天的采食量、产奶量，并对奶质进行检测。经过一段时间的对比喂养后，结果表明，与应用单一青贮饲料相比，应用复合青贮饲料后，奶牛产奶量提升了11.6%，奶质也有所提升。复合青贮饲料混入了其他营养物质，如一些营养添加剂等，所以能够为奶牛提供更加全面的营养。

2. 在肉牛养殖中的应用

在日常饲喂中，提供优质的饲料，满足肉牛全面营养需求，更有利于肉牛快速增重及提升牛肉的品质。与饲喂普通饲料相比，采用青贮饲料饲喂肉牛有着一定的优势。

3. 在肉羊养殖中的应用

肉羊对饲料的需求量比较大，秋冬时节青绿饲料匮乏，如果长期饲喂大量干饲料，不仅会增加养殖成本，还会导致肉羊营养不均衡，不利于肉羊体重增加。合理饲喂青贮饲料可以有效解决上述问题。一方面，青贮饲料可以长期存储，在秋冬季节可以代替青绿饲料，减少干饲料的饲喂量，节约养殖成本。另一方面，青贮饲料保留了大量营养物质，能够为肉羊补充充足的营养，避免肉羊在秋冬季节体重明显下降。与饲喂常规干饲料相比，饲喂青贮饲料育肥羊的体重增加速度更快，并且体况更好，抗病能力更强。有研究表明，肉羊饲喂青贮饲料可显著提高粗蛋白质以及快速降解蛋白含量，改善育肥肉羊饲料转化效率与纤维组分表观养分消化率，在一定程度上具有减缓肉羊脂质氧化程度，提高养殖效益的潜力。在肉羊养殖过程中，合理应用青贮饲料，既能够保证营养全面供应，还能增加肉羊的体重，降低养殖成本。

第三节 青贮饲料的青贮、腐败过程及微生物学机理

青贮是新鲜牧草饲料在厌氧条件下进行乳酸菌发酵的过程。乳酸菌（Lactic Acid Bacteria，LAB）在生长过程利用饲料中的水溶性碳水化合物（Water Soluble Carbohydrates，WSC），产生的有机酸降低了青贮饲料pH值，并抑制了梭菌、肠杆菌和霉菌等有害微生物，降低了饲料蛋白质的分解和干物质损失。正常情况下，牧草饲料在青贮过程中大约经过了4个阶段，即初始有氧期、主要发酵期、稳定期、饲喂期等。

一、青贮过程及其微生物学机理

1. 初始有氧期

初始有氧期（Initial Aerobic Phase）是指青贮开始时间段内，饲料中氧

气尚存，但含量逐渐衰减的时期。牧草基质中残余的氧气维持着植物和微生物的呼吸作用，并伴随着热量的产生。部分植物体内的酶仍保持着活性，例如蛋白酶的活性使蛋白质分解游离氨基酸，而碳水化合物酶的活性则增加了青贮发酵所需的可溶碳水化合物。除此之外，所有专性和兼性好氧微生物，如霉菌、酵母和一些细菌仍是活跃的。在20℃左右时，这一阶段可持续几个小时。提高青贮制作的工艺可以最大化地减小这一阶段持续的时间，如切碎、及时压实和密封。

2. 主要发酵期

主要发酵期（Fermentation Phase）是指由于青贮饲料中的氧气被耗尽而进入了厌氧发酵阶段。这一阶段依据作物特性和青贮条件，可持续1周，但也可持续超过1个月。在发酵的早期阶段，兼性和专性厌氧微生物，如肠杆菌、梭菌、某些杆菌和酵母，与乳酸菌菌群竞争从破碎的植物细胞和组织中释放出来营养物质。发酵的外在表现是产生气体、液体渗出和体积收缩，这在高湿牧草中尤为明显。这一阶段微生物的变化主要是肠杆菌的消失和青贮发酵成功后乳酸菌优势菌群的形成。这种转变的速度与pH值下降的速度和乳酸的产生密切相关。

3. 稳定期

稳定期（Stable Phase）是指随着发酵过程强度的降低，青贮饲料发酵指标变化相对平缓的稳定期。只有耐酸酶才能继续保持活性，导致结构性和非结构性碳水化合物缓慢地酸水解。这为青贮提供了重要的、持续的WSC供应，弥补了它们在青贮过程中不断地被损耗。由于受到低pH值和发酵产物的抑制，乳酸菌数量通常会在峰值（约10^{10} CFU/g FM）之后逐渐减少。一些高度耐酸的酵母菌以极度不活跃状态存活下来，而另外一些芽孢杆菌和梭菌则转变为内生孢子，呈休眠状态。在具有足够的可发酵底物的青贮饲料中，这一阶段理论上可以持续任何长度，而在实践中通常不会持续到下一个收获季节。

4. 饲喂期

饲喂期（Feed-Out Period）是指为了饲喂动物的需要而使得青贮饲料的封闭状态被打破，青贮饲料暴露于空气中的过程，即有氧暴露期。在出料饲喂期间，氧气可以自由地进入贮仓表面，并渗入到青贮饲料内部，渗入距离大约1m处，引发不良微生物的生长。有氧不稳定性的起始主要是因为酵母和某些霉菌孢子的生长，此外还有醋酸菌（Acetic Acid Bacteria，AAB），醋酸菌被发现在一些青贮作物中，如玉米和谷物。这些微生物在空气存在时开始繁殖，引起产热和青贮饲料中的主要化学变化，造成了pH值的上升，营养价值就会降低。受氧气影响的青贮饲料1d内的营养损失就能达到与密封青贮期间几个月的损失具有相同的数量级（30~50g/kg DM）。

二、有氧腐败过程及其微生物学机理

保持厌氧状态对青贮饲料的保存是至关重要的。然而，在实践中，青贮饲料与氧气接触是不可避免的。空气对青贮质量的不利影响主要表现在两个方面。一是青贮期间饲料的劣化，往往表现为空气暴露区域霉菌的生长。二是饲喂过程中的有氧不稳定，通常表现为青贮料的发热。由于空气渗透，青贮中存在的耐酸（兼性）好氧微生物开始增殖，氧化分解残余的糖、乳酸、乙酸和乙醇，作为生长的底物。这个阶段称为有氧变质的起始阶段。当形成的微生物量足够大时，氧化释放出的热量会引起温度的显著上升。随着过程的进行，由于保存酸的浓度降低，pH值开始上升。随着pH值增加，其他不耐酸的好氧微生物开始增殖，也就进入了有氧腐败阶段。

1. 有氧腐败的起始

真菌，特别是酵母，是引发有氧退化的最重要的微生物。在青贮饲料中建立厌氧条件后，酵母菌群主要有假丝酵母菌属（*Candida*）、球拟酵母菌属（*Torulopsis*）、汉逊酵母菌属（*Hansenula*）、酵母菌属（*Saccharomyces*）等。对青贮期和随后的好氧期的优势酵母种类的研究表明，在青贮期存活下来的酵母菌群很可能也是引发好氧变质（Aerobic Deterioration）的菌群。醋酸菌也是引发青贮饲料有氧腐败的菌群之一。Spoelstra等（1988）研究了暴露在空气中的青贮全株玉米的微生物组成，发现醋酸菌可以引发该作物的好氧劣化。醋酸菌是专性好氧耐酸细菌，能够将乙醇氧化成乙酸。醋酸菌在分类上隶属醋酸杆菌科（Acetobacteraceae），包括醋杆菌属（*Acetobacter*）和葡萄糖醋杆菌属（*Gluconoacetobacter*）两个属。醋杆菌属的种类可以氧化乙酸和乳酸成二氧化碳和水,而葡萄糖醋杆菌属则不能。在玉米青贮饲料中,酵母菌和醋酸菌常一起繁殖,通常以酵母菌为主。

2. 有氧变质期

有氧暴露使不同类群的微生物开始在青贮饲料中生长。随着青贮饲料有氧暴露期间的品质条件的不断变化,青贮菌群的组成也随之发生变化。例如,当青贮温度达到45℃或更高时,嗜热菌开始繁殖,在消耗了糖和酸等较简单的底物后,能够降解多糖(如纤维素、半纤维素和淀粉)的菌群继而会发展成为优势菌群。物种的演替通常反映在腐败饲料的两个或几个温度峰值上。芽孢杆菌是青贮饲料变质过程中继好氧微生物之后第一批发展起来的微生物。在变质的青贮饲料中检测到芽孢杆菌多达 1×10^9 CFU/g。在腐败的青贮饲料中发现了多种芽孢杆菌,如 *Bacillus firmus*、蜡状芽孢杆菌(*B. cereus*)、*B. lentus*、球状芽孢杆菌(*B. sphaericus*)、地衣芽孢杆菌(*B. licheniformis*)和多黏菌芽孢杆菌(*B. polymyxa*)。尽管梭菌严格来说是厌氧细菌,但研究表明,在有氧腐败过程中,梭菌也会生长。在好氧劣变过程中梭菌生长的一种可能解释是,好氧和厌氧生态位在青贮饲料中共存,梭菌从好氧微生物对有机酸的氧化中获益。这是因为当料仓打开时,由于好氧微生物处于相对较低的水平,氧气最初可以渗透得比较深入。一旦表面的需氧微生物达到足够多的数量,它们就会耗尽进入贮料仓的氧气,使贮料仓更深的位置恢复到厌氧状态。

青贮饲料霉菌的发生通常是由于青贮中空气的渗漏,如密封及压实不彻底。霉菌在青贮饲料有氧变质的晚期也会出现。除了可见的霉菌区域外,其周围更大的青贮区域也含有看不见的菌丝体以及由大多数青贮真菌产生的各种霉菌毒素。

3. 有氧腐败过程中影响微生物生长的因素

有氧腐败过程中有些因素会影响微生物的生长,主要有氧气浓度、温度、水活度、pH值和有机酸浓度。挥发性脂肪酸和其他有机酸是青贮饲料中真菌生长的抑制剂,其抑菌活性主要在于有机酸化合物的未解离形式。pH值和酸的解离常数(Dissociation Constant)(pK)决定了酸是否解离。乙酸和丙酸比甲酸和乳酸等具有更高的抗真菌活性,这在很大程度上归因于它们较高的 pK 值（4.76 和 4.87 对比 3.75 和 3.86）。因此乙酸的浓度是决定酵母和霉菌生长的最重要因素。

乳酸菌菌群组成的不同会影响菌群代谢产物，这些代谢物会影响有氧稳定性。例如，接种同型发酵乳酸菌菌株可以促进青贮饲料的同型乳酸发酵，乳酸/乙酸比更高，因此，同型发酵类型的接种剂使青贮饲料中乙酸浓度降低，从而损害有氧稳定性。

第四节　青贮饲料添加剂研究

青贮发酵是一个极其复杂的微生物活动和生物化学变化的过程，涉及的微生物主要包含乳酸菌、梭菌、酵母菌、霉菌等。通常情况下，当发酵环境进入厌氧状态时，乳酸菌大量繁殖，生成乳酸降低了 pH 值，进而抑制了有害微生物的生长，以此实现长期保存饲料的目的。然而在这些过程中，乳酸菌的增殖呈现出不稳定性，往往受到氧气含量、温度、底物浓度等因素的影响，导致乳酸菌的增殖受阻，从而导致饲料中有害微生物增殖、营养物质流失乃至发生霉变等。因此，在青贮前使用添加剂以保证乳酸菌增殖过程的稳定，从而提高饲料发酵稳定性至关重要。目前常见的青贮饲料添加剂大致可分为提高青贮饲料底物浓度的营养添加剂、抑制有害微生物生长的化学添加剂以及直接增加初始乳酸菌浓度的生物制剂。充分了解并且合理使用青贮饲料添加剂，有助于提高饲料资源利用率，增加畜牧产业经济效益。

青贮饲料添加剂根据其作用效果可以分为三类：一是发酵促进剂，主要促进乳酸菌的发酵，达到保鲜贮藏的目的。常见的发酵促进剂包括乳酸菌、可溶性碳水化合物和纤维素酶等。二是发酵抑制剂，主要抑制青贮发酵过程中有害微生物的活动，防止原料霉变和腐烂，减少营养物质的损失。三是营养型添加剂，可提高青贮原料营养价值，改善青贮饲料的适口性。

一、青贮发酵促进剂

1. 乳酸菌添加剂

乳酸菌添加剂是最常见的生物制剂，具有良好的发展前景。乳酸菌制剂有助于增加青贮饲料发酵初期乳酸菌含量，随后在青贮的发酵过程中快速占据主导地位，产生乳酸以迅速降低青贮的pH值，从而抑制酵母菌、霉菌、梭菌等的活性。通过对有害菌的抑制，乳酸菌制剂的添加使用往往能够获得品质更好的青贮饲料。此外，乳酸菌作为饲料添加剂还可以增加动物对饲料的消化率，降低饲养成本。乳酸菌添加剂根据其不同的发酵产物分为同型发酵乳酸菌和异型发酵乳酸菌，其中异型发酵乳酸菌又分为专性异型发酵乳酸菌和兼性异型发酵乳酸菌。

同型发酵乳酸菌可利用葡萄糖或果糖生成乳酸，其生成产物可快速抑制有害菌增殖，因此使用同型发酵乳酸菌发酵饲料可得到品质较高的青贮饲料。然而，同型发酵乳酸菌发酵过程中产生的乳酸在开封后的有氧环境下，会被酵母菌当作底物用于菌体增殖，从而导致开封后酵母菌数量上升，饲料营养物质流失，饲料品质下降。张建国等（2001）研究表明，同型发酵乳酸菌在发酵过程中降低并维持了较低的pH值，而在青贮开封后，pH值和铵态氮含量上升，饲料品质下降。

异型发酵乳酸菌在发酵过程中可将葡萄糖转化为乳酸和乙酸，乙酸的存在显著提高了饲料的有氧稳定性。Hu等（2009）研究表明，在饲料中添加异型发酵乳酸菌所产生的乳酸含量较少，但饲料在长期青贮中有氧稳定性却显著提高。近期研究表明，异型乳酸菌会在一定情况下利用乳酸来进行增殖。正常情况下，异型发酵乳酸菌通常以葡萄糖为发酵底物，然而在青贮过程中，由于氧气含量、pH值或可用底物浓度等因素的影响，导致异型发酵乳酸菌发酵模式发生转变，利用乳酸产生乙酸和丙二醇。虽然异型发酵乳酸菌可能对饲料的营养价值造成一定影响，但其对饲料有氧稳定性的提升无疑是利大于弊，更高的有氧稳定性意味着可以贮存更长的时间，对提高饲料资源的利用和降低饲养成本均有裨益。

乳酸菌不仅能够在青贮过程中产生乳酸以提高饲料的发酵品质，部分特定乳酸菌在增殖过程中还能产生抗菌肽。抗菌肽具有广谱抗菌特性，同时少部分抗菌肽还具有抗病毒的能力。章检明等（2018）研究表明，通过筛选得到的可产抗菌肽乳酸菌，经过一定培养，其所产的抗菌肽具有抗菌谱广、效果佳的特点。除上述特性外，抗菌肽还具有促进畜禽生长、保健和治疗疾病的功效，属于无毒副作用、无残留、无致细菌耐药性的环保型制剂，其应用后产生的社会效益和环境效益优于传统抗菌制剂。Bai 等（2020）研究表明，在青贮中添加可产抗菌肽的枯草芽孢杆菌能够增强其有氧稳定性，其有氧稳定性提升效果与异型发酵乳酸菌处理无显著差异。尽管抗菌肽对青贮的有氧稳定性提升有较大作用，但仍存在抗菌活力、药用性能以及高效生产等问题。若能筛选出一种同时能产生抗菌肽和优质发酵的同型发酵乳酸菌，那么对于饲料发酵与保存将产生深远影响。

2. 促青贮功能性成分提升添加剂

叶绿素、黄酮等是反刍动物饲料中常见的功能性成分，对动物的造血、解毒、抗氧化等功能具有显著影响。叶绿素经反刍动物摄入后，经瘤胃中的生物氢化作用产生游离状态的叶绿醇，叶绿醇在瘤胃微生物的作用下进一步形成植烷酸，植烷酸具有促进胰岛素生成以及促进脂肪酸酸化的作用。黄酮类化合物广泛存在于植物体内，以紫花苜蓿为例，其内部含有大量黄酮。黄酮参与脂质代谢，有助于降低肥胖风险；抑制微生物能量及酶的生成，从而遏制微生物繁殖；清除体内氧自由基，阻止自由基积累所引发的氧化损伤。因此，在青贮过程中添加一些能够保存并且促进这一类青贮中功能性成分的添加剂，对于功能性动物产品的产出具有一定意义。

叶绿醇的生成主要受叶绿素酶与脱镁叶绿素酶的调控，分别产生叶绿素酸酯与脱镁叶绿素，同时也会产生一定量的叶绿醇。Koca 等（2007）研究表明，在酸性环境中，叶绿素极易失去镁元素，从而转化为脱镁叶绿素，同时产生少量的叶绿醇。因此，若在青贮发酵过程中添加一定可快速降低青贮 pH 值的添加剂，则可以帮助叶绿素快速转化为叶绿醇，从而提升青贮饲料中叶绿醇的含量。吕仁龙等（2019）研究也表明，在青贮后，王草中大约有 74% 的叶绿素被分解，而黑麦草青贮能达到 80%。叶绿素分解后产生的叶绿醇能够在青贮过程中良好保留，但并不能增加叶绿醇的产量。目前，关于青贮中叶绿醇的研究还较少，作为植物中较好的功能性成分，在未来可能会成为较热门的研究领域。

相对于叶绿素，青贮中黄酮的研究较多，黄酮类化合物具有抗氧化、抗菌、抗病毒、抗炎等生物活性功能。张嘉宾等（2021）研究表明，青贮过程中添加适量的乳酸菌，可有效提高黄酮的提取率，并且伴随着青贮乳酸、乙酸含量的增加，青贮中的黄酮提取率也逐渐上升，呈现正相关趋势。王洋等（2018）研究也表明，在苜蓿青贮过程中，添加不同的青贮发酵微生物，都能够提高青贮中黄酮的含量，并且黄酮的含量伴随青贮天数的增加而提高，这可能是由于黄酮与植物细胞壁木质素相结合，伴随微生物对植物细胞壁的破坏而释放，从而增加黄酮含量。靳思玉等（2020）研究表明，添加适量的糖蜜，同样能令青贮中黄酮的含量提高，其主要原因在于糖蜜的添加为青贮过程中乳酸菌的生长繁殖提供了大量营养物质，乳酸菌的含量增多能够更大限度地破坏细胞壁结构，增加细胞所释放的黄酮含量。综上所述，黄酮含量的多少还是依赖于能对植物细胞壁产生破坏的化合物的量，在青贮过程中添加一些可对植物细胞壁产生破坏作用的添加剂，可能会起到提升黄酮含量的作用。

3. 促纤维降解复合添加剂

纤维素酶可以在发酵过程中增加发酵所需的底物浓度，主要源于纤维素酶对植物细胞壁的降解作用，尤其是对半纤维素和纤维素的降解，提高了非结构性碳水化合物的含量。Wang 等（2022）研究表明，添加纤维素酶能显著降低发酵过程中 NDF 的含量。而一般情况下，虽然纤维素酶对纤维素的分解率增加，但并不能直接影响青贮发酵，只能增加 WSC 的含量，其发酵效果与正常发酵基本没有差别，而乳酸菌制剂与纤维素酶搭配使用，往往可以极大地提高发酵水平。王亚芳等（2020）研究表明，添加纤维素酶可在发酵中后期显著降低 pH 值、提高乳酸含量、降低 NDF 和 ADF 含量，并在整个发酵过程中，减少乙酸含量和铵态氮的生成，显著提高发酵水平。因此，纤维素酶的添加可以提高整个发酵的水平，但其往往不能主导发酵过程，其添加只是对乳酸菌的大量增殖提供了保障。

在青贮过程中添加微生物制剂也可以促进纤维素的降解，微生物在青贮过程中产生的一些酶类，可作用于青贮中的纤维素、半纤维素和木质素，将其降解为易被动物所消化利用的单糖或双糖等小分子物质，增加整个青贮过程中 WSC 的含量。Maki 等（2012）在城市垃圾和泥炭中分离出了 20 株可产生纤维素酶的细菌，其中有 12 株能够以木聚糖作为主要碳源生长繁殖，这些菌株对纤维素的降解具有巨大潜力。熊乙（2019）也分离筛选出 6 株具有降解纤维素能力的菌株，并且将这些菌株接种于干草后，能够不同程度地提升干草的养分含量及品质，可作为提高饲料饲用价值的添加剂。就有氧稳定性而言，单独添加纤维素酶并未表现出理想的效果。贺婷婷等（2022）研究表明，单独添加纤维素酶能够提高青贮的有氧稳定性，但其提升有氧稳定性的能力与饲料表面附着的乳酸菌数量有关。乳酸菌数量多，则 pH 值下降速度快，抑制腐败菌和酵母菌，而纤维素酶为乳酸菌主导发酵的过程提供了可使用的底物。然而，若乳酸菌含量较低且纤维素酶添加量较少，则所产生的底物会被其他菌体利用，使得发酵品质下降，有氧稳定性降低。在现实生产中，纤维素酶往往同乳酸菌一起使用，两者之间协同作用可以更好地帮助青贮发酵，提高青贮发酵品质，增加青贮有氧稳定性。

二、不良发酵抑制剂

有机酸作为青贮添加剂具有良好的防腐和促进发酵的功效，常用的有机酸添加剂有甲酸、乙酸、丙酸、苯甲酸、山梨酸等。有机酸添加剂可以在发酵初期快速降低青贮的 pH 值，从而抑制有害菌的增殖，为饲料所含乳酸菌提供适宜的增殖环境，进而加快青贮发酵，减少营养物质的损失。Zhao 等（2021）研究发现，在饲料中添加一定数量的山梨酸可以提高饲料干物质和 WSC 含量，降低饲料 pH 值，减少铵态氮的生成。在青贮发酵过程中，有机酸的添加还可促进乳酸菌的增殖。Lv 等（2020）研究表明，在青贮发酵过程中添加一定量的柠檬酸或甲酸可以使乳酸菌的增殖幅度增加，尤其是一定量的柠檬酸可以大幅地增加乳酸菌的丰度，并且抑制酵母菌和霉菌的增殖。

有机酸的添加在一定程度上有助于提高青贮有氧稳定性。王亚芳等（2020）研究表明，在青贮饲料中添加一定量的有机酸，在发酵初期由于较强的酸性会轻微抑制一些乳酸菌的增殖，从而导致乳酸、乙酸及总有机酸的浓度降低，但在发酵中后期抑制了酵母菌的增殖，而将饲料暴露于空气中后，pH 值只出现较小幅度的上升，并且此上升趋势缓慢，乙酸或丙酸的添加在整个有氧暴露过程中都抑制了酵母菌和霉菌的增长，大幅提高了青贮的有氧稳定性。

有机酸添加对青贮的发酵品质及有氧稳定性都有可观的提升，但有机酸具有刺激性的气味，会导致动物食欲降低，并且使用不当可能会引起严重的灼伤以及长期使用对生产机器具有腐蚀性等缺点。为解决此问题，大多数有机酸多以有机酸盐的形式进行饲料添加。

三、二次发酵抑制剂

有机酸盐添加剂与有机酸添加剂对青贮发酵效果相似，但其易于储存且不良影响较小，因此适用范围较有机酸更大，对动物的生产性能影响更小。常见的有机酸盐如苯甲酸钠、山梨酸钾、脱氢醋酸钠等。研究表明，青贮中添加一定的苯甲酸钠或山梨酸钾可以降低干物质损失，减少铵态氮的生成量，降低 pH 值等，增加乳酸菌的相对丰度，同样地，添加一定量的双乙酸钠或丙酸钙也能够提高青贮的有氧稳定性，保证青贮良好的发酵品质。而且复合添加的有机酸盐其效果比单一添加更加明显。李晓红等（2018）研究表明，添加一定剂量的苯甲酸钠或山梨酸钾都可以在青贮发酵过程中对霉菌和酵母菌的增殖起到抑制作用，而单一使用有机酸盐与苯甲酸钠、山梨酸钾、双乙酸钠、脱氢醋酸钠的复合有机酸盐添加剂相比，复合有机酸盐添加剂对减少青贮饲料发酵过程中有害微生物的数量，确保乳酸菌群的优势地位有很大的积极作用，可以更有效地提高青贮发酵的成功率及有氧稳定性。

青贮饲料在发酵以及开封有氧接触后往往会发生腐败变质，而添加防腐剂可以避免此情况的发生。常见的防腐剂有甲醛、纳他霉素、放线菌酮、制霉菌素等，都会在不同程度上抑制霉菌、酵母菌等的增殖。巴尔古丽·苏甫尔（2017）的研究表明，在青贮过程中添加一定剂量的甲醛发酵后，进行开封有氧暴露，其 pH 值和铵态氮含量上升缓慢，饲料有氧稳定性增强，有害菌增殖速率降低。Shah 等（2020）的研究同样表明，添加一定量的纳他霉素可以对饲料中的大部分有害菌起到抑制作用。虽然防腐剂对有害菌的抑制作用十分明显，但其对青贮中的乳酸菌往往也有抑制作用，导致饲料发酵效果不理想，并且防腐剂在饲料中添加过量时往往还会产生毒害作用，因此防腐剂的添加应考虑多方面因素，尽量减少不良反应。

四、营养改善剂

1. 含氮化合物添加对青贮的影响

动物饲料中的含氮化合物可分为真蛋白质和非蛋白含氮化合物，饲料中的蛋白质伴随动物的摄入转化为氨基酸并吸收，而氨基酸的组成则会影响动物的生命活动和免疫表达,因此,饲料中的氨基酸种类须满足动物的必需氨基酸需求。在青贮饲料的发酵初期,大量的微生物活动会将饲料中的蛋白质及非蛋白含氮化合物分解利用,产生菌体蛋白,进而增加整体青贮饲料中的蛋白质含量,从而提高动物的蛋白质摄取量。相较于一般青贮,反刍动物在食用添加含氮化合物的青贮后,动物瘤胃内摄入的总蛋白提升,因而增加瘤胃内微生物可利用蛋白质,提高菌体蛋白的转化量,而饲料中的非蛋白氮可在瘤胃内分解为氨,与碳水化合物分解形成的酮酸合成蛋白质,未被利用的氨则会进入氮素循环,合成动物内源性尿素。

单胃动物饲料中的含氮化合物添加一般以真蛋白为主,而非蛋白含氮化合物的添加往往针对反刍动物。非蛋白含氮化合物作为饲料添加剂常以尿素、铵盐和缩二脲等为主。尿素作为最常用的非蛋白含氮化合物,可以提高青贮中的蛋白质水平,Saminathan 等(2022)研究表明,添加尿素青贮还可以降低中性洗涤纤维及酸性洗涤纤维的含量和乳酸含量,增加青贮品质,韩紫燕等(2019)在青贮中添加 0.6%尿素同样也可以提升青贮蛋白质含量,并且能够降低青贮的 pH 值。

2. 糖及碳水化合物添加对青贮发酵的影响

糖蜜发酵液作为一种常用的添加剂,其添加的主要目的是提高发酵初期的养分含量,增加乳酸菌繁殖所需底物的浓度。Ni 等(2017)研究表明,添加一定数量的糖蜜发酵液,可以加速青贮初期的 pH 值下降,其主要是由于糖蜜发酵液的添加增加了 WSC 的浓度,使得乳酸菌菌群增殖所需的底物浓度增加,乳酸菌的菌种数上升,在此过程中由乳酸菌产生的乳酸含量也相应提高,进而导致 pH 值下降,较低的 pH 值可以抑制青贮饲料在发酵过程中有害菌的生成,增加青贮发酵品质。Chen 等(2020)研究表明,糖蜜发酵液单独添加可以使得青贮饲料乳酸浓度升高而乙酸浓度下降,此变动可抑制发酵过程中酵母菌和霉菌的繁殖,而且表现出青贮开封后的有氧稳定性增加,酵母菌和霉菌数量降低。

目前绝大多数研究都使用糖蜜发酵液和其他添加剂的搭配使用,单独使用糖蜜发酵液与搭配其他青贮添加剂相比,糖蜜发酵液与其他添加剂的组合能够起到更好的发酵和抗氧化效果。王莹等(2010)研究进一步表明,与单独使用乳酸菌制剂相比,糖蜜发酵液与乳酸菌制剂联合使用能够在发酵初期更快地使 pH 值下降，并且可在发酵后期增加乳酸菌含量，减少不良微生物的生长，提高青贮品质。黄秋莲等（2021）研究同样表明，在青贮饲料中添加一定量的糖蜜和乳酸菌可使乳酸含量在发酵初期快速上升，抑制有害菌对发酵底物和蛋白质的消耗，发酵过程更快达到稳定状态，青贮发酵品质与营养价值相对较好。

第五节 青贮饲料微生物多样性的研究

在青贮饲料的发酵过程中，微生物的种类和数量起着至关重要的作用。乳酸菌是青贮发酵过程中的主要微生物，它们能够利用植物性饲料中的可溶性碳水化合物发酵产生乳酸，从而降低 pH 值，抑制有害微生物的生长，确保青贮饲料的质量。除了乳酸菌，其他微生物（如梭菌和真菌）也在青贮过程中发挥作用，其中梭菌和真菌被认为是青贮发霉变质的主要原因。青贮饲料的品质很大程度上取决于发酵过程中微生物的活动，特别是乳酸菌的作用。近年来，青贮饲料微生物多样性的研究取得了显著进展，这些研究不仅加深了我们对青贮发酵机制的理解，也为提高青贮饲料品质提供了新的思路和技术支持。

一、青贮饲料微生物多样性研究现状

青贮饲料中的微生物包括细菌和真菌。在青贮起始阶段，随着氧气的耗尽，附生菌群开始转变为厌氧菌群，主要以乳酸菌为主。在青贮条件稳定以后，乳酸菌是青贮饲料中的优势菌群，而需氧菌、酵母及霉菌受到抑制。在青贮饲料的有氧暴露阶段，酵母菌、真菌及其他好氧菌群开始繁殖，引起饲料的腐败变质。而青贮添加剂则对青贮菌群有显著的影响，主要是促进了乳酸菌的繁殖。

青贮原料中生长着物种多样性极高的附生菌群，这些菌群依据地区、附生牧草的种类及环境的不同而不同。如 Parvin 等（2010）利用 DGGE（变性梯度凝胶电泳）技术发现青贮前牧草及全株玉米中存在着多条电泳条带，经鉴定后发现意大利黑麦草中附生的种类主要为肠杆菌属（*Enterobacter*）、芽孢杆菌属（*Bacillus*）、假单胞菌属（*Pseudomonas*）及梭菌属（*Clostridium*）的菌群

等。Hu 等（2018）利用下一代测序技术（NGS）测序发现通辽地区新鲜苜蓿在青贮前存在的菌属主要有鞘脂菌属（*Sphingobium*）、不动杆菌属（*Acinetobacter*）、肠杆菌属、梭菌属、*Kosakonia*、肠球菌属及芽孢杆菌属等。Bao 等（2016）使用单分子测序技术发现巨大芽孢杆菌（*Bacillus megaterium*）、暗沟肠杆菌（*Enterobacter cloacae*）、成团泛生菌（*Pantoea agglomerans*）及蜡样芽孢杆菌（*B. cereus*）等菌种。Guo 等（2018）使用单分子测序技术分析苜蓿原料，显示主要附生菌有泛菌属（*Pantoea*）、乳杆菌属、肠球菌属（*Enterococcus*）、链球菌属（*Streptococcus*）、鞘氨醇单胞菌属（*Sphingomonas*）、塔特姆菌属（*Tatumella*）等。

未经添加剂处理的青贮饲料青贮后通常乳酸菌菌群比例增大，也有一定比例的其他非乳酸菌菌群存在。经过菌制剂及酶制剂处理的青贮饲料中通常以少数一种或几种乳酸菌占绝对优势，其他非乳酸菌菌属丰度很低。如 Parvin 等（2010）发现在未经处理的青贮牧草及全株玉米中存在伯克霍尔德菌属的种类（*Burkholderia* spp.）、沙雷氏菌属的种类（*Serratia* spp.）、植物乳杆菌、*Pediococcus dextrinicus*、戊糖片球菌（*P. pentosaceus*）、乳酸乳球菌（*L. lactis*）、类肠膜魏斯氏菌（*Weissella paramesenteroides*）、蒙氏肠球菌（*E. mundtii*）等菌群，而经过植物乳杆菌和短乳杆菌处理的青贮饲料中分别以植物乳杆菌和短乳杆菌（*L. brevis*）为主要菌群。Hu 等（2020）发现内蒙古通辽地区苜蓿青贮后存在的乳酸菌属，主要有乳杆菌属、乳球菌属（*Lactococcus*）、片球菌属及肠球菌属等，而经过纤维素酶和干酪乳杆菌处理的青贮饲料中均以乳杆菌属为优势菌群，其他尚有少量的肠球菌属、假单胞菌属、醋杆菌属和魏氏菌属等。Guo 等（2018）发现青贮苜蓿中存在蒙氏肠球菌、乳杆菌属及链球菌属的种类等，而经过植物乳杆菌和布氏乳杆菌处理的青贮饲料中以植物乳杆菌和布氏乳杆菌为优势菌群。

对于有氧暴露后的青贮菌群的研究报道较少。Hu 等（2018）对有氧暴露 3d 后的青贮玉米研究发现，青贮玉米菌群中乳杆菌属丰度下降，芽孢乳杆菌属（*Sporolactobacillus*）丰度上升，此外，还存在克雷伯氏菌属（*Klebsiella*）、梭菌属、片球菌属、拉恩氏菌属（*Rahnella*）、肠杆菌属、泛菌属、鞘氨醇单胞菌属等多种菌属。Xu 等（2019）研究发现，有氧暴露导致青贮玉米乳杆菌属、魏氏菌属、明串珠菌属丰度的下降，以及假单胞菌属、寡氧单胞菌属（*Stenotrophomonas*）、芽孢杆菌属和类芽孢杆菌属（*Paenibacillus*）丰度的增加。Hu等（2020）对纤维素酶和干酪乳杆菌处理的青贮苜蓿有氧暴露3d后，发现乳杆菌属丰度在对照组降低幅度最大，在干酪乳杆菌处理的青贮苜蓿中降低幅度最小。此外，对照组在有氧暴露后肠球菌属增幅较大。Li等（2011）利用DGGE鉴定了玉米青贮有氧暴露7d的菌群，发现有氧暴露导致短乳杆菌及戊糖片球菌出现，及肠杆菌属的种类、*L. farciminis*和*Erwinia persicina*的消失，而鼠李糖乳杆菌和布氏乳杆菌处理的青贮饲料在有氧暴露后菌群变化不大。

对青贮饲料中真菌的研究最初主要是通过基于平板培养技术的菌落计数来跟踪其在青贮饲料中的数量变化。而对其真菌菌群的多样性研究相对较少。Li等（2011）利用DGGE鉴定了玉米青贮中真菌菌群的变化，发现*Davidiella tassiana*和*Loxospora cismonica*在青贮前的玉米中存在，而青贮后消失。随着青贮时间的延长，青贮饲料中的真菌种类逐渐减少，如异常毕赤酵母（*Pichia anomala*）、伯顿毕赤酵母（*Pichia burtonii*）、拟青霉属种（*Paecilomyces* sp.）、木贼镰刀菌（*Fusarium equiseti*）、*Pichia kluyveri*在青贮14d的饲料中存在，而在青贮56d及120d的饲料中消失。研究还发现，有氧暴露对未处理青贮饲料的真菌菌群影响较大，而对乳酸菌菌剂处理的青贮饲料影响不大。对照组真菌菌群在有氧暴露后表现出一些菌群的消失，如拟青霉属种类、木贼镰刀菌和*P. kluyveri*，以及另一些菌群的出现，如异常毕赤酵母和伯顿毕赤酵母。Avila等（2010）研究了发现青贮甘蔗中酵母种群随品种和时间的变化而变化，并分离鉴定了9个酵母菌种，发现4种酵母菌是各时间点的优势种，即*Torulaspora delbrueckii*、异常毕赤酵母、酿酒酵母（*Saccharomyces cerevisiae*）和光滑念珠菌（*Candida glabrata*）。

二、青贮饲料微生物多样性研究方法

现有技术，如平板菌落计数、末端限制性片段长度多态性、变性梯度凝胶电泳、real time PCR等技术在青贮饲料中只能观察到有限数量的、丰度较高的物种。相比之下，NGS可以鉴定出丰度更低的微生物，从而实现青贮饲料中整个微生物群落的全景式分析。

1. 选择性培养基平板培养

最初在青贮饲料进行菌群研究的是使用选择性培养基对特定类型的菌落，如乳酸菌类，进行选择性的培养、分离，并对分离的菌落进行基于 16S rRNA 的 PCR 扩增，通过序列比对获得菌种的信息。这种方法需要对每一个菌种进行分离、培养和鉴定，操作烦琐，工作量大，能够识别的菌种有限。对于大量不可培养的菌群不能检测到，也不能可靠地跟踪青贮饲料中特定的微生物种类。例如，Langston 等（1960）对 30 份鸭茅草和苜蓿青贮饲料进行微生物种类的分析时，使用平板培养法分离了 3 142 个菌株，经测序鉴定仅得到了 9 个菌种信息。Pang 等（2011）从青贮玉米、水稻、高粱和苜蓿中分离了 156 株菌株，其中 110 株为乳酸菌，仅得到了 8 个菌种信息。

2. 末端限制性片段长度多态性

末端限制性片段长度多态性（Terminal-restriction Fragment Length Polymorphism，T-RFLP）是一种基于 DNA 扩增的技术，主要对末端荧光标记的 PCR 产物进行限制性酶切，产生的长短不一的基因片段，如 16S rRNA 基因，得到的 DNA 片段通过毛细管电泳或凝胶电泳进行分离和序列测定，然后与数据库进行比对获得物种信息。该技术能够鉴定出微生物群落中的部分群落。试验过程中限制性内切酶的种类及 PCR 过程均对结果产生影响。McEniry 等（2008）用 T-RFLP 对菱鹬牧草青贮饲料中的细菌群落进行了研究，显示了细菌群落随着时间（0d、2d、6d、14d、35d 和 98d）、青贮方法和饲料的种类而发生的变化。McEniry 等（2010）使用 T-RFLP 研究干物质含量、压实和空气渗透对青贮牧草细菌群落组成的影响，表明干物质含量和压实是影响青贮微生物群落组成的主要因素。然而，该技术基于片段长度获取的物种信息难以进行物种识别，因为多个物种具有相同的片段长度。

3. 变性梯度凝胶电泳

变性梯度凝胶电泳（Denatured Gradient Gel Electrophoresis，DGGE）将聚丙烯凝胶电泳与梯度变性相结合，一些长度相同，但核苷酸序列不同的 DNA 片段能够被很好地分离。

在变性梯度凝胶电泳中，每个 DNA 片段的移动取决于 DNA 中核苷酸的组成，而不仅仅是 DNA 序列的长度，因此，DGGE 可以检测片段之间的微小差异。由于 DGGE 是通过凝胶电泳进行的，其结果在不同处理的凝胶之间的变化更大，更容易导入主成分分析等统计软件。

另外，DGGE 可以通过 PCR 进行条带的切除和克隆，用于物种鉴定。例如，Li 等（2011）扩增了细菌 16S rRNA 基因和真菌 18S rRNA 基因，并利用 DGGE 对其进行了分析，展示了不同菌剂处理对青贮饲料菌群的影响。DGGE 已经用于研究青贮黑麦草、紫花苜蓿和玉米中细菌群落。利用这种技术从青贮饲料中鉴定出来很多青贮菌种，并显示了这些菌种在青贮饲料中的演替。DGGE 技术虽然可进行物种鉴定，但是基于电泳条带使其结果更加定性和多变，其鉴定的物种也多是青贮菌群中的优势种，对于含量低的菌种很难发现。

4. 基于 16S rRNA 基因片段高通量分析技术

近年来，高通量测序技术如焦磷酸测序已被用于分析人类和动物肠道、土壤、深海、空气、海洋沉积物和发酵食品等不同环境中的微生物群落组成和动态。这些方法可全面分析来自不同环境样本的微生物群落，包括未培养菌群和稀有菌群。该技术也可以用于研究青贮饲料微生物群落。

基于一代测序（Sanger 测序）完成的人类基因组计划（Human Genome Project，HGP）之后，如何高效快速扩展庞大的基因组成为迫切需要解决的问题，在此背景下，NGS 发展起来。NGS 典型的代表是由罗氏（Roche）、应用生物系统（Applied Biosystems，ABI）和 Illumina 三家公司推出的测序平台。NGS 由于测序通量高，又称高通量测序，454 测序平台和 Illumina 测序平台的原理是采用边合成边测序的方式读取碱基序列，通过每次碱基延伸产生的光信号读取序列信息。而 ABI 公司的 SOLiD 测序平台通过荧光标记的探针序列与目标序列配对，发出特异的荧光信号，读取碱基序列。NGS 的特点是测序效率高、通量大、测序成本低，对于庞大的菌群可以一次性实现全覆盖，大大降低了测序成本，增加了分析的可靠性，也成为微生物群落研究的主流技术。缺点是该技术测序长度短，在种的水平上进行物种鉴定受到了一定的限制。最近，NGS 在青贮饲料菌群研究中被广泛使用，推动了青贮饲料菌群多样性的研究。在这些测序平台中，Illumina 测序平台被广泛采用，研究的青贮饲料涉及青贮玉米、青贮苜蓿、三叶草和黑麦草等。

5. 单分子测序

最新发展起来的单分子测序（Single Molecule Real-Time，SMRT）克服了高通量测序读长片段短的缺点，该技术以 SMRT 芯片为载体进行纳米孔单分子测序，边合成边测序，无须扩增，针对全片段。其优点是测序长度长，可以覆盖整个 16S rRNA 基因长度，但是该技术发展时间短、测序成本高、通量小，应用普遍性差。Bao 等（2016）采用 SMRT 技术研究苜蓿青贮饲料菌群，显示了乳酸菌添加剂处理能够在种的水平上影响青贮饲料菌群，表明 SMRT 可以用于青贮饲料菌群分析。Guo 等（2018）使用该技术测定青贮苜蓿中的菌群，从种的水平上反映了添加植物乳杆菌和布氏乳杆菌对苜蓿青贮菌群的影响。

第三章　畜牧业质量安全现状概述

畜牧业产品质量安全是保障消费者健康和权益的重要环节。确保畜产品质量安全，可以有效地防止因畜产品问题引起的食品安全问题，保护消费者的权益。此外，畜牧业产品质量安全也是畜牧业发展的重要保障。只有确保畜产品的质量和安全，才能赢得消费者的信任，促进畜牧业的健康发展。

为了确保畜产品质量安全，各地政府和相关部门采取了一系列的保障措施。例如，四川省甘孜州出台了《加强动物疫病防控八条措施》，以确保畜牧业的安全健康发展。河南省平顶山市畜牧兽医局通过整合执法资源、健全执法机构、强化队伍建设等措施，提升了畜牧兽医执法能力和水平，提高了畜产品质量安全水平。然而，畜牧业产品质量安全也面临着一些挑战。例如，动物及动物产品在短时间内跨区域流动已经成为普遍现象，这使得疫病的防控变得更加困难。此外，畜牧业生产手段落后，农兽药、添加剂、激素的大量使用与残留造成了严重的质量安全问题，这也可能成为我国畜牧业发展的瓶颈之一。为了应对这些挑战，科技也在畜产品质量安全中发挥了重要作用。例如，智慧养殖系统可以通过物联网、云计算技术，对养殖环境实行全面监测，实现智能调控，从而提高产出率和质量。

未来，畜牧业产品质量安全的工作将继续加强。例如，国务院办公厅印发了《关于促进畜牧业高质量发展的意见》，围绕加快构建现代养殖体系、动物防疫体系、加工流通体系以及推动畜牧业绿色循环发展等方面做出了全面部署。这表明，未来的畜牧业产品质量安全工作将更加注重预防和管理，更加注重科技的应用，以确保畜产品的质量和安全。

第一节　畜产品质量安全影响因素及对人体危害

畜产品安全是食品质量安全的重要组成部分，其质量问题直接影响到人的身体健康。畜产品质量安全问题是一个世界性的问题，在我国尤为突出。瘦肉精中毒事件、苏丹红事件、高致病性禽流感和三聚氰胺事件，严重危害到人民群众的身体健康，给消费者的消费心理造成严重影响，成为国内外关注的焦点。由于畜产品涉及产业多、行业链条长、影响因素多，其质量安全与动物的生产管理、投入品安全、饲养环境状况，以及动物产品加工过程有着密切的关系。

目前，欧美等发达国家对畜产品中有害物质含量的监测水平位于世界领先地位，不仅制定了一系列监测标准，监测对象、监测项目覆盖面较广，残留标准比较严格，同时形成了高效地追溯制度和严格地处罚制度，在产品质量控制方面形成闭环管理。而我国监测技术和手段相对落后，追溯机制建设起步较晚，产品质量标准尚不能与发达国家接轨，很多有害物质的残留量与国际标准不同，目前常用的监测方法为养殖环节、屠宰环节和流通环节的监督抽检，监测对象无法覆盖所有畜产品，违法处罚及责任追究方面的法律制度尚不完善。

一、影响畜产品质量安全的因素

1. 致病微生物

全世界人畜共患病有250多种，我国有190多种。近30年来全世界新发现的传染病达40余种，几乎每年都有1~2种新发传染病。新发现或重新出现的传染病80%是人与动物互相传染，动物产品微生物危害源主要有细菌、病毒、霉菌等。常见的重要致病菌为沙门氏菌（畜禽肉）、副溶血性弧菌（水产品）、肉毒梭菌（肉制品）、单核细胞增生李斯特菌（乳制品）、阪崎肠杆菌（婴幼儿配方奶粉）、大肠杆菌O157:H7（肉制品）等。其中，沙门氏菌是全世界引起食源性疾病的最重要病原，特别是在禽蛋产品中广泛存在，金黄色葡萄球菌是动物性食品中的另一类常见致病菌。引发食源性疾病的致病微生物随时随地都存在，但并不是时刻都会引起食源性疾病，这些致病微生物与其周围的非致病菌及环境存在着协同关系，处于微生态的平衡状态，而当这种平衡被打破以后，致病的微生物大肆生长，其危害广泛传播，从而导致食源性疾病暴发。由于生态环境的变化，一些古老的甚至基本控制的传染病又卷土重来。

2. 药物残留

（1）抗生素。动物抗生素残留是畜产品质量安全的主要危害因子之一。抗生素残留是因动物在接受抗生素治疗或食入抗生素饲料添加剂后，抗生素及其代谢物在动物的组织及器官内蓄积或贮存。动物产品中抗生素残留的来源主要有 3 个方面：一是用于防治动物疾病而大量使用抗生素，特别是不遵守休药期的规定造成在动物体内残留；二是抗生素用作饲料添加剂；三是为防腐抗菌，人为地在畜产品中添加抗生素。产品中残留的抗生素主要有：青霉素、四环素、土霉素、氯霉素、链霉素、三甲氧苄氨嘧啶、二甲氧甲基氨嘧啶、呋喃唑酮、呋喃西林等。

（2）磺胺类药物。磺胺类药物是指具有对氨基苯磺酰胺结构的一类药物的总称，是一类用于预防和治疗细菌感染性疾病的化学治疗药物。动物产品中磺胺类药物残留主要是来源于动物治病过程中和饲料添加剂中使用了该类药物。

（3）投入品。药品、饲料等农牧业投入品是农畜产品生产过程中的常用品，也是动植物病虫害防治措施的重要组成部分，对动植物健康生长有着重要影响，但药品饲料的滥用同样是影响农畜产品质量的重要因素之一。很多农牧户受专业知识水平较低等因素的影响，对药品及饲料添加剂的辨别能力较弱，很容易采购和使用部分不合格的药品及饲料添加剂，从而对农畜产品的质量造成严重影响，还有部分农牧户为了加快动植物生长速度及提高农畜产品产量，往往使用一些禁用药品或添加剂，也会导致农畜产品出现大量有害物质残留的情况。

使用不合格原材料或受污染原材料进行生产，例如使用受农药污染、工业"三废"污染的原材料、使用霉变原材料或重金属超标的原材料进行生产。2020 年 1 月 1 日起，饲料中药物饲料添加剂品种除中兽药外全部禁止生产，原有的允许使用的具有防治动物疾病、促进动物生长作用的抗生素类药物饲料添加剂全面停用。

饲料在生产、加工、贮存过程中处置不当造成的二次污染。饲料含水量较高，如果贮存不当极易产生霉变，滋生黄曲霉毒素、赤霉素、赤霉烯酮等有害微生物，动物食用了被污染的饲料产品势必会对畜产品质量产生不良影响。

（4）加工、贮藏及运输。贮藏、加工及运输是农畜产品流入市场前的重要工作，这些工作环节中存在诸多会对农畜产品安全性带来危害的因素：第一，在农畜产品贮藏环节，部分保鲜库等相关机构并没有严格按照相关标准和规范对农畜产品进行清理和无害化处理，很容易致使农畜产品遭受污染，从而影响农畜产品质量和安全性；第二，部分农畜产品加工机构为了获取更高的经济收益，往往会向农畜产品中添加化学试剂，提高农畜产品品相及保质期，但这些残留在农畜产品中的化学试剂很容易对人们的身体造成较大危害；第三，在农畜产品运输环节，如果运输设备或农畜产品包装处理没有严格遵守相关标准，很容易导致农畜产品在运输过程中出现腐坏变质等问题。

二、主要危害因子对人体健康的危害

1. 致病微生物

畜产品中致病微生物对人体健康以至生命构成直接威胁，特别是一些人畜共患疫病，造成了全球性的恐慌。据有关研究，食源性疾病主要是由微生物和化学药物引起，根据中美两国CDC（疾病预防控制中心）近10年的统计，两国由微生物引起的食源性疾病都占总数50%左右，而化学物质引起的食源性疾病占总数的比率在美国是1%左右，在中国是27%左右。20世纪80年代在上海因食用毛蚶引起食源性甲型肝炎，1999年在宁夏因食用沙门氏菌污染的肉品引起食物中毒，2001年在江苏、安徽等地因肠出血性大肠杆菌O157:H7引起的食物中毒，2004年全国暴发由高致病性禽流感病毒引起的疫情，均给人民的生产、生活和身体健康造成了严重的危害。

2. 药物残留

（1）毒性反应。人长期食用兽药残留超标的食品，当体内药物累积达到一定量时，会对人体产生急慢性中毒。国内外已有多起有关人食用盐酸克仑特罗超标的猪肺脏而发生急性中毒事件的报道。此外，人体对氯霉素反应比动物更敏感，特别是婴幼儿的药物代谢功能尚不完善，氯霉素的超标可引起致命的"灰婴综合征"反应，严重时还会造成人的再生障碍性贫血。四环素类药物能够与骨骼中的钙结合，抑制骨骼和牙齿的发育。红霉素等大环内酯类可致急性肝毒性。氨基糖苷类的庆大霉素和卡那霉素能损害前庭和耳蜗神经，导致眩晕和听力减退。磺胺类药物能够破坏人体造血机能。

（2）耐药菌株的产生。人体长期反复接触某种抗菌药物后，其体内敏感菌株受到选择性地抑制，从而使耐药菌株大量繁殖；此外，抗药性 R 质粒在菌株间横向转移使很多细菌由单重耐药发展到多重耐药。耐药性细菌的产生使得一些常用药物的疗效下降甚至失去疗效，如青霉素、氯霉素、庆大霉素等药物在人体中已大量产生抗药性，临床效果越来越差。

（3）"三致"作用。大多数残留药物具有致癌、致畸、致突变作用。如雌激素、砷制剂（喹恶啉类、硝基呋喃类）等已被证明具有致癌作用；喹诺酮类药物的个别品种已在真核细胞内发现有致突变作用；丁苯咪唑、丙硫咪唑和苯硫苯胺酯具有致畸作用；磺胺二甲嘧啶等磺胺类药物在连续给药中能够诱发啮齿动物甲状腺增生，并具有致肿瘤作用；链霉素具有潜在的致畸作用。

第二节 草产品质量安全影响因素

苜蓿是草食动物的重要优质饲草，其品质不但影响草食动物的生长和发育，也影响畜产品的产量和质量。因此，为了促进全国苜蓿产业和畜产业的健康稳定发展，2016 年农业部印发了《全国苜蓿产业发展规划（2016—2020 年）》，要求大力发展优质苜蓿产业。然而，在苜蓿实际种植和加工过程中仍存在一些问题，这些问题往往会降低苜蓿质量，进而制约畜牧业的发展。

一、生产环境对草产品安全的影响

1. 土壤

土壤是谷物、牧草赖以生长发育的物质基础，谷物、牧草所需营养是通过根系吸收土壤中的养分实现的，因此土壤的质量决定谷物、牧草的质量，谷物、牧草决定畜产品品质。土壤的机能一旦遭到破坏和污染，导致谷物、牧草减产和品质下降。通过根系、茎叶吸收，有毒有害物质就会"藏匿"于畜产品中，通过食物链危及人体健康。

2. 水质

水质也是影响畜产品质量的一个重要因素。谷物、牧草生长和畜牧业生产都离不开水源。水体一旦遭到污染，其酸、碱度过高或过低都会破坏原有的生态平衡，使谷物、牧草的根茎腐烂，影响其正常生长。污水中有许多溶于水的有毒有害物质，一旦被谷物、牧草根系吸收，导致其减产和品质下降；畜产品中有毒物质超标，长期食用就会危及人体健康。

3. 大气

水土污染植物的根系，大气污染茎叶。大气中的氯气、二氧化碳、氧化物、煤烟粉尘等物质，如果这些有害物质达到一定的浓度，大气受到严重的污染，谷物、牧草的茎叶就会遭到破坏，不能进行正常的光合作用，叶片出现黄斑、黑点，影响谷物和牧草的品质，进而影响畜产品质量。

二、病虫害及农药残留对草产品安全的影响

目前，随着畜牧业的发展及国家政策的大力支持，苜蓿产业蓬勃发展，已经形成了"标准化+规模化""公司+农户+合作社""公司+基地+农场"以及"畜草结合、相互拉动"几种基本模式，对引导苜蓿产业走可持续化发展道路起到了积极的示范引领作用。在种植过程中，苜蓿病虫害比较多，这些病虫害往往是苜蓿所特有的。据相关资料统计，我国苜蓿病害主要有4种，即褐斑病、锈病、花叶病、霜霉病；苜蓿虫害多达10余种，有蚜虫、草地螟、蓟马、盲蝽、象甲等，这些病虫害的防治主要依靠喷施高效氯氰菊酯、吡虫啉、啶虫脒、毒死蜱、氰戊菊酯、阿维菌素、噻虫嗪等农药。据调查统计，苜蓿每年收割2~5茬，在生长季节平均施药2~3次，且在施药过程中有些农户为了预防病虫害的再次发生会刻意加大施药量，这种频繁以及高剂量的施药，给生态环境、畜产业，甚至食物链终端的人类健康安全带来严重威胁。喷施农药越是被广泛地用于解决苜蓿病虫害问题，农药残留问题

就更加突出，苜蓿质量安全问题也将更加严峻。

三、重金属污染问题对草产品安全的影响

苜蓿的生长与自然因素有关，还与土壤有直接关系。可以说，苜蓿产地环境中，土壤是连接各环境要素的基本枢纽。一般危害比较大的重金属主要是砷（As）、镉（Cd）、铬（Cr）、铜（Cu）、汞（Hg）、铅（Pb），这些重金属的污染主要来源于工业"三废"和汽车尾气排放、生活垃圾堆放以及病虫害防治过程中使用含有重金属元素的农药。重金属污染具有潜伏期长、易富集、难降解的特点，重金属不仅会影响土壤质量，还会降低作物产量和质量，甚至会威胁人类健康和生态系统。有研究指出，重金属从土壤向牧草的迁移趋势与土壤重金属含量相关，土壤重金属含量高则牧草重金属含量也高，它们呈显著的正相关。据统计，全国粮食（10%）、农畜产品（24%）、蔬菜（48%）都存在重金属污染方面的质量安全问题，大中城市的污染区、矿区和郊区农产品中重金属残留超标尤为突出。目前关于食用植物性农产品蔬菜、枸杞等产地土壤重金属污染研究较多，而对于苜蓿产地土壤中重金属的污染现状鲜有报道。苜蓿作为草食动物的优质饲草、畜产业发展的源头，适时地对苜蓿产物土壤重金属污染状况做出合理评价和潜在风险性评估，对促进苜蓿产业长远发展具有深远的意义。

四、生产环节存在的问题对草产品安全的影响

近年来，通过实施"振兴奶业"行动，有力促进了畜牧业的发展，同时也大大增加了奶牛等草食动物对优质草产品尤其是苜蓿的需求量。我国生产的苜蓿产品主要为草捆、草粉、草粒、青贮，其中草捆是作为反刍家畜日粮的主要草产品。草捆的加工生产主要以机械刈割收获、自然晒制风干、机械打捆而成，该方法操作简便、成本低廉，但是容易受到自然条件的影响。雨淋不仅不利于苜蓿的按期收割、导致苜蓿叶片脱落，更是影响苜蓿的自然风干，致使草产品易发霉、不耐贮藏；此外，苜蓿在晒制和贮藏过程中，因受搂草、翻草、堆垛、搬运等一系列机械操作影响，造成部分细枝嫩叶破碎脱落，都将导致干草的营养品质变差。有奶牛饲喂试验表明，两组奶牛分别在

305d 的泌乳期中定量饲喂不同质量的苜蓿，其产奶量明显不同。

为了有效保持苜蓿刈割时的营养品质，后期逐渐发展了青贮技术。青贮技术不但能解决温热雨季造成的牧草发霉问题，还能有效地降低牧草在打捆时受挤压叶片脱落引起的营养物质流失。但是苜蓿本身没有足够的乳酸菌，其有害细菌多于有益细菌，苜蓿青贮难度大。在制作青贮饲料的过程中，一般需添加不同种类的添加剂，同时经过包膜处理，防止其产生二次发酵或发酵不成功，大大增加了经济成本，对青贮技术的要求也大大提高。因此，研究低经济成本及成熟的青贮技术也是目前急需解决的研究课题。

五、植物毒素

1. 苜蓿中的植物毒素

植物凝集素、蛋白酶抑制剂、抗原蛋白、缩合单宁、生物碱、糖苷、非蛋白氨基酸、植物雌激素、皂苷等种类的植物毒素具有毒性并且具有抗营养作用，对动物的生产性能具有负面作用。苜蓿当中含有许多的植物毒素，主要有皂苷、植物雌激素、单宁、蛋白酶抑制剂和抗维生素等。皂苷是苜蓿中的主要有毒成分。除皂苷之外，其他有毒有害成分包括如从苜蓿中提取出的拟雌内脂和苜蓿内脂，为香豆素衍生物，具有雌激素的作用；以及单宁、胰蛋白酶抑制剂和抗维生素等抗营养因子。这些成分虽然在一般饲喂条件下不会对动物造成大的危害。但是在采食过多的情况下，会影响家畜的营养吸收功能，甚至发生中毒。

2. 苜蓿皂苷

苜蓿皂苷是苜蓿当中的主要毒性物质。现在发现的皂苷可以分为两个类别，甾体皂苷和三萜皂苷。甾体皂苷以糖苷的形式在特定的牧草如俯仰臂形草和黍物种中出现。羊的光敏症与饲喂含有甾体皂苷的饲料有关。而苜蓿中的皂苷主要为三萜皂苷。三萜皂苷作为抗营养因子降低了牛瘤胃中饲料的降解。研究表明，向绵羊瘤胃中注射经乙醇提取的皂苷能够抑制微生物的发酵、微生物蛋白的合成和营养物质的吸收，瘤胃原虫的数量也明显减少。

另外，苜蓿当中的皂苷并不总是负面作用。苜蓿当中的皂苷具有抗菌活性和抗虫作用。研究表明，苜蓿当中的皂苷含量和蚜虫之间具有负面关联。

当前的植物育种试图选育具有低皂苷含量的苜蓿以增加家畜当中苜蓿的消化率，但是这使苜蓿更容易受到蚜虫和其他害虫的侵害。

3. 植物雌激素

植物雌激素是一类主要发现于豆科饲料和籽粒中的异黄酮类、香豆素类和木脂素类物质。其并非真正的甾体激素，而是植物体内具有弱雌激素作用的化合物。紫花苜蓿植株体内的植物雌激素以香豆雌酚为主，另外，还含芒柄花素和染料木素，这些物质在叶内的含量明显高于茎。在畜牧生产中，适量的植物雌激素具有促进家畜生长以及提高机体免疫能力等作用，但家畜采食过多，则会引起家畜特别是反刍家畜繁殖功能的紊乱。然而，苜蓿的植物雌激素含量在生育期变化幅度大，且受到许多因素影响，如植物、生态和栽培管理等。苜蓿中植物雌激素在不同生长期有所不同，盛花期和结籽期活性最强，春季活性最弱。因此，了解这些因素对豆科牧草植物雌激素含量的影响，可以在畜牧生产中利用植物雌激素有利的作用和避免不利的作用。

4. 单宁

单宁是一种酚类物质，分子量超过 500Da。单宁可以分为水解单宁和缩合单宁。其中缩合单宁广泛分布于豆科牧草饲料、种子和高粱当中，在消化道中可与日粮中蛋白质结合生成不溶性化合物；还可与消化酶结合，影响酶的活性和功能，不利于营养物质的消化吸收。

但是，近年来的研究表明，缩合单宁对动物并不总是具有负面作用。适度水平的缩合单宁（3%~4%DM）能够对动物的健康有促进作用：一方面能够提高旁路蛋白质的途径，另一方面能够抑制动物胃臌胀病。高水平的缩合单宁（10%~12%DM）能够抑制肠道寄生虫。苜蓿当中仅含有少量的单宁。为了抑制胃臌胀病，美国等国家开始利用传统育种技术或者基因工程培育具有一定含量（1%~2%DM）单宁的苜蓿或者在有苜蓿干草的日粮中添加单宁补充剂。

5. 蛋白酶抑制剂

蛋白酶抑制剂具有的热不稳定性，是典型的抗营养因子。苜蓿中的蛋白酶抑制剂主要为胰蛋白酶抑制剂。胰蛋白酶抑制剂具有抗营养的作用，主要作用表现为降低蛋白质利用率，抑制动物生长和引起胰腺肥大。苜蓿蛋白酶抑制剂的特点是对热有高度稳定性。因此经高温脱水处理的商品苜蓿粉萃取物对胰蛋白酶仍有抑制作用。

6. 抗维生素

抗维生素是在化学结构上与某种维生素类似的化合物，它在动物代谢过程中可与该种维生素竞争并取而代之，从而干扰动物对该种维生素的利用。苜蓿含有维生素 E 类似物——叶绿醇（植醇）和异叶绿醇（异植醇），含量约 0.8mg/g，由于其结构与维生素 E 相似，所以可干扰维生素 E 的利用，同时可抑制家禽生长。给雏鸡饲喂植醇 0.25%~1%，就会阻碍雏鸡生长，并显著减少肝脏中维生素 A 和维生素 E 含量，伴发脑软化症。

苜蓿当中的植物毒素是由植物本身所产生的次级代谢产物。这些次级代谢产物生物活性高，功能多样，不仅具有毒性，而且具有抗营养作用。许多次级代谢产物是植物的天然杀虫剂，能够帮助植物抵抗病虫害，并且提高对非生物胁迫的抗性，另外，其还具有药用作用，能够对动物有益，如苜蓿当中的皂苷和单宁。目前我国对于苜蓿次生代谢产物的化学成分和生物活性的研究基础薄弱，加强对苜蓿次生代谢产物的研究对于苜蓿的深层次加工，提高苜蓿产品的科技含量具有重要作用。

六、霉菌和霉菌毒素

1. 霉菌污染

全球范围内饲料普遍受到霉菌及其孢子的污染。在热带地区，曲霉菌是奶牛饲料和其他动物饲料中的主要霉菌污染类别。其他的霉菌包括青霉、镰刀菌和链格孢菌，也是重要的污染谷物的霉菌。霉菌污染对动物带来的危害不仅在于潜在的霉菌毒素的危害，还在于动物摄入霉菌会生病。

2. 苜蓿中的霉菌毒素

霉菌毒素是由部分产毒霉菌产生的次级代谢产物，能够损害动物的健康和生产力，为饲料和动物养殖业带来了巨大的经济损失。主要的霉菌毒素包括黄曲霉毒素、赭曲霉毒素、T-2 毒素、呕吐毒素和玉米赤霉烯酮等。Galik 等（2008）在研究苜蓿青贮中的霉菌毒素，发现苜蓿青贮中霉菌毒素含量最高为伏马毒素 126.2μg/kg、黄曲霉毒素 14.7μg/kg、玉米赤霉烯酮

588.7µg/kg、脱氧雪腐镰刀菌烯醇433.2µg/kg、T-2毒素288.2µg/kg、赭曲霉毒素20.1µg/kg。王金勇等（2012）对2012年787份饲料和原料样品进行分析，其中宁夏苜蓿（包括进口和国产苜蓿）中黄曲霉毒素部分超标，最高达202µg/kg，玉米赤霉烯酮也很常见，一般为50~500µg/kg，最高达2 664µg/kg。这些研究表明，苜蓿中存在霉菌毒素污染的风险，而且并不仅仅是一种毒素，而是多种霉菌毒素同时存在。

3. 黄曲霉毒素

黄曲霉毒素主要由黄曲霉（*Apergillus flavus*）和寄生曲霉（*A. parasiticus*）产生，是一种具高毒性、诱变性和致癌性的化合物。主要由黄曲霉毒素B_1、黄曲霉毒素B_2、黄曲霉毒素G_1、黄曲霉毒素G_2和黄曲霉毒素M_1等17种毒素组成，其中黄曲霉毒素B_1的含量最大，毒性也最强。对动物饲料中黄曲霉毒素的监测是一个持续性的问题，由于其极高的毒性，世界各国通过立法等各种形式规定黄曲霉毒素的限量标准。世界卫生组织推荐食品和饲料中黄曲霉毒素允许量不超过15µg/kg；美国规定奶牛饲料中黄曲霉毒素不超过20µg/kg，其他动物饲料中不超过300µg/kg；欧盟对奶牛和仔畜饲料的黄曲霉毒素B_1限量5µg/kg，而对给料的限量标准为20µg/kg。

黄曲霉毒素可降低畜禽对疾病的抵抗力，阻碍接种疫苗和获得性免疫。黄曲霉毒素B_1引起的免疫刺激已经在火鸡、雏鸡、猪和大鼠当中发现。研究显示黄曲霉毒素对于雏鸭是剧毒的，但反刍动物对黄曲霉毒素抵抗力较强。奶牛吃了含有黄曲霉毒素B_1的饲料后能够在牛奶中转化为黄曲霉毒素M_1，长期暴露在黄曲霉毒素下增大了人类癌症的发病率。环匹阿尼酸（CPA）常与黄曲霉毒素同时出现，是目前越来越被人引起重视的真菌毒素，由曲霉菌和青霉菌产生。CPA的症状为神经中毒，中毒后出现严重痉挛。

4. 赭曲霉毒素

赭曲霉毒素包括7种结构类似的化合物，其中赭曲霉毒素A毒性最大，在霉变谷物、饲料等最常见。赭曲霉毒素A由多种生长在饲料中的青霉和曲霉菌产生。我国饲料卫生标准中规定赭曲霉毒素A含量不超过100µg/kg，欧盟规定猪补充和完整饲料中赭曲霉毒素A不超过50µg/kg，谷物饲料中不超过250µg/kg。动物喂食赭曲霉毒素A后，这种毒素也能出现在动物的肉中。并且赭曲霉毒素 A 能够危害许多动物的肾脏，降低抗体产量，影响体液免疫，降低免疫力。

5. 镰刀菌毒素

动物饲料在世界范围内受到镰刀菌毒素的污染。一般情况下，镰刀菌毒素最重要的有单端孢霉烯族毒素类、玉米赤霉烯酮和伏马毒素。单端孢霉烯族毒素类可以分为四个基本类型。其中 A 型和 B 型最为重要。A 型包括 T-2 毒素、HT-2 毒素、新茄病镰刀菌烯醇和草镰刀菌烯醇（DAS）。B 型包括呕吐毒素（DON）、雪腐镰刀菌醇和镰刀菌烯酮。

玉米赤霉烯酮是唯一由曲霉菌产生的植物源雌激素。禾谷镰刀菌（*Fusarium Graminearum*）是主要的能够产生玉米赤霉烯酮的镰刀菌。我国的饲料卫生标准中规定配合饲料和玉米中玉米赤霉烯酮的含量不能超过 500μg/kg。在所有的圈养动物中，猪最容易受到影响，且受到影响的主要是生殖系统。而鸡受到的影响较小。Richard（2004）发现，采食含有一定量的玉米赤霉烯醇的奶牛的配种受孕率较对照组降低。

呕吐毒素是一种常见的镰刀菌毒素，能够由禾谷镰刀菌（*Fusarium Graminearum*）和黄色镰刀菌（*Fusarium Culmorum*）产生。饲料中呕吐毒素有严格的限定标准。我国谷物中呕吐毒素的限量标准为 1 000μg/kg。开花期潮湿、温和多雨的气候有利于呕吐毒素的产生。呕吐毒素能够对动物产生慢性毒性效应。包括降低饲料利用效率、抑制生长、免疫功能改变和影响繁殖。通常被认为与猪的拒食症有密切联系，呕吐毒素的含量超过 1mg/kg 就能引起猪的采食量和体重增长降低。

总之，霉菌和霉菌毒素广泛存在于饲料当中，难以根除，给家畜养殖及饲料工业的发展带来极为不良的影响。因此要重视饲料原料与产品的防霉工作，加强对饲料中霉菌及其毒素污染的监测。

第三节　农畜产品质量安全防控措施

随着国民经济的发展及市场需求的不断增长，农畜产业迎来了更多的发展机遇和更加广阔的发展空间，但随着农畜产业的蓬勃发展，农畜产品质量与安全问题也越发突出，逐渐成为社会各界所关注的热点话题之一。

农畜产品作为人们日常生活中的必需品之一,其质量安全对人们的健康生活有着重要影响。农畜产品各个生产经营环节都可能对产品质量造成影响,相关部门在切实落实农畜产品质量检测工作基础上,加强农畜产品各生产环节的监管、增强农牧户安全生产意识,对不断推动中国农畜产品监管工作的革新与发展具有重要意义。

一、加强动植物病虫害科学防治手段的应用

动植物病虫害问题也是影响农畜产品质量的重要因素之一,对于动植物病虫害的防治工作,除了应贯彻"以预防为主、治理为辅"的工作理念外,还应加强动植物病虫害防治工作的科学化、绿色化、综合化。首先,应在充分研究动植物病虫害产生原因的基础上,提前采取绿色防控手段降低动植物病虫害发生概率,在农作物种植过程中做好土壤处理工作,并采用科学的农作物种植技术,不仅有助于提高农作物产量,还可以显著提升农作物病虫害防控工作成效;养殖户要做好饲养环境的清理消毒工作及禽畜幼崽疫病疫苗接种工作,降低禽畜疫病发生概率。其次,相关部门应加强动植物疫病监控体系的建立与完善,确保能够及时发现动植物疫病苗头,并第一时间采取妥善的处理措施,从而降低病虫害危害。除此之外,在治理动植物病虫害问题时,相关技术人员也应尽量采用生物试剂、害虫天敌等绿色生态防治手段进行处理,对于禽畜疫病的治理,则需要根据禽畜疫病情况合理选择药品及控制好药品用量,并严格按照相关标准和规范进行操作。

二、提高对农畜饲养工作的监管力度

做好对药品、饲料及动植物种植饲养的监管工作,是保证农畜产品质量安全的有效途径之一。首先,相关部门应把控好药品、饲料及添加剂生产和流通环节的监管工作,从源头减少对农畜产品质量的危害。其次,相关部门应做好药品、饲料及其添加剂的使用监管力度,一方面通过对农牧户普及药品、饲料正确使用方法及药品滥用危害等知识,增强农牧户对药品及饲料添加剂的科学使用意识,另一方面则需严抓药品及饲料添加剂滥用问题,除了需严管私自篡改药剂配比、药物不合理使用及使用不合格药品饲料等行为,

还应加强种植养殖工作中药品和饲料添加剂质量及用量检查工作，从而降低药品和饲料添加剂中有害成分在农畜产品中的残留，进一步保证农畜产品的质量安全。

三、加强农畜产品质量检验工作的开展

农畜产品质量监管体系的健全应从责任制度等相关制度的完善和落实入手，根据当地农业、养殖业实际情况，将农作物种植区域及禽畜养殖区域合理划分为不同的模块，并将各个区域的农畜产品质量监管责任落实到具体责任人身上，不仅有助于提高当地农畜产品质量监管工作水平，还有助于推动当地农畜产品及农贸市场管理工作的规范化发展。

相关部门还应加大农畜产品质量检测工作的支持及资源投入力度，可以通过设立专项经费等途径，推动各地区农畜产品质量检测工作计划的进一步完善。

强化农畜产品质量检测工作的垂直管理及横向联系，垂直管理模式主要是指在完善联动管理机制的基础上，加强对农畜产品生产者、加工者及经营者的监管和警醒教育工作，而质量检测工作横向联系的强化主要是通过加强管理工作信息化建设及网络平台搭建等途径，提高农畜产品质量问题处理效率。

促进质量检测技术体系的完善及检测水平的提升对阻止不合格农畜产品流入市场具有重要意义，相关部门需根据现农畜产品检测行业实际情况采取针对性的改善措施。应加强各地区农畜产品检测机构相关仪器的配备及相关设施的建设，从而为农畜产品检测技术的实施提供必要条件。

相关部门及农畜产品检测机构应建设一支高素质专业检测团队，通过改善工作环境、提高福利待遇及举办专业培训等途径，吸引和培养更多的优秀检测技术人员加入农畜产品检测工作当中，一方面有助于提升农畜产品质量检测工作质量和效率，另一方面还可以推动农畜产品监管体系的完善与发展。

四、开展畜产品安全性评价和危险性分析

食品安全风险贯穿食品供应链的全过程，鉴于人力、物力和财力的限

制，要对所有食品、所有环节都进行全面和细致的控制是非常困难的。国际经验表明，要实现效率的最大化，必须以危险性分析为基础，明确管理重点，把资源配置在那些高风险的食品或危害之上。畜产品质量安全问题是我们当前必须十分重视的问题，要整合相关的技术力量，对畜产品安全性进行评价和危险性进行分析，为制定食品安全标准和应对食品安全政策措施提供科学依据。安全性评价和危险性分析是世界贸易组织（WTO）和国际食品法典委员会（CAC）强调用于制定食品安全技术措施的必要技术手段，也是制定食品安全标准和仲裁贸易纠纷的主要手段和依据。

第四章 宁夏畜牧业发展现状与概述

第一节 宁夏养殖业发展现状

宁夏回族自治区是我国优势农产品区域布局中重要的优势畜牧业生产基地。"十三五"期间，宁夏大力推进畜牧养殖业发展，畜禽养殖业总体增幅很大。在2019年，宁夏畜禽存栏总量2 067.1万头（只），以牛羊养殖为主，奶牛43.7万头、肉牛97.1万头、羊568.5万只、生猪73.4万头、家禽1 284.4万只。规模养殖场主要集中在吴忠市、银川市及中卫市等地区，初步形成了围绕银川三区（包括西夏区、金凤区和兴庆区）、利通区、青铜峡市、贺兰县为核心区的奶牛产业带，以西吉县、彭阳县、隆德县、泾源县、海原县、红寺堡区、同心县、原州区为主的肉牛生产区，以沙坡头区、中宁县、灵武市和青铜峡市为主的生猪生产区，以盐池县、同心县、海原县、灵武市和红寺堡区为核心区的滩羊产业带。

一、宁夏肉牛产业发展情况

宁夏养牛历史悠久，秦汉时农牧两宜、半农半牧、牛马衔尾、群羊塞道，有"马千匹、牛倍之、羊万"之说。宁夏是农业农村部确定的全国肉牛优势产区之一。近年来，宁夏回族自治区党委和政府认真贯彻落实习近平总书记视察宁夏重要讲话精神，将肉牛产业确定为九个重点特色产业之一，加大政策扶持，优化区域布局，夯实产业基础，提高规模化水平，促进产销衔接，肉牛产业持续快速发展。

2020年，宁夏肉牛饲养量192万头，其中存栏129.1万头，居全国第

20 位；基础母牛存栏 57.0 万头，占存栏总数的 47.3%，高于全国 12 个百分点；牛肉产量 11.4 万 t，占全区肉类总产量的 34%，居全国第 19 位；人均牛肉占有量 16.5kg，是全国平均水平的 3 倍，居全国第 5 位。牛肉产值 45.9 亿元，占畜牧业总产值的 23.3%，占农业总产值的 7.8%，肉牛产业已成为宁夏促农增收、乡村振兴的支柱产业（资料来源：宁夏回族自治区商务厅）。

二、宁夏滩羊产业发展情况

滩羊是在独特自然条件下培育的优秀地方品种，是国家二级保护品种，在宁夏养殖历史悠久。早在南宋时期，朔方绵羊因其毛如茧纩、细长柔软而颇负盛名。到乾隆年间（1755 年），《银川小志》记载，滩羊已成为宁夏四大"最著物产"之一。

滩羊产业是宁夏促农增收、乡村振兴的支柱产业。多年来，宁夏以做大做强"中国滩羊之乡"为目标，着力推进养殖基地、良繁基地、饲草基地标准化规模化建设，打造国内优质羊肉生产基地和"盐池滩羊"知名品牌，推进滩羊产业精品化、高端化、绿色化发展。目前宁夏滩羊饲养量达 1 221 万只。其中，存栏 596 万只，出栏 625 万只。羊肉产量 11.1 万 t，占宁夏肉类总产量的 33.2%；人均羊肉占有量 15.9kg，是全国平均水平的 4.3 倍，居全国第 5 位。滩羊产业已成为宁夏农业特色优势产业发展的一张亮丽名片（资料来源：宁夏回族自治区商务厅）。

2016 年 7 月，习近平总书记视察宁夏时指出，宁夏要做实做强"滩羊之乡"。2020 年 6 月，习近平总书记视察宁夏时再次强调，宁夏滩羊肉品质好，滩羊有滩羊的特点，要把这个品种保护好。习近平总书记的重要指示精神，是对宁夏发展滩羊产业的充分肯定，也为宁夏保护滩羊品种、推进高质量发展指明了前进方向，提供了根本遵循。

三、宁夏牛奶产业发展情况

牛奶产业是宁夏特色优势产业，也是宁夏确定发展的战略性支柱产业。多年来，宁夏以打造"高端奶之乡"为目标，着力推进奶牛良种繁育、标准化规模养殖和优质饲草基地建设，推动牛奶产业向高端化、绿色化、智能化、融合化方向发展，成为全国重要的优质奶源基地和高端乳制品生产基地，被农业农村部誉为全国奶业优质安全发展的一面旗帜。

2020年6月，习近平总书记视察宁夏时指出，奶牛养殖规模化很重要，没有规模化就没有标准化，就没有效益。宁夏牛奶品质很好，要把它做大做强。习近平总书记的重要指示，为宁夏奶业高质量发展指明了方向、提供了根本遵循、注入了强大动力。

经过多年的努力，宁夏牛奶产业区域布局不断优化，形成以银川市和吴忠市为核心、石嘴山市和中卫市为两翼的牛奶产业带，产业基础不断夯实。2021年，宁夏奶牛存栏70.2万头、增速连续2年居全国第1位，生鲜乳产量280.5万t、居全国第5位；人均生鲜乳占有量380kg、居全国第1位。建成8个2万头以上的养殖基地，存栏100头以上规模奶牛场355个，规模化养殖比例达到99%以上，高于全国平均水平30个百分点。

第二节　宁夏牧草产业发展现状

宁夏地处黄土高原农牧交错带，黄河孕育了宁夏平原河套绿洲农业基地和生态屏障，宁夏发展草畜产业历史悠久，被誉为我国"黄金奶源带"、西北地区黄牛和滩羊养殖优势区，也是西北春小麦、粳稻和玉米优势产区。经过多年努力，宁夏草畜产业取得了历史性成就和长足进步，不仅使传统优势进一步凸显，而且成为强区富民的主导产业。然而，面对宁夏水资源短缺和生态脆弱等困境，迎接国内外市场双循环挑战，全面贯彻新发展理念、主动融入新发展格局时不我待。站在新的起点上，更加需要牢记习近平总书记2016年7月和2020年6月两次视察宁夏时的殷切嘱托，以建设黄河流域生态保护和高质量发展先行区为统领，以"六权"改革破题清碍，把牧草产业作为奶牛、肉牛、滩羊产业可持续发展的物质基础和生态治理的战略支撑，加强政策引导，强化要素保障，聚焦科技创新，统筹抓好山水林田湖草沙系统治理，优化粮经饲三元种植结构，形成粮草兼顾、农牧结合、循环发展的新型种养结构，助力美丽中国建设（高婷，2023）。

一、宁夏牧草发展主要措施

1. 草畜产业政策支持方面

坚持用好用活中央支农惠农、发展畜牧业和草原生态奖补等政策,先后实施奶牛肉牛示范区、滩羊产业强镇、粮改饲、高产优质苜蓿示范等各类项目。宁夏及时制定和调整产业发展政策意见,先后印发《加快推进农业特色优势产业发展若干政策意见》《关于创新财政支农方式加快发展农业特色优势产业的意见》《关于推进脱贫富民战略的实施意见》《关于加快推进高效种养业和绿色加工业发展的实施意见》《关于建设黄河流域生态保护和高量发展先行区的实施意见》等政策文件,不断构建完善财政支农政策体系,优化草畜产业布局。印发《关于建立市级领导同志对接自治区领导包抓重点特色产业工作机制的通知》,宁夏回族自治区相关部门紧盯草畜产业关键环节,在财政扶持、科技支撑、用地用水、信贷保险等方面出台了一系列政策措施。2022 年滩羊产业在中部干旱带滩羊核心区种植饲草 10.78 万 hm^2,其中种植青贮玉米 3.82 万 hm^2,种植一年生饲草 2.96 万 hm^2,苜蓿留床面积 4 万 hm^2。

2. 实施"粮改饲青贮玉米项目"方面

自 2015 年项目试点实施以来,宁夏"粮改饲"青贮玉米实际完成面积从 29.1 万亩增加到 219.36 万亩,加工全株玉米青贮由 86.3 万 t 增加到 716.1 万 t,"粮改饲"项目实施地区由 3 个试点县(区)增加至 21 个县(区),粮改饲"工作在宁夏实现了全覆盖,涉及畜种也由奶牛为主,向肉牛、肉羊全面推广,规模奶牛场、肉牛场和肉羊场全株玉米青贮普及率分别达到 100%、70% 和 60%。盐池县冯记沟乡雨强村有 9 个自然村,全村近 50% 农户家(总户数 385 户)养殖滩羊数超过 100 只,该村 2022 年滩羊养殖 6.5 万只,出栏滩羊 4.7 万只,产值 4 700 万元,全村种植青贮饲料及饲料玉米 1 466.6 万 hm^2,年产值 1 500 万元,不仅保证本村使用,还销售给周边乡村。

石嘴山市惠农区红果子镇宝马村投资引进启动无土栽培智能化牧草种植工厂项目,牧草生产车间 8 个集装箱不仅适用于小麦、大麦、燕麦草等多种优质牧草的自动化生产,还可用于叶菜类育苗、食用菌种植生产等,通过智能温控、自动微喷浇灌、LED灯光照射等，满足种子生长所需的温度、湿度、光照、营养等条件，能够一年四季不间断地为牛羊提供新鲜牧草。该村现有奶牛5 000余头，带动本村及周边乡村种植优质牧草3 333 hm²，带动本村及周边农民1 200余人就业，村集体收入从2019年的300万元增长到2022年的410万元，村民的人均收入从5 836元增长到19 076元，村集体4年共为农民分红88万元。

3. 优质苜蓿高产创建和盐碱地苜蓿品种选育方面

创建优质高产苜蓿种植基地。建设一批有一定规模、生产基础好、在增加苜蓿产量和提高产品质量方面有示范带动作用的生产示范基地，为草食畜牧业高质量发展特别是奶产业提供优质苜蓿草产品，提高奶牛等草食家畜综合生产能力和养殖效益，促进畜牧业高质量发展。

宁夏是黄土高原苜蓿的主产区之一，也是我国奶牛的核心饲养区域之一，牧草需求量大。而宁夏耕地面积少，土壤盐渍化严重，盐碱地面积在17.33万 hm²以上，目前大规模栽培种植的引进苜蓿品种多因抗逆性不强而导致产量低。因此，盐碱问题成为宁夏苜蓿高产的关键限制因素。针对宁夏盐碱制约苜蓿高产的重大问题，创新运用全基因组选择、分子标记辅助育种等前沿育种技术，结合常规育种技术，构建耐盐碱高产苜蓿高效育种技术体系，缩短新品种选育周期，初步实现耐盐碱与高产性状的协同改良，培育耐盐碱高产苜蓿新品种，为宁夏奶产业高质量发展保驾护航。

4. 其他方面

宁夏北部平原多年平均年降水量在180~220 mm，年蒸发量高达1 000~1 550 mm；年均气温8~9℃，作物生长季节4—9月≥10℃的积温为3 200~3 400℃。近年来早霜期变弱、晚霜期延后，为"一年两熟"粮经饲作物生长提供了先决条件。冬麦收割后复种青贮玉米或黑燕麦等粮饲作物，既可以确保口粮（小麦）稳定安全供给，又可以复种一茬青贮玉米等提供优质饲草，做到为养而种、一地两收。2022年宁夏推广草和粮一年两茬高效复种模式，推广面积为1.33万 hm²，闯出了一条改善养畜争粮争地、保护生态环境的新路子。

二、宁夏牧草发展成效

宁夏地处中温带季风气候区，日照充足、温度适宜，水源丰富、环境清洁，发展肉牛产业具有得天独厚的自然资源和气候优势。宁夏自 2003 年起在全域实行禁牧封育，落实草原生态补奖面积为 176.67 万 hm^2，天然草原补播改良达到 48.67 万 hm^2。青贮玉米、紫花苜蓿、一年生禾草等优质饲草资源丰富，品质优良，主产区粮改饲实现全覆盖，年种植青贮玉米 120 万亩、一年生禾草 49 万亩、高产优质苜蓿留床面积达到 30 万亩。青贮玉米干物质、淀粉含量均达到 28% 以上，整体质量优于国家二级标准；苜蓿粗蛋白质 18%~20%，相对饲喂价值（RFV）平均达到 150 以上，单产和质量均居全国前列，为宁夏肉牛产业快速发展提供了重要保障。

第五章　试验材料与方法

第一节　苜蓿-土壤 C、N、P 化学计量研究

植物生长是个复杂的过程，植物体吸收空气中的二氧化碳，进行碳光合同化，同时从土壤中吸收固定以及利用氮（N）、磷（P）、钾（K）等元素。不同元素被植物体的利用是否具有一定的协同性或者制约性，可以通过植物体之后产生的元素含量的比值（即生态化学计量比）来判断。生态化学计量学结合了生物学、化学和物理学等基本原理，主要研究生态系统能量平衡和多种化学元素（主要是 C、N、P）的平衡关系，其跨越了细胞、个体、种群、群落、生态系统、景观和区域等各个层次，对 C、N、P 等元素进行了研究，从另一个角度说明了植物对环境的适应性。

C、N、P 是植物生长的主要化学元素，C 是构成植物体内干物质的最主要元素，而 N 和 P 是各种蛋白质和遗传物质的重要组成元素。作为重要的生理指标，C:N 和 C:P 反映了植物生长速度，并与植物对 N 和 P 的利用效率有关，N:P 可以作为对生产力起限制性作用的营养元素的指示剂。当植物叶片 N:P>16，表现为植物生长受到土壤中 P 限制；当 N:P<14 时，表现为植物生长受到土壤中 N 限制；当 14<N:P<16 时，表现为植物生长受 N、P 共同限制或者都不受两者限制。土壤作为植物生长所需养分的主要来源，对调节植物生长具有重要作用。因此，研究植物和土壤 C、N、P 及其化学计量比的变化特征，可以深入了解植物生长过程中对于资源的利用及土壤养分循环的状况，揭示植物与环境之间的相互平衡制约的关系。

一、试验时间及地点

试验于 2019 年 5 月至 2020 年 10 月进行，主要工作有田间样品采集和实验室检测分析。

二、样品采集及制备

本试验在宁夏固原市隆德县苜蓿生产基地选择不同种植年龄的苜蓿种植田作为采样单元，每个采样单元在苜蓿第一茬、第二茬收割期采集土壤（0~10cm、10~20cm、20~40cm）和苜蓿样品。将采集后的苜蓿样品进行茎、叶分离，分离后于 105℃ 杀青 10min，80℃ 烘干 48h，粉碎后过 1mm 筛之后保存在密封塑料袋中备用。将采集后的土壤样品风干后，过 0.25mm 筛，保存在密封塑料袋中备用。

通过测定苜蓿茎和叶、土壤 C、N、P 含量，计算各营养元素 C∶N、C∶P、N∶P 比值，明确不同年龄、茬次对苜蓿生态化学计量特征的影响。

三、C、N、P 检测分析方法

1. 有机碳的测定

苜蓿茎和叶全碳的测定采用重铬酸钾容量法；土壤碳的测定采用 NY/T 1121.6—2006 中规定的重铬酸钾容量法。

实验步骤：准确称取通过 0.25mm 孔径筛风干试样 0.05~0.5g（精确到 0.000 1g，称样量根据有机质含量范围而定），放入硬质试管中，然后从自动调零滴定管准确加入 10.00mL 0.4mol/L 重铬酸钾-硫酸溶液，摇匀并在每个试管口插入一玻璃漏斗。将试管逐个插入铁丝笼中，再将铁丝笼沉入已在电炉上加热至 185~190℃ 的油浴锅内，使管中的液面低于油面，要求放入后油浴温度下降至 170~180℃，等试管中的溶液沸腾时开始计时，此刻必须控制电炉温度，不使溶液剧烈沸腾，其间可轻轻提起铁丝笼在油浴锅中晃动几次，以使液温均匀，并维持在 170~180℃，5min±0.5min 后将铁丝笼从油浴锅内提出，冷却片刻，擦去试管外的油（蜡）液。把试管内的消煮液及土壤残渣无损地转入 250mL 三角瓶中，用水冲洗试管及小漏斗，洗液并入三角瓶中，使三角瓶内溶液的总体积控制在50~60mL。加3滴邻菲啰啉指示剂，用硫酸亚铁标准溶液滴定剩余的$K_2Cr_2O_7$，溶液的变色过程是橙黄—蓝绿—棕红。

如果滴定所用硫酸亚铁溶液的毫升数不到下述空白试验所耗硫酸亚铁溶液毫升数的1/3，则应减少土壤称样量重测。

每批分析时，必须同时做2个空白试验，即取大约0.2g灼烧浮石粉或土壤代替土样，其他步骤与土样测定相同。

结果计算：

$$O.M = \frac{[c \times (V_0 - V) \times 0.003 \times 1.724 \times 1.10]}{m} \times 1\,000 \quad (5.1)$$

式中，

$O.M$为土壤有机质的质量分数，单位为克每千克（g/kg）；

V_0为空白试验所消耗硫酸亚铁标准溶液体积，单位为毫升（mL）；

V为试样测定所消耗硫酸亚铁标准溶液体积，单位为毫升（mL）；

c为硫酸亚铁标准溶液的浓度，单位为摩尔每升（mol/L）；

0.003为1/4碳原子的毫摩尔质量，单位为克（g）；

1.724为由有机碳换算成有机质的系数；

1.10为氧化校正系数；

m为称取烘干试样的质量，单位为克（g）。

2. 氮的测定

（1）苜蓿茎和叶全氮的测定（NY/T 2017—2011）。

①试样制备。植物干样，先将样品在80~90℃鼓风烘箱中烘15~30min，然后降温至60~70℃，赶尽水分，用植物样品粉碎机粉碎，过40目筛混匀，备用。

②试样消解。称取均匀植物干样0.1~0.5g（精确到0.000 1g）于100mL消化管内，加1mL水润湿。或称取新鲜试样1~5g（精确到0.000 1g)于100mL消化管内。在消化管内加入5mL硫酸，摇匀，分两次加入过氧化氢，每次2mL，摇匀，加盖小漏斗，待激烈反应结束后，置于消煮炉上加热消煮，使固体物消失成为溶液，待硫酸发白烟，溶液呈褐色时，停止加热。稍冷后加入10滴过氧化氢，继续加热消煮约5min，冷却，再加入10滴过氧化氢消煮，如此反复至溶液呈无色或清亮后（一般情况下，加过

氧化氢总量6~10mL）再继续加热5min，以除尽多余的过氧化氢。取下冷却后，用水将消化液全部转移到100mL容量瓶中，定容，用滤纸过滤或放置澄清即得待测液A，用于N的测定。同时做试剂空白试验。

③测定（采用凯氏定氮仪法）。

a. 仪器参考条件。启动定氮仪，先添加硼酸接收液（弃去前面的接收液，直到开始流出正常酒红色接收液），之后预热蒸汽发生器。设定定氮仪分析程序，输入标准酸的浓度，精确到0.000 1mol/L。选择硼酸接收液体积为30mL，蒸馏水设定为40mL，400g/L氢氧化钠溶液设定为20mL。也可选用电位法滴定判定终点的定氮仪进行测试。

b. 蒸馏及滴定。准确吸取10.00~20.00mL待测液A于消化管内，将消化管放入仪器中。按仪器要求进行蒸馏，先进行空白检测，样品测定结束后打印数据。

④结果计算。样品中N的含量以质量分数ω计，数值以克每百克（g/100g）表示，按式（5.2）计算：

$$\omega = (V_2 - V_0) \times c \times 0.014\ 0 \times 100 / [m \times (V_1/V)] \quad (5.2)$$

式中，

c为（1/2 H_2SO_4）硫酸标准滴定溶液浓度，单位为摩尔每升（0.01mol/L）；

V_2为样品消耗的标准酸溶液的体积，单位为毫升（mL）；

V_0为空白消耗的标准酸溶液的体积，单位为毫升（mL）；

V_1为蒸馏时吸取待测液A的体积，单位为毫升（mL）；

V为待测液A定容体积，单位为毫升（mL）；

m为试料质量，单位为克（g）；

0.014 0为摩尔每升硫酸标准滴定溶液c（1/2 H_2SO_4）1mL相当于氮的质量，单位为克（g）。

计算结果保留3位有效数字。

⑤精密度。在重复性条件下获得的两次独立测定结果的绝对差值不得超过这两次算术平均值的7%。

（2）土壤全氮的测定（采用LY/T 1228—2015方法）。

①土壤样品的制备。按LY/T 1210—1999规定制备土壤样品。

②土壤水分含量的测定。按LY/T 1210—1999规定测定土样水分系数。

③土样消煮。

a. 不包括硝态氮和亚硝态氮的消煮。称取过0.149mm筛的风干土样1.0g（含氮约1mg），将土样送入干燥的消化管底部（勿将样品黏附在瓶壁上），加入2g加速剂，摇匀，加数滴水使样品湿润，然后加5.0mL浓硫酸。将消煮管接上回流装置或插上弯颈玻璃漏斗后置于控温消煮炉上，用小火200℃加热（温度升到200℃开始计时），20min后，加强火力至375℃，并以H_2SO_4蒸汽在瓶颈上部1/3处冷凝回流为宜，待消煮液和土粒全部变成灰白稍带绿色后，再继续消煮1h后关闭电源，冷却，待蒸馏。

b. 包括硝态氮和亚硝态氮的消煮。称取过0.149mm筛的风干土样1.0g（含氮约1mg），将土样送入干燥的消化管底部（勿将样品黏附在瓶壁上），加1.0mL高锰酸钾溶液，摇动消化管，再缓缓加入2.0mL 1∶1硫酸，不断转动消化管，然后放置5min，再加入1滴辛醇。通过长颈漏斗将0.50g还原铁粉送入消化管底部，瓶口盖上小漏斗，转动消化管，使铁粉与酸接触，待剧烈反应停止时（约5min），将消化管置于控温消煮炉上缓缓加热45min（瓶内土液应保持微沸，以不引起大量水分丢失为宜）。待消化管冷却后，加2.0g加速剂和5.0mL硫酸摇匀。消煮至土液全部变为黄绿色，再继续消煮1h。消煮完毕，冷却，待蒸馏。

④空白溶液的制备。空白溶液的制备不加土样。

⑤测定。

a. 蒸馏和滴定。蒸馏前先按仪器使用说明书检查定氮仪，并用去离子水空蒸至盐酸消耗量小于0.4mL以下，将管道清洗干净。往150mL锥形瓶中加10.0mL硼酸-指示剂溶液，置于定氮仪冷凝管下端，管口插入硼酸溶液中，以免吸收不完全。将消化管接到定氮仪上，加入20mL氢氧化钠溶液进行蒸馏，待馏出液体积约50mL时，即蒸馏完毕。用0.02mol/L盐酸或硫酸标准溶液滴定馏出液，由蓝绿色刚变为紫红色且30s不褪色时为终点。记录所用酸标准溶液的体积（mL）。空白测定所用酸标准溶液的体积，一般不得超过0.4mL。

b. 结果计算。

$$W_N = \frac{(V - V_0) \times c \times 0.014}{m_风 \times k_1} \times 10^3 \quad (5.3)$$

$$k_1 = \frac{m_{烘}}{m_{风}} \tag{5.4}$$

式中，

W_N 为全氮含量，单位为克每千克（g/kg）；

V 为滴定样品溶液所用盐酸标准溶液的体积，单位为毫升（mL）；

V_0 为滴定空白溶液所用盐酸标准溶液的体积，单位为毫升（mL）；

c 为盐酸标准溶液的浓度，单位为摩尔每升（mg/L）；

0.014 为氮原子的毫摩尔质量，单位为克每毫摩尔（g/mmol）；

$m_{风}$ 为风干土样质量，单位为克（g）；

k_1 为由风干土样换算成烘干土样的水分换算系数；

$m_{烘}$ 为烘干土样质量，单位为克（g）。

⑥允许偏差（表5-1）。

表5-1 允许偏差

测定值/（g/kg）	允许偏差/（g/kg）
>5	0.30~0.15
5~1	<0.15~0.05
1~0.5	<0.05~0.03
<0.5	<0.03

3. 磷的测定

(1) 苜蓿茎和叶磷的测定（采用 NY/T 2017—2011 方法）。

①试样制备。植物干样，先将样品在80~90℃鼓风烘箱中烘15~30min，然后降温至60~70℃，赶尽水分，用植物样品粉碎机粉碎，过40目筛混匀，备用。

②试样消解。称取均匀植物干样0.1~0.5g（精确到0.000 1g）于100mL消化管内，加1mL水润湿。或称取新鲜试样1~5g（精确到0.000 1g）于100mL消化管内。在消化管内加入5mL硫酸，摇匀，分两次加入过氧化氢，每次2mL，摇匀，加盖小漏斗，待激烈反应结束后，置于消煮炉上加热消煮，使固体物消失成为溶液，待硫酸发白烟，溶液呈褐色时，停止加热。稍冷后加入10滴过氧化氢，继续加热消煮约5min，冷却，再加入10滴过氧化氢消煮，如此反复至溶液呈无色或清亮后（一般情况下，加过氧化氢总量

6~10mL）再继续加热5min，以除尽多余的过氧化氢。取下冷却后，用水将消化液全部转移到100mL容量瓶中，定容，用滤纸过滤或放置澄清即得待测液A，用于磷的测定。同时做试剂空白试验。

③测定。

A. 钒钼黄吸光光度法。

a. 标准工作曲线。分别吸取磷标准使用液0.0mL、2.0mL、4.0mL、6.0mL、8.0mL、10.0mL于50mL容量瓶中，再加入与吸取待测液A等体积的空白消化溶液，用水稀释至约30mL，加1~2滴二硝基苯酚指示剂，滴加240g/L氢氧化钠溶液中和至呈黄色，然后加入10.0mL钒钼酸铵溶液，摇匀，用水定容，即得0.0mg/L、2.0mg/L、4.0mg/L、6.0mg/L、8.0mg/L、10.0mg/L磷标准系列溶液。在室温高于15℃的条件下放置30min，用分光光度计在波长450nm处测定其吸光度，拟合直线回归方程或以磷质量浓度为横坐标，吸光度值为纵坐标，计算直线回归方程。

b. 测定。样品中磷含量较高时，准确吸取待测液A 10.0~25.0mL（V_1）于50mL（V_2）容量瓶中，用水稀释至约30mL，加1~2滴二硝基苯酚指示剂，滴加240g/L氢氧化钠溶液中和至刚呈黄色，然后加入10.0mL钒钼酸铵溶液，摇匀，用水定容。同时按上述方法做空白试验，用空白调零。以测得的吸光度值由直线回归方程计算出或由标准曲线查得待测液中磷含量。如果吸光度超过1.0mg/L磷的吸光度时，则将待测液稀释后重新测定。

B. 钼锑抗吸光光度法。

a. 标准工作曲线。分别吸取磷标准使用液Ⅱ 0.0mL、1.0mL、2.0mL、3.0mL、4.0mL、5.0mL于50mL容量瓶中，再加入与吸取待测液A等体积的空白消化溶液，用水稀释至约30mL，加1~2滴二硝基苯酚指示剂，滴加240g/L氢氧化钠溶液中和至刚呈黄色，再加入1滴2mol/L硫酸溶液，使溶液的黄色刚刚褪去，然后加入钼锑抗显色剂5.0mL，摇匀，用水定容，即得0.0mg/L、0.2mg/L、0.4mg/L、0.6mg/L、0.8mg/L、1.0mg/L磷标准系列溶液。在室温高于15℃的条件下放置30min，用分光光度计在波长700nm处测定其吸光度，拟合直线回归方程或以磷质量浓度为横坐标，吸光度值为纵坐标，计算直线回归方程。

b. 测定。样品中磷含量较低时，准确吸取待测液A 10~11mL（V_1）于

50mL（V_2）容量瓶中，用水稀释至约30mL，加1~2滴二硝基苯酚指示剂，滴加240g/L氢氧化钠溶液中和至刚呈黄色，然后加入10.0mL钒钼酸铵溶液，摇匀，用水定容。同时按上述方法做空白试验，用空白调零。以测得的吸光度值由直线回归方程计算出或由标准曲线查得待测液中磷含量。如果吸光度超过1.0mg/L磷的吸光度时，则将待测液稀释后重新测定。

④结果计算。

$$\omega = \frac{\rho \times V}{m} \times \frac{V_2}{V_1} \times 10^{-4} \quad (5.5)$$

式中，

ω为磷含量；

ρ为待测液A中磷质量浓度，单位为毫克每升（mg/L）；

V为待测液A定容体积，单位为毫升（mL）；

V_1为吸取待测液A体积，单位为毫升（mL）；

V_2为显色溶液定容体积，单位为毫升（mL）；

m为试样质量，单位为克（g）。

若待测液A经过稀释，则计算时加入稀释倍数；计算结果保留3位有效数字。

⑤精密度。在重复性条件下获得的两次独立测定结果的绝对差值不得超过这两次算术平均值的8%。

（2）土壤中磷的测定（采用LY/T 1232—2015方法）。

①土壤样品的制备。按LY/T 1210—1999规定制备土壤样品。

②土样水分含量的测定。按LY/T 1210—1999规定测定土样水分系数。

③土样pH值的测定。按LY/T 1239—1999规定进行。

④待测液的制备。称取过0.149mm筛孔的风干土样0.200 0g于坩埚底部（切勿粘在壁上），用几滴无水乙醇湿润样品，然后加2.00g固体氢氧化钠，平铺于样品的表面，暂时放在干燥器中以防吸水潮解。将坩埚放在高温电炉内，由室温升到400℃，保温15min，上升到750℃，保温15min，取出冷却，加10.0mL水，在电炉上加热至80℃左右，熔块溶解后再微沸5min，将坩埚内的溶液转入50mL容量瓶中，用热水及2.0mL 4.5mol/L硫酸多次洗涤坩埚并倒入容量瓶内，使总体积至约40mL，最后往容量瓶中加5滴

1:1盐酸溶液,及5.0mL 4.5mol/L硫酸溶液,摇动后冷却至室温,用水定容,用无磷滤纸过滤或离心澄清。同时做空白样。

⑤测定。

a. 标准曲线。分别吸取5mg/L磷标准溶液0.00mL、1.00mL、2.00mL、3.00mL、4.00mL、5.00mL、6.00mL于50mL容量瓶中,加水至15~20mL,加1滴二硝基酚指示剂,用氢氧化钠和硫酸溶液调节pH值至溶液刚呈微黄色,准确加入5.0mL钼锑抗显色剂,用水定容到刻度,摇匀,在室温20℃条件下放置30min(如室温过低时,可放置在30~40℃的恒温箱中保持30min),显蓝色(在8h内保持稳定)获得0.00mg/L、0.10mg/L、0.20mg/L、0.30mg/L、0.40mg/L、0.50mg/L、0.60mg/L磷标准系列溶液。在分光光度计上用700nm波长比色,以0.00μg/mL标准溶液为参比溶液仪器零点,由低到高测定标准系列待测液的吸收值。

b. 测定。吸取空白溶液和待测液2~10mL(含磷5~25μg/mL)于50mL容量瓶中,加水至15~20mL,加1滴二硝基酚指示剂,用氢氧化钠和硫酸溶液调节pH值至溶液刚呈微黄色,准确加入5.0mL钼锑抗显色剂,用水定容到刻度,摇匀,在室温高于20℃条件下放置30min显蓝色。在分光光度计上用700nm波长比色,0.00μg/mL标准溶液为参比溶液调节仪器零点,然后测定空白溶液和待测液的吸收值。根据标准曲线获得空白溶液和待测液的磷浓度(μg/mL)。

⑥结果计算。

$$W_p = \frac{(C - C_0) \times V \times t_s}{m_{风} \times k \times 10^3} \quad (5.6)$$

$$k = \frac{m_{烘}}{m_{风}} \quad (5.7)$$

$$t = \frac{V_1}{V_2} \quad (5.8)$$

式中,

W_p 为全磷含量,单位为克每千克(g/kg);

C 为从标准曲线上获得的待测液的磷浓度,单位为毫克每升(mg/L);

C_0 为从标准曲线上获得的空白中磷浓度,单位为毫克每升(mg/L);

V 为显色液体积，取 50mL；

t_s 为分取倍数；

$m_风$ 为风干土样质量，单位为克（g）；

k 为由风干土样换算成烘干土样的水分换算系数；

V_1 为待测液体积，单位为毫升（mL）；

V_2 为吸取待测液体积，单位为毫升（mL）；

$m_烘$ 为烘干土样质量，单位为克（g）。

⑦允许偏差（表 5-2）。

表 5-2 允许偏差

测定值/（g/kg）	允许偏差
>2	相对相差<3%
1~2	绝对偏差 0.03~0.06g/kg
<1	绝对偏差<0.03 g/kg

第二节 宁夏地区主要牧草营养品质评价

苜蓿茎叶中含有丰富的蛋白质、矿物质、多种维生素及胡萝卜素、类黄酮素、酚型酸等营养物质；青贮玉米具有纤维品质好、生物产量高，持绿性好、营养价值高且柔软多汁、适口性好，因此成为宁夏地区奶牛等草食动物的主要优质饲草。

在实际生产中，苜蓿与青贮玉米除了直接青饲之外，也可以用于制备青贮饲料、加工成草粉等草产品，若收获时苜蓿、青贮玉米的营养品质存在差异，则饲喂加工后的草产品，奶牛等草食动物所呈现的饲喂效果也会存在差异性。

对于苜蓿和青贮玉米，影响其营养品质的因素主要包括品种类型、刈割时期、刈割茬次、施肥、气候条件、管理措施和土壤状况等。随刈割期延迟，苜蓿干物质含量呈上升趋势，苜蓿茎叶比增加，苜蓿品质下降。陶春卫（2009）研究发现，现蕾期刈割苜蓿干草较盛花期产量减少 18%，但盛花期刈割显著降低苜蓿干草蛋白含量。对于青贮玉米，有研究表明，延迟收获期，玉米植株粗蛋白质、粗脂肪与粗纤维含量增加，粗蛋白质、粗纤维含量降低；各营养成分在植株器官中的分配会因青贮玉米品种、收获期而异（熊乙，2018）。

由于各地种植品种、土壤状况、气候条件等因素不同，栽培生产的苜蓿与青贮玉米品质也存在差异。

一、适口性评价

牧草适口性是指家畜对某种牧草的喜食程度，也是反映牧草饲用品质好坏的一种较为准确的质量指标，对评定牧草的饲用价值具有重要意义。当缺乏对植物化学成分的分析时，常以它的适口性进行评价。植物的适口性评价通常采用调查法和放牧观察法。调查法主要是向当地有经验的牧民进行实地调查；放牧观察法是在放牧或调制加工（干草、青贮）条件下，观察家畜采食时选择的状态和程度。一般来讲，适口性好的植物营养物质含量和饲用价值就高，适口性差的植物营养物质含量和饲用价值就低。但是，牧草的适口性又受很多因素的影响，既有植物因素又有动物因素。

1. 植物因素

营养成分：牧草的适口性与牧草本身所含营养成分紧密相关，通常情况下，粗蛋白质、无氮浸出物、脂肪含量高和比较容易消化的牧草，适口性好；反之，粗蛋白质、无氮浸出物、脂肪含量低，而木质素和粗纤维含量高的牧草，适口性不好。因此，家畜的适口性与牧草本身的营养有着密切的关系。

外部形态和结构比例：外部光洁、内部多汁的牧草适口性好，而外部粗糙，有芒、刺、毛等，且质地较硬时，适口性就差。另外，从植株各部分结构看，大多数家畜喜欢采食牧草的叶子、花和种子。在天然草地中家畜采食机会最多，采食量最大的是牧草的茎和叶；在茎、叶比中，叶的比例越大，适口性就越好，饲用价值就越高。

生长期：牧草在整个生长期内随着生长季节变化，植物的外部结构和内部结构、营养成分都在发生变化。表现最突出的是粗纤维和多汁性，牧草随着生长期的延长粗纤维含量不断增加，体内多汁性下降，到成熟期整个株体各部变得粗糙而质硬,适口性明显变差。

2. 动物因素

家畜因种类、生活习性不同对牧草的适口性有明显的差别。如绵羊喜食细小、干燥而富含粗蛋白质的牧草;牛喜欢高大、粗糙富含水分、碳水化合物和偏酸性的牧草;骆驼则喜欢干燥型的粗大草类和灌木,对含盐或带有苦、咸、涩等味道的牧草尤其喜食。

二、牧草的营养价值评价

牧草营养价值评价主要是采用常规的营养分析方法,测定牧草中水分、干物质、粗蛋白质、粗脂肪、粗纤维、无氮浸出物、灰分和维生素等含量,以客观评价其营养价值。具体测定时要注意牧草种类、发育时期、部位、地理及生态条件以及栽培技术等具体因素对牧草营养含量的影响,按不同情况采样,进行多次化学分析,全面了解其营养含量和营养价值动态。此外,牧草营养价值评定在测定其营养含量的基础上,有时还要进行家畜对各种物质的消化代谢试验,以便更加准确、客观地评价牧草。

1. 粗蛋白质(CP)(采用 GB/T 6432—2018 方法)

(1) 方法原理。试样在催化剂作用下,经硫酸消解,含氮化合物转化成硫酸铵,加碱蒸馏使氨逸出,用硼酸吸收后,再用盐酸标准滴定溶液滴定,测出氮含量,乘以 6.25,计算出粗蛋白质含量。

(2) 样品制备。按照 GB/T 14699.1—2005 抽取有代表性的饲料样品,用四分法缩减取样。按照 GB/T 20195—2006 制备试样,粉碎,全部通过 0.42mm 试验筛,混匀,装入密闭容器中备用。

(3) 试验步骤(半微量法)。

①试样消煮。称取试样 0.5~2g(含氮量 5~80mg,准确至 0.000 1g),放入消煮管中,加入 2 片凯氏定氮催化剂片或 6.4g 混合催化剂,12mL 硫酸,于 420℃消煮炉上消化 1h。取出,冷却至室温。平行做两份试验。

②氨的蒸馏。待试样消煮液冷却,加入 20mL 水,转入 100mL 容量瓶中,冷却后用水稀释至刻度,摇匀,作为试样分解液。将半微量蒸馏装置的冷凝管末端浸入装有 20mL 硼酸吸收液 I 和 2 滴混合指示剂的锥形瓶中。蒸

汽发生器的水中应加入甲基红指示剂数滴,硫酸数滴,在蒸馏过程中保持此液为橙红色,否则需补加硫酸。准确移取试样分解液 10~20mL 注入蒸馏装置的反应室中,用少量水冲洗进样入口,塞好入口玻璃塞,再加 10mL 氢氧化钠溶液,小心提起玻璃塞使之流入反应室,将玻璃塞塞好,且在入口处加水密封,防止漏气。蒸馏 4min 降下锥形瓶使冷凝管末端离开吸收液面,再蒸馏 1min,至流出液 pH 值为中性。用水冲洗冷凝管末端,洗液均需流入锥形瓶内,然后停止蒸馏。

③滴定。将蒸馏后的吸收液立即用 0.1mol/L 或 0.02mol/L 盐酸标准滴定溶液滴定,溶液由蓝绿色变成灰红色为滴定终点。

(4) 结果计算。试样中粗蛋白质含量以质量分数 ω 计,数值以质量分数 (%) 表示,按式 (5.9) 计算:

$$\omega = \frac{(V_2 - V_1) \times C \times 6.25 \times \dfrac{14}{1\,000}}{m \times \dfrac{V'}{V}} \times 100 \tag{5.9}$$

式中,

V_2 为滴定试样所消耗盐酸标准滴定溶液的体积,单位为毫升 (mL);

V_1 为滴定空白所消耗盐酸标准滴定溶液的体积,单位为毫升 (mL);

C 为盐酸标准滴定溶液的浓度,单位为摩尔每升 (mol/L);

m 为试样质量,单位为克 (g);

V 为试样消煮液总体积,单位为毫升 (mL);

V' 为蒸馏用消煮液体积,单位为毫升 (mL);

14 为氮的摩尔质量,单位为克每摩尔 (g/mol);

6.25 为氮换算成粗蛋白质的平均系数。

每个试样取两个平行样进行测定,以其算术平均值为测定结果,计算结果保留至小数点后两位。

(5) 精密度。在重复性条件下,两次独立测定结果与其算术平均值的绝对差值与该平均值的比值应符合以下要求:

粗蛋白质含量大于 25%时,不超过 1%;

粗蛋白质含量在 10%~25%时,不超过 2%;

粗蛋白质含量小于 10%时,不超过 3%。

2. 中性洗涤纤维（NDF）（采用 GB/T 20806—2006 方法）

（1）方法原理。饲料如一般饲料、牧草和粗饲料在一定温度下，经中性洗涤剂处理，可洗涤分解大部分细胞内容物，如脂肪、淀粉、蛋白质和糖类等，而不溶解的残渣称为中性洗涤纤维（NDF），包括构成细胞壁的半纤维素、纤维素、木质素及少量硅酸盐等杂质。

（2）样品制备。按 GB/T 14699.1—2005 进行采样。将采样的样品用四分法缩分至 200g 左右，风干或 65℃烘干，用植物粉碎机或研钵将样品粉至过孔径 0.42mm 试验筛（40 目），封入样品袋，作为试样。

（3）试验步骤。

①消煮。根据饲料中纤维的含量，精密称取 0.4~1.0g 试样（准确至 0.000 2g）于 600mL 高型烧杯中，用量筒加入 100mL 中性洗涤剂和 2~3 滴正辛醇（如果饲料中淀粉含量高，可加 0.2mL a-高温淀粉酶）。如果样品中脂肪和色素含量≥10%，可先用乙醚进行脱脂后再消煮。若样品中脂肪和色素含量<10%，一般可不脱脂，在丙酮洗涤后增加乙醚洗涤 2 次。将烧杯放在消煮器上，盖上冷凝球，开冷却水，快速加热至沸消煮，并调节功率保持微沸状态，从开始沸腾计时，消煮 1h。

②洗涤。G_2 玻璃砂漏斗预先放在 105℃烘箱中烘干至恒量，将消煮好的试样趁热倒入并抽滤。用热水（90~100℃）冲洗烧杯和剩余物，直至滤出液清澈无泡沫为止。抽干后用丙酮冲洗剩余物 3 次，确保剩余物与丙酮充分混合，至滤出液无色为止。

③测定。将玻璃砂漏斗和剩余物放入 105℃烘箱内烘干 3~4h 至恒量，在干燥器内冷却后称量。再烘干 30min，冷却、称量，直至两次称量之差小于 0.002g 为恒量。

（4）结果计算。中性洗涤纤维（NDF）的质量分数以 ω 表示，数值以%计，按下式计算：

$$\omega = \frac{m_1 - m_2}{m} \times 100 \qquad (5.10)$$

式中，

m_1 为玻璃砂漏斗和剩余物质的总质量，单位为克（g）；

m_2 为玻璃砂漏斗质量，单位为克（g）；

m 为试样质量，单位为克（g）。

（5）重复性。每试样称取两个平行样进行测定，取平均值为分析结果。中性洗涤纤维（NDF）含量≤10%，允许相对偏差≤5%；中性洗涤纤维（NDF）含量>10%，允许相对偏差≤3%。

3. 酸性洗涤纤维（ADF）（NY/T 1495—2007）

酸性洗涤纤维（ADF，Acid Detergent Fiber）用酸性洗涤剂去除饲料中的脂肪、淀粉、蛋白质和糖类等成分后，残留的不溶解物质的总称，包括纤维素、木质素及少量的硅酸盐等。

（1）方法原理。植物性饲料经酸性洗涤剂浸煮，再用水、丙酮洗涤后不溶解的残渣为酸性洗涤纤维。

（2）样品制备。采样按 GB/T 14699.1—2005 执行。按 GB/T 20195—2006 制备后，封入样品袋，作为试样。

（3）分析步骤。将洁净的烧结玻璃过滤坩埚预先在 105℃±2℃ 电热恒温箱内干燥 4h，然后放在干燥器中冷却 30min 后称量，直至恒重（两次称量结果之差小于 0.002g）。

称取约 1g 试样，准确至 0.000 2g，放入烧杯中。如果样品中脂肪含量大于 10%，必须用丙酮进行脱脂：将试样放入预先恒重的坩埚中，用 30~40mL 丙酮脱脂 4 次，每次浸泡 3~5min，抽真空以去除残余丙酮，空气干燥 10~15min，将残渣转移至烧杯中。使用同一个坩埚收集酸性洗涤剂提取后的试样纤维残渣。

在盛试样的烧杯中加入热的酸性洗涤剂 100mL，盖上冷凝球，打开冷却水，快速加热试样至沸腾。调节电炉使溶液保持微沸的状态，持续消煮 60min±5min。如果试样粘到烧杯壁上，用不大于 5mL 的酸性洗涤剂进行冲洗。

准备好抽滤装置，将试样消煮液缓缓倒入烧结玻璃过滤坩埚，抽真空过滤，用玻璃棒捣散滤出的试样残渣，并用热水（95~100℃）清洗坩埚壁和试样残渣 3~5 次，确保所有酸被清除。再用约 40mL 丙酮清洗滤出物 2 次，每次浸润 3~5min 抽滤，如果滤出物有颜色需重复清洗、抽滤。

将过滤坩埚置通风橱，待丙酮挥发尽放在 105℃±2℃ 电热恒温箱内干燥 4h，然后放在干燥器中冷却 30min 后称量，直至恒重（用纤维测定仪，按仪器说明操作)。

(4) 结果计算。饲料中酸性洗涤纤维含量 X，以质量分数表示，单位为百分含量（%）。按式（5.11）计算：

$$X = \frac{m_1 - m_2}{m} \times 100 \tag{5.11}$$

式中，

m_1 为过滤坩埚的质量，单位为克（g）；

m_2 为过滤坩埚及试样残渣的总质量，单位为克（g）；

m 为试样质量，单位为克（g）。

每个试样做两个平行测定，取其平均值为分析结果，结果保留 1 位小数。

(5) 重复性。酸性洗涤纤维（ADF）含量≤10%，允许相对偏差≤5%；酸性洗涤纤维（ADF）含量>10%，允许相对偏差≤3%。

4. 粗灰分（Ash）（采用 GB/T 6438—2007 方法）

粗灰分（Ash，crude ash）550℃灼烧所得的残渣。

(1) 方法原理。试样中的有机质经灼烧分解，对所得的灰分称量。

(2) 样品制备。采样按 GB/T 14699.1—2005 执行。试样制备按 GB/T 20195—2006 执行。

(3) 分析步骤。将煅烧盘放入马弗炉中，于550℃灼烧至少30min，移入干燥器中冷却至室温，称量准确至 0.001g。称取约 5g 试样（精确至 0.001g）于煅烧盘中。

将盛有试样的煅烧盘放在电热板或煤气喷灯上小心加热至试样炭化，转入预先加热到550℃的马弗炉中灼烧 3h，观察是否有炭粒，如无炭粒，继续于马弗炉中灼烧 1h，如果有炭粒或怀疑有炭粒，将煅烧盘冷却并用蒸馏水润湿，在103℃±2℃的干燥箱中仔细蒸发至干，再将煅烧盘置于马弗炉中灼烧 1h，取出于干燥器中，冷至室温迅速称量，准确至 0.001g。

注：由上述步骤得到的粗灰分可用于测定盐酸不溶性灰分（参见 ISO 5985：2002）。对同一试样取两份试料进行平行测定。

(4) 结果计算。粗灰分 W，用质量分数（%）表示，按式（5.12）计算：

$$W = \frac{m_2 - m_1}{m_1 - m_0} \times 100 \tag{5.12}$$

式中,

m_2 为灰化后粗灰分加煅烧盘的质量,单位为克(g);

m_0 为空煅烧盘的质量,单位为克(g);

m 为装有试样的煅烧盘质量,单位为克(g)。

取两次测定的算术平均值作为测定结果,结果表示至 0.1%(质量分数)。

(5) 精密度。用同一方法,对相同试验材料,在同一实验室内,由同一操作人员使用同一设备获得的两个独立试验结果之间的绝对差值超过表 5-3 中列出的或由表 5-3 中得出的重复性限 r 的情况不大于 5%。

表 5-3 重复性限(r) 和再现性限(R) 单位:g/kg

样品	粗灰分	r	R
鱼粉	179.8	2.7	4.4
木薯	59.1	2.4	3.6
肉粉	175.6	2.4	5.6
仔猪饲料	50.2	2.1	3.3
仔鸡饲料	42.7	0.9	2.2
大麦	20.0	1.0	1.9
糖浆	119.9	3.6	9.1

5. 干物质(DM)

干物质是指有机体在 100~105℃ 的恒温下,充分干燥,余下的物质,其重量是衡量植物有机物积累、营养成分多寡的一个重要指标。

(1) 方法原理。饲料中营养物质,包括有机物质和无机物质均存在于饲料的干物质中。饲料中干物质含量的多少与饲料的营养价值及家畜的采食量均有密切关系。风干饲料(如各种籽实饲料、油饼、糠麸、藁秕、青干草、鱼粉、血粉等)可以直接在 100~105℃ 温度下烘干,烘去饲料中蛋白质、淀粉及细胞膜上的吸附水,得到风干饲料的干物质量百分比。含水分多的新鲜饲料如青饲料、青贮饲料、多汁饲料以及畜类和鲜肉等均可先测定初水分后制成半干样本，再在100~105℃温度下烘干，测得半干样本中的干物质量，而后计算新鲜饲料或鲜粪或肉中干物质的百分比。

（2）分析步骤。

①用普通天平称出200~300g刚采集的样品，放入60~70℃烘箱中，5~6h后取出。磨碎，制得半干样本。

②将洗净的称量瓶放在100~105℃的鼓风烘箱内，开盖烘1h。用坩埚钳取出称量瓶，并移入干燥器中冷却30min后，称重（称量瓶放入烘箱时须启盖，冷却和称重时须盖严）。

③在称量瓶中称取2g风干样本（试验饲料）和半干样本。将称量瓶和样本放入100~105℃烘箱内，将瓶盖揭开少许。

④样本在烘箱内烘5~6h后紧盖瓶盖，移入干燥器中，冷却30min，进行第一次称重。

⑤按照上述方法，继续将称量瓶放入烘箱内，烘1h后进行第二次称重，直至前后两次称重的差数在0.002g。

⑥干物质计算值采用数次称重的最低值。

（3）结果计算。饲料中干物质含量ω，以质量分数表示，单位为百分含量（%）。按式（5.13）计算：

$$\omega = \frac{\omega_3 - \omega_1}{\omega_2 - \omega_1} \times 100 \qquad (5.13)$$

式中，

ω_1为称量瓶重，单位克（g）；

ω_2为称量瓶重（g）+风干样本重（g）；

ω_3为称量瓶重（g）+干物质重（g）。

6. 粗脂肪（EE）

脂肪是各种脂肪酸的甘油三酸酯，植物中脂肪是各种甘油三酸酯的混合物。虽然各种脂肪酸的不饱和性、碳链长短以及结构等不相同，但其共同点是不溶于水而易溶于许多有机溶剂中。因此可用有机溶剂乙醚（沸点34.5℃）或石油醚（沸程为30~60℃）等。用试样的失重（残余法）来测定脂肪含量。浸提时除脂肪外还包括一些类脂（如脂肪酸、磷脂）、糖脂以及脂溶性色素和维生素等，故称为"粗脂肪"。

（1）方法原理。将样品置索氏脂肪抽提器中，反复经石油醚（或其他脂溶剂）抽提，使脂肪完全溶解于溶剂中，然后加热除去溶剂，称重，即可算出样品中粗脂肪百分含量。由于样品中类脂物质亦溶解于此溶剂中，故称粗脂肪含量，也是国际标准推荐法，仲裁时以此油重法为准。该法所得结果准确、稳定，其缺点是费时，一般需10h以上，而且一套仪器只能测定一个样品，不适于大批样品的分析。

（2）分析步骤。

①称取备用样品2~5g两份，准确至0.001g。置105℃±2℃烘箱中干燥1h，取出，放入干燥器内冷却至室温。同时测试样品的水分。

②将试样在研钵内研细，必要时加适量纯石英砂研磨，用牛角勺将研细的试样移入已干燥的滤纸筒，取少量脱脂棉蘸石油醚擦净研钵、研杆和牛角勺上的样品和油迹，一并投入滤纸筒内，在试样面层塞以脱脂棉，以防样品损失，将滤纸筒投入抽提管内。每个抽提器只放一个单样。

③在装有2~3粒浮石并已烘至恒重的洁净的抽提瓶内，加入约瓶体积1/2的石油醚，把抽提器各部分连接起来，连接好冷凝水流，调节水浴温度，使冷凝下滴的石油醚速度180滴/min（水浴温度在55℃以下）。

④抽提完毕后，从抽提管中取出滤纸筒，再连接好抽提器，在水浴上蒸馏回收抽取瓶中的石油醚。然后取出抽提瓶，在沸水浴上蒸去残余的石油醚。

⑤将盛有粗脂肪的抽提瓶放入105℃±2℃烘箱中烘干1h，放入干燥器中冷却至室温（45~60min）后称重，准确至0.0001g，再烘30min，冷却、称重，直至恒重。抽提瓶增加的重量即为粗脂肪的重量。

（3）结果计算。试样中脂肪含量W，单位用克每千克表示，按式（5.14）计算：

$$W = \frac{m_2 - m_1}{m} \times f \qquad (5.14)$$

式中，

W为试样的质量，单位为克（g）；

m_1为抽提瓶的质量，单位为克（g）；

m_2 为抽提瓶的质量和获得的石油醚提取干燥残渣的质量,单位克(g);
f 为校正因子单位,单位为克每千克(g/kg);$f=1\ 000$g/kg。

结果表示准确至 1g/kg。

三、综合评价

综合评价主要是依据每种牧草不同生育期的营养组成,对各种家畜的适口性,在草群中所起的作用以及它的生态生物学特性、生产性能和利用前景进行综合性的饲用价值评价。

优等牧草其适口性好,营养价值高;其干物质中,粗蛋白质含量>15%,粗脂肪占2%以上,粗纤维含量在30%以下。生态生物学特性表现出较强的抗逆性和侵占性,在草地中能够成为建群种或优势种,有希望成为建立人工草地或天然草地的补播对象。在生产中,可刈牧兼用或专用性强,叶量占茎、叶、穗比<30%,种子成熟良好。某种牧草,如果达不到上述全部指标时,但其主要指标已达到或单项指标极为优秀者也可列入优等牧草的等级中。

良等牧草其适口性好,蛋白质含量占干物质的10%以上,粗脂肪>1.5%,而粗纤维素的含量<35%。在生态生物学特性上,表现有强烈的抗逆性或侵占性,在草地中可成为建群种、优势种或常见种,有希望成为建立人工草地或天然草地的补播材料。在生产中,放牧与刈草兼用性较强,叶量占茎、叶、穗比<25%,种子成熟较好。某种牧草,如果达不到上述所有指标时,但其主要指标已达到或具有特殊的饲用价值者可列入良等牧草范围之内。

中等牧草其适口性一般,在营养组成上,其粗蛋白质含量占干物质的含量>5%、粗脂肪>1%、粗纤维<40%。在生态生物学特性上,表现有一定的抗逆性和侵占性,是草地中常见种、伴生种或建群种。在生产性能上,叶量占茎、叶、穗比>20%,种子能成熟,可作为一般放牧或刈草对象。

低等牧草其适口性较差,营养含量低,但可以饲用,动物采食后主要起饱腹作用。在营养组成上,其粗蛋白质含量占干物质<5%、粗脂肪<1%、粗纤维>40%。在生态生物学特性上,抗逆性和侵占性一般,是草地中的伴生种、偶见种或者也是建群种。在生产性能上，叶量占茎、叶、穗比<20%，种子能成熟或不饱满，可作为某一季节少许利用的对象。

劣等牧草其适口性很差，家畜一般不采食或少量采食，在饲料特别缺乏时主要用于充饥。由于含有有毒物质和饲用价值低，一般在枯黄后或者加工改造后再被家畜利用。

第三节 宁夏地区青贮饲料质量安全评价方法

青贮饲料作为奶牛养殖场常年普遍使用的饲料，其营养成分含量高低直接影响着奶牛的生产性能及奶产品质量。相关研究报道，优质的青贮饲料可以提供给家畜良好的营养，优质的青贮饲料是高产奶牛确保产奶量、减少疾病的基础，霉变的饲料，可使家禽抵抗力降低、受精率、孵化率下降、免疫抑制、腹泻、流产等。可见，青贮饲料的质量得不到改善，奶牛养殖就很难向高产、高效发展。

2022年3—9月，在固原市、银川市、中卫市、吴忠市及石嘴山市大型奶牛养殖场采集玉米青贮饲料样品42份。采集的青贮样品自然阴干，经粉碎机粉碎后装入密封袋中，贴好标签，放入低于-18℃冰箱中保存待测。各地区采样占比、数量及现场采样具体如图5-1至图5-3所示。

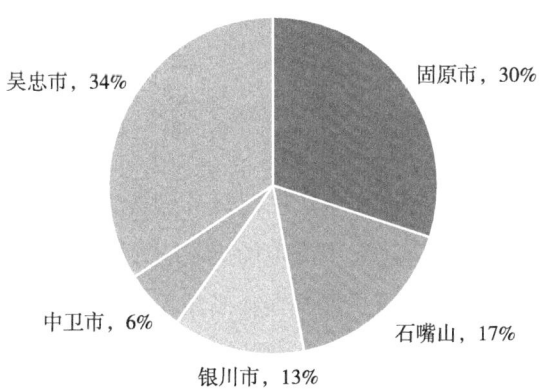

图5-1 宁夏各地区采样情况

图 5-2　包裹式青贮现场采样

图 5-3　地上堆式青贮现场采样

一、青贮饲料品质评定

青贮饲料品质对动物健康与生产性能具有直接影响。品质低劣的青贮不仅营养价值低,而且其发酵过程中产生的大量霉菌与霉菌毒素会对动物健康与生产性能产生负面影响,开展青贮饲料品质评定意义重大。青贮品质评定方法依据技术手段可分为感官评定与实验室评定。

1. 感官评定

感官观察法是依靠评价人的视觉、嗅觉和触觉对苜蓿的颜色、气味、水分含量、杂草比例和刈割时期等性状进行综合评价。

(1)色泽。优质的青贮饲料非常接近于作物原先的颜色,若青贮前作物为绿色,青贮后仍为绿色或黄色为最佳。青贮容器(或青贮堆)内的温度是影响青贮饲料色泽的主要因素。温度越低,青贮饲料便越接近于原先的颜色。对于禾本科牧草,温度高于30℃,颜色变成深黄;当温度为45~60℃,颜色近于棕色;超过60℃,由于糖分焦化近乎黑色。

(2)气味。品质优良的青贮通常具有轻微的酸味和水果香味,类似刚切开的面包味和香烟味(由于存在乳酸所致)。陈腐的脂肪臭味以及令人作呕的气味,说明产生了丁酸,这是青贮失败的标志。霉味则说明压得不实,空气进入了青贮窖,引起饲料霉变。如果出现一种类似猪粪尿的极不愉快的气味,则说明蛋白质已分解。

(3)质地。植物的结构(茎叶等)应当能清晰辨认,结构破坏及呈黏滑状态是青贮腐败的标志,黏度越大,表示腐败程度越高。

在国际上,德国农业协会对青贮的气味、结构和色泽3项指标进行评分,制定的DLG(德国农业协会)评分法将青贮分为优良、尚好、中等和腐败4个级别,具体见表5-4。

表5-4 德国农业协会青贮饲料感官评定标准

项目	评分标准	分数/分
气味	无丁酸臭味,有芳香果味或明显的面包香味	14
	有微弱的丁酸臭味,较强的酸味,芳香味弱	10
	丁酸味颇重,或有刺鼻的焦烟臭味或霉味	4
	有很强的丁酸臭味或氨味,或几乎无酸味	2
结构	茎叶结构保持良好	4
	叶子结构保持较差	2
	茎叶结构保存极差或轻度污染	1
	茎叶腐烂或污染严重	0
色泽	与原料相似,烘干后呈淡褐色	2
	略有变色,呈淡黄色或淡褐色	1
	变色严重,墨绿色或褪色呈黄色,有较强的霉味	0
总分等级	16~20分为1级(优良),10~15分为2级(尚好),5~9分为3级(中等),0~4分为4级(腐败)	

2. 实验室评定

实验室评定主要以化学分析为主,包括测定 pH 值、铵态氮和有机酸(乙酸、丙酸、丁酸、乳酸的总量和构成),以此可以判断发酵情况。

化学分析方法。按照 NY/T 2129—2012 的规定,抽取青贮饲料样品。

取青贮样品 20.00g,加入 180mL 的蒸馏水,或青贮饲料与水的质量体积比为 1∶9。经高速粉碎机(5 000r/min)粉碎匀浆 1min,先后通过四层纱布和定性滤纸过滤、分装。pH 值在浸提液制备后及时测定,有机酸和铵态氮在浸提液制备后 24h 内测定完毕。

①pH 值测定。牧草青贮料中 pH 值受到不同牧草不同化学成分的影响,同时还与青贮时牧草本身的含水量和植物的缓冲能力有关。

A. 方法原理。当把 pH 计玻璃电极和甘汞电极插入青贮饲料浸提液时,构成一个原电池反应,两者之间产生电位差的大小决定于浸提液中的氢离子活度,其负对数即为 pH 值。

B. 分析步骤。

a. pH 计的校正。依照仪器说明书,用中性和酸性两种 pH 标准缓冲溶液进行 pH 计的校正。将盛有缓冲溶液并内置搅拌子的烧杯置于磁力搅拌器上,开启磁力搅拌器。

b. 用温度计测量缓冲溶液,并将 pH 计的温度补偿旋钮调节到该温度上。有自动温度补偿功能的仪器,此步骤可省略。

c. 搅拌平稳后将电极插入缓冲液中,读数稳定后读取 pH 值。

d. 浸提液 pH 值的测定:浸提液的温度与标准缓冲溶液的温度之差不超过 1℃。pH 值测量时,充分搅拌或摇动浸提液后,将电极插入试样溶液中,读数稳定后读取 pH 值,结果保留 2 位小数。

C. 精密度。在重复性条件下获得的两次独立测定结果的绝对差值不大于 0.1。不同实验室测定结果的绝对差值不大于 0.2。

②有机酸的测定。青贮发酵过程中会产生乳酸、乙酸、丙酸、丁酸等有机酸,因此,有机酸的种类与浓度能够直接反映青贮饲料发酵品质。

A. 方法原理。根据浸提液中离子交换体和离子溶质的静电相互作用(排斥)进行分离,以保留时间定性,外标法定量。

B. 标准溶液配制。

乳酸标准储备溶液（10mg/mL）：称取按其纯度折算为100%质量的乳酸0.1g（精确到0.0001g），置于10mL容量瓶中，加超纯水至刻度，混匀，于4℃保存。

乙酸标准储备溶液（10mg/mL）：称取按其纯度折算为100%质量的乙酸0.1g（精确到0.0001g），置于10mL容量瓶中，加超纯水至刻度，混匀，于4℃保存。

丙酸标准储备溶液（5mg/mL）：称取按其纯度折算为100%质量的丙酸0.05g（精确到0.0001g），置于10mL容量瓶中，加超纯水至刻度，混匀，于4℃保存。

丁酸标准储备溶液（5mg/mL）：称取按其纯度折算为100%质量的丁酸0.05g（精确到0.0001g），置于10mL容量瓶中，加超纯水至刻度，混匀，于4℃保存。

混合标准曲线工作液：分别吸取各单标储备溶液0.25mL、0.5mL、1.0mL、1.5mL、2.0mL和2.5mL于6个10mL容量瓶中，用超纯水定容至刻度，混匀，于4℃保存。

C. 分析步骤。

a. 试样处理。青贮饲料浸提液12 000r/min离心3min，取上清液经水相滤膜过滤，注入高效液相色谱仪分析。

b. 仪器参考条件。Shodex Rspark KC-811色谱柱，8mm×300mm，或同等性能的色谱柱；流动相：用3mmol的高氯酸溶液，经水相滤膜过滤，脱气；柱温：50℃；进样量：5μL；检测波长：210nm；流速：1mL/min。

c. 标准曲线的制作。将标准系列工作液分别注入高效液相色谱仪中，测定相应的峰高或峰面积。以标准工作液的浓度为横坐标，以色谱峰高或峰面积为纵坐标，绘制标准曲线。

d. 试样溶液的测定。将待测液注入高效液相色谱仪中，得到峰高或峰面积，根据标准曲线得到待测液中有机酸的浓度。

D. 结果计算。试样中有机酸的含量按下式计算：

$$X = \frac{C \times (V + m \times \omega) \times 1\,000}{m \times 1\,000} \qquad (5.15)$$

式中，

X 为试样中有机酸的含量，单位为克每千克（g/kg）；

C 为由标准曲线求得试样溶液中某有机酸的浓度，单位为毫克每毫升（mg/mL）；

V 为制备青贮饲料浸提液时水的体积，单位为毫升（mL）；

m 为制备青贮饲料浸提液用青贮饲料质量，单位为克（g）；

ω 为青贮饲料中水的质量分数；

1 000 为换算系数。

E. 精密度。在重复性条件下获得的两次独立测定结果的绝对差值不得超过算术平均值的 10%。

③铵态氮的测定。青贮原料的蛋白质在发酵过程中分解产生的具有挥发性质的以氨形式存在的小分子含氮物质，其占青贮饲料总氮的百分比是衡量青贮过程中蛋白质降解程度的指标。

A. 方法原理。试样直接用水提取后，浸提液中 NH_4^+ 在强碱性介质中与次氯酸盐和苯酚发生反应，生成水溶性染料靛酚蓝，其颜色深浅与溶液中的 NH_4^+ 含量成正比。

B. 试剂配制。

苯酚试剂：将 0.05g 亚硝基铁氰化钠溶解在 500mL 蒸馏水中，再加入 11mL 苯酚溶液或 9.9g 结晶苯酚，混合均匀后定容到 1 000mL，贮藏于棕色试剂瓶中，低温避光保存。

次氯酸盐溶液：将 5.0g 氢氧化钠溶解在 700mL 的蒸馏水中，再加入 20.1g 磷酸氢二钠，中火加热并不断搅拌至完全溶解。冷却后加入 14.7mL 含 8.5%活性氯的次氯酸钠溶液并混匀，定容到 1 000mL，贮藏于棕色试剂瓶中，低温避光保存。

C. 标准曲线的制作。取 6 个 50mL 容量瓶，分别吸取铵储备液 0.5mL、1.0mL、1.5mL、2.0mL、2.5mL，定容。配制成 1.0mmol/L、2.0mmol/L、3.0mmol/L、4.0mmol/L、5.0mmol/L 五种不同浓度梯度的标准工作液。取 6 支试管，分别向每支试管中加入 50μL 标准工作液，空白为 50μL 蒸馏水；向每支试管中加入 2.5mL 的苯酚试剂，摇匀；再向每支试管中加入 2mL 次氯酸钠试剂，混匀；将混合液在 95℃ 水浴中加热显色反应 5min；冷却后，在 630nm 波长下比色。以吸光度和标准液浓度为坐标轴绘制标准曲线。

D. 标准铵溶液。称取 0.660 7g 经 100℃条件下烘干 24h 的 $(NH_4)_2SO_4$ 溶于蒸馏水中，定容至 100mL，配制成 0.1mol/L 的铵储备液。将上述储备液稀释配制成 1.0mmol/L、2.0mmol/L、3.0mmol/L、4.0mmol/L、5.0mmol/L 五种不同浓度梯度的标准液。

E. 试样溶液的测定。向每支试管中加入 50μL 经适当倍数稀释的试样溶液，重复 2 次，空白为 50μL 蒸馏水。按标准曲线的检测步骤测定试样溶液的吸光度。样品的吸光度与标准曲线比较求出含量。

F. 结果计算。试样中铵态氮含量按式（5.16）计算：

$$X = \frac{C \times (V + m \times \omega) \times n \times 18}{m \times 1\,000} \tag{5.16}$$

式中，

X 为试样中铵态氮的含量，单位为克每千克（g/kg）；

C 为由标准曲线求得试样溶液中铵态氮的浓度，单位为毫摩尔每升（mmol/L）；

V 为制备青贮饲料浸提液时水的体积，单位为毫升（mL）；

m 为制备青贮饲料浸提液用青贮饲料质量，单位为克（g）；

ω 为青贮饲料中水的质量分数；

n 为样品稀释倍数；

1 000 为换算系数。

计算结果以重复性条件下获得的两次独立测定结果的算术平均值表示，结果保留 2 位有效数字。

G. 精密度。在重复性条件下获得的两次独立测定结果的绝对差值不得超过算术平均值的 10%。

3. 实验室评定体系

（1）青贮饲料质量评定标准（中国，1997）。1997 年农业部发布的青贮饲料质量评定标准体系以乳酸、乙酸、丁酸含量以及铵态氮占总氮的比值为主要评定指标，将有机酸评分与铵态氮评分结合，规定两者各占 50%。这样，将有机酸得点数除以 2，就可得到有机酸的相对得点，再将有机酸相对得点与铵态氮得点相加，即可获得综合得点（表 5-5、表 5-6）。综合得点包含了青贮饲料碳水化合物与蛋白质两方面的信息，其得点数与青贮质量的关系为：0~20分为极差；21~40分为差；41~60分为尚可；61~80分为良；81~100分为优。该评定标准适用于制作青贮紫云英、青贮苜蓿、青贮甘薯藤、青贮玉米秸的各类地区。

表5-5 铵态氮含量的评价标准

铵态氮/总氮/%	得点	铵态氮/总氮/%	得点
<5	50	15.1~16	22
5.1~6	48	16.1~17	19
6.1~7	46	17.1~18	16
7.1~8	44	18.1~19	13
8.1~9	42	19.1~20	10
9.1~10	40	20.1~22	8
10.1~11	37	22.1~26	5
11.1~12	34	26.1~30	2
12.1~13	31	30.1~35	0
13.1~14	28	35.1~40	-5
14.1~15	25	>40.1	-10

表5-6 有机酸含量的评价标准

占总酸比例/%	得点			占总酸比例/%	得点		
	乳酸	乙酸	丁酸		乳酸	乙酸	丁酸
0.0~0.1	0	25	50	28.1~30.0	5	20	10
0.2~0.5	0	25	48	30.1~32.0	6	19	9
0.6~1.0	0	25	45	32.1~34.0	7	18	8
1.1~1.6	0	25	43	34.1~36.0	8	17	7
1.7~2.0	0	25	40	36.1~38.0	9	16	6
2.1~3.0	0	25	38	38.1~40.0	10	15	5
3.1~4.0	0	25	37	40.1~42.0	11	14	4
4.1~5.0	0	25	35	42.1~44.0	12	13	3
5.1~6.0	0	25	34	44.1~46.0	13	12	2
6.1~7.0	0	25	33	46.1~48.0	14	11	1
7.1~8.0	0	25	32	48.1~50.0	15	10	0

(续表)

占总酸比例/%	得点			占总酸比例/%	得点		
	乳酸	乙酸	丁酸		乳酸	乙酸	丁酸
8.1~9.0	0	25	31	50.1~52.0	16	9	−1
9.1~10.0	0	25	30	52.1~54.0	17	8	−2
10.1~12.0	0	25	28	54.1~56.0	18	7	−3
12.1~14.0	0	25	26	56.1~58.0	19	6	−4
14.1~16.0	0	25	24	58.1~60.0	20	5	−5
16.1~18.0	0	25	22	60.1~62.0	1	0	−10
18.1~20.0	0	25	20	62.1~64.0	22	0	−10
20.1~22.0	1	24	18	64.1~66.0	23	0	−10
22.1~24.0	2	23	16	66.1~68.0	24	0	−10
24.1~26.0	3	22	14	68.1~70.0	25	0	−10
26.1~28.0	4	21	12	>70	25	0	−10

注：①各种有机酸占总酸的比例按毫克当量计算。

②鲜样中的有机酸百分含量与毫克当量换算关系如下：乳酸（mg 当量）= 乳酸（%）×11.105；乙酸（mg 当量）= 乙酸（%）×16.658；丁酸（mg 当量）= 丁酸（%）×11.356。

（2）弗氏评分法（德国，1938）。弗氏评分法（表 5-7）是以青贮饲料中乳酸、乙酸、丁酸占总酸的比例为基础来评价青贮料的品质，而没有将铵态氮指标列入评定体系中。该法尤其适合于原料水分高、无化学添加剂处理的青贮，主要用于玉米青贮料青贮品质的评定，而对于评价高温发酵条件下的劣质青贮则不适合。此外，青贮饲料在启窖后由于酵母、霉菌以及其他好氧性微生物的作用会引起发酵，这时丁酸虽然形成不多，但乳酸、乙酸也被消耗，因此三者比例也随之发生变化，所以弗氏评分法只适用于常规青贮的鉴定。

表 5-7 弗氏青贮饲料评分方案

乳酸/总酸/%	评分/分	乙酸/总酸/%	评分/分	丁酸/总酸/%	评分/分
0.0~25.0	0	0.0~15.0	20	0.0~1.5	50
25.1~27.5	1	15.1~17.5	19	1.6~3.0	30
27.6~30.0	2	17.6~20.0	18	3.1~4.0	20

（续表）

乳酸/总酸/%	评分/分	乙酸/总酸/%	评分/分	丁酸/总酸/%	评分/分
30.1~32.0	3	20.1~22.0	17	4.1~6.0	15
32.1~34.0	4	22.1~24.0	16	6.1~8.0	10
34.1~36.0	5	24.1~25.4	15	8.1~10.0	9
36.1~38.0	6	25.5~26.7	14	10.1~12.0	8
38.1~40.0	7	26.8~28.0	13	12.1~14.0	7
40.1~42.0	8	28.1~29.4	12	14.1~16.0	6
42.1~44.0	9	29.5~30.7	11	16.1~17.0	5
44.1~46.0	10	30.8~32.0	10	17.1~18.0	4
46.1~48.0	11	32.1~33.4	9	18.1~19.0	3
48.1~50.0	12	33.5~34.7	8	19.1~20.0	2
50.1~52.0	13	34.8~36.0	7	20.1~30.0	0
52.1~54.0	14	36.1~37.4	6	30.1~32.0	−1
54.1~56.0	15	37.5~38.7	5	32.1~34.0	2
56.1~58.0	16	38.8~40.0	4	34.1~36.0	3
58.1~60.0	17	40.1~42.5	3	36.1~38.0	4
60.1~62.0	18	42.6~45.0	2	38.1~40.0	5
62.1~64.0	19	≥45.0	1	>40.0	10
64.1~66.0	20				
66.1~67.0	21				
67.1~68.0	22				
68.1~69.0	23				
69.1~70.0	24				
70.1~71.2	25				
71.3~72.4	26				
72.5~73.7	27				
73.8~75.0	28				
>75.0	30				

（3）V-Score评分体系（日本，2001）。V-Score评分体系是以铵态氮和乙酸、丙酸、丁酸等挥发性脂肪酸（VFA）为评定指标进行青贮品质评价的，满分为100分，各指标不同含量分配的分数不同（表5-8）。根据这个评分，将青贮饲料品质分为良好（80分以上）、尚可（60~80分）、不良

（60分以下）3个级别。该评定体系中没有将青贮料乳酸含量作为评定标准。

表5-8 V-Score分数分配计算式（鲜样重占比，%）

铵态氮/总氮/%		乙酸+丙酸		丁酸及以上VFA		V-Score
XN	计算式（YN）	XA计算式（YA）		XB计算式（YB）		
≤5	YN=50	≤0.2	YA=10	0~0.5	YB=40-80XB	
5~10	YN=60-2XN	0.2~1.5	YA=(150-100XA)/13	0.5<	YB=0	V-Score:
10~20	YN=80-4XN	1.5<	YA=0			Y=YN+YA+YB
20<	YN=0					

注：引自《日本粗饲料评定手册》(2001)。

（4）新的青贮发酵品质评定标准（Kaiser，2005）。从Flieg评分和V-Score评分我们可以看出：Flieg评分体系中去除了铵态氮指标，但保留了乳酸含量指标；而V-Score评分体系中没有将乳酸作为评定指标，而保留了铵态氮指标。他们都对牧草青贮发酵品质评定体系的常规指标做了部分改动，突破了传统的评价指标标准，但还不够全面。2005年，Kaiser提出新的青贮发酵品质评定标准，该评定体系不受牧草化学成分的影响，是以青贮饲料中丁酸和乙酸的含量作为评价饲草青贮发酵品质的指标。该评价体系将饲草青贮共分为5个级别。3.0%（DM）的乙酸作为青贮料无氧稳定性的上限，是由丁酸和氨的关系得到的，如果丁酸含量低，评定等级范围非常窄。该评定体系适合于包括玉米在内的所有牧草青贮发酵品质的评定，比过去的常规评定体系更为完善。各指标不同含量分配的分数不同（表5-9）。

表5-9 青贮饲料发酵品质评价体系

丁酸/（DM占比，%）	得分/分	乙酸/（DM占比，%）	得分/分	总分/分	级别
<0.3	100	<3.0	0	90~100	1
0.3~0.4	90	3.0~3.5	-10	72~89	2
0.4~0.7	80	3.5~4.5	-20	52~71	3

（续表）

丁酸/（DM占比,%）	得分/分	乙酸/（DM占比,%）	得分/分	总分/分	级别
0.7~1.0	70	4.5~5.5	-30	30~51	4
1.0~1.3	60	5.5~6.5	-40	<30	5
1.3~1.6	50	6.5~7.5	-50		
1.6~1.9	40	7.5~8.5	-60		
1.9~2.6	30	>8.5	-70		
2.6~3.6	20				
3.6~5.0	10				
>5.0	0				

注：引自 Kaiser, Weiβ（2005）。

（5）苜蓿质量分级（内蒙古地方标准 DB15/T 1455—2018）。适用于以苜蓿为原料调制的青贮饲料（表5-10）。

表5-10 苜蓿质量分级

质量指标	等级		
	一级	二级	三级
pH 值	≤4.5	>4.5，≤4.8	≤5.2
铵态氮/总氮/%	≤8	>8，≤12	≤16
乳酸/%	≥75	<75，≥70	≥65
丁酸/%	≤1	≤3	≤4
粗蛋白质/%	≥20	<20，≥17	≥15
中性洗涤纤维/%	≤38	>38，≤42	≤45
粗灰分/%		<12	

注：乳酸、丁酸以占总酸的质量比表示；粗蛋白质、中性洗涤纤维、粗灰分以占干物质的量表示。

（6）苜蓿质量分级（河北地方标准 DB41/T 1906—2019）。适用于以苜蓿为原料调制的青贮饲料（表5-11）。

表5-11 苜蓿青贮料质量分级

项目	等级			
	一级	二级	三级	四级
pH 值	≤4.3	>4.3，≤4.6	>4.6，≤4.8	>4.8，≤5.2
铵态氮/总氮/%	≤10.0	>10.0，≤15.0	>15.0，≤20.0	>20.0，≤30.0

(续表)

项目	等级			
	一级	二级	三级	四级
乳酸/%	≥75.0	<75.0，≥60.0	<60.0，≥50.0	<50.0，≥40.0
乙酸/%	≤20.0	>20.0，≤30.0	>30.0，≤40.0	>40.0，≤50.0
丁酸/%	0.0	≤2.0	>2.0，≤10.0	>10.0
粗蛋白质/%	≥20.0	<20.0，≥18.0	<18.0，≥16.0	<16.0，≥15.0
中性洗涤纤维/%	≤35.0	>35.0，≤40.0	>40.0，≤44.0	>44.0，≤45.0
酸性洗涤纤维/%	≤30.0	>30.0，≤33.0	>33.0，≤36.0	>36.0，≤37.0

注：粗蛋白质、中性洗涤纤维、酸性洗涤纤维以占干物质的量表示；乳酸、乙酸、丁酸数值以占有机酸的总量表示；有机酸由乳酸、乙酸、丁酸、丙酸的总和构成。

二、青贮饲料质量安全监测方法

1. 青贮饲料重金属检测

(1) 砷的测定（GB/T 13079—2022 中原子荧光光度法）。

①方法原理。样品经酸消解破坏有机物，加入硫脲使五价砷预还原为三价砷，再加硼氢化钠或硼氢化钾使还原生成砷化氢，由氩气载入石英原子化器中分解为原子态砷，在特制砷空心阴极灯的发射光激发下产生原子荧光，其荧光强度在固定条件下与被测液中的砷浓度成正比，与标准系列比较定量。

②分析步骤。

试样处理——盐酸溶液法如下。

A. 矿物元素饲料添加剂用盐酸溶液。称取试样 $1\sim3g$（精确到 0.000 1g）于 100mL 高型烧杯中加水少许湿润试样，慢慢滴加 10mL 盐酸溶液（3mol/L），待激烈反应过后，煮沸并转移到 50mL 容量瓶中，向容量瓶中加入 2.5mL 硫脲溶液（50g/L），用水洗涤烧杯 3~4 次，洗液并入容量瓶中，用水定容，摇匀，待测。同时于相同条件下，做试剂空白试验。

B. 标准系列溶液制备。准确吸取砷标准工作溶液（1.0μg/mL）0.00mL、0.10mL、0.4mL、1.00mL、4.00mL、10.00mL 于 50mL 容量瓶中（分别相当于砷浓度 0ng/mL、2.0ng/mL、8.0ng/mL、20.0ng/mL、80.0ng/mL、200.0ng/mL），

各加1.5mL盐酸、2.5mL硫脲溶液（50g/L），加水至刻度，摇匀，待测。

③仪器参考条件。

光电倍增管电压：200~400V；

砷空心阴极灯流：15~100mA；

原子化器温度：200℃；

原子化器高度：8mm；

载气流量：300~600mL/min；

屏蔽气流量：800mL/min；

读数时间：7.0~15.0s；

延迟时间：1.0~1.5s。

④测定。荧光强度或浓度直接读数。

⑤结果计算。试样中总砷含量X，以质量分数（mg/kg）表示，按式（5.17）计算：

$$X = \frac{(A_1 - A_3) \times V_1 \times 1\,000}{m \times V_2 \times 1\,000} \tag{5.17}$$

式中，

V_1为试样消解液定容总体积，单位为毫升（mL）；

V_2为分取试液体积，单位为毫升（mL）；

A_1为测试液中含砷量，单位为微克（μg）；

A_2为试剂空白液中含砷量，单位为微克（μg）；

m为试样质量，单位为克（g）。

若样品中砷含量很高，可按式（5.18）计算：

$$X = \frac{(A_2 - A_3) \times V_1 \times V_3 \times 1\,000}{m \times V_2 \times V_4 \times 1\,000} \tag{5.18}$$

式中，

V_1为试样消解液定容总体积，单位为毫升（mL）；

V_2为分取试液体积，单位为毫升（mL）；

V_3为分取液再定容体积，单位为毫升（mL）；

V_4为测定时分取V_3的体积，单位为毫升（mL）；

A_2为测试液中含砷量，单位为微克（μg）；

A_3 为试剂空白液中含砷量,单位为微克(μg);

m 为试样质量,单位为克(g)。

⑥结果表示。每个样品应做平行样,以其算术平均值为分析结果,结果表示到 0.01mg/kg。当每千克试样中含砷量≥1.0mg 时,结果取三位有效数字。

⑦允许差。在相同条件下获得分析结果的相对偏差不得超过 15%。

(2) 汞的测定(GB/T 13081—2022 中原子荧光光度法)。

①方法原理。试样经酸加热消解后,在酸性介质中,汞被硼氢化钾(KBH_4)还原成原子态汞,由氩气带入原子化器中,在特制汞空心阴极灯照射下,基态汞原子被激发至高能态,再去活化回到基态时,发射出特征波长的荧光,其荧光强度与汞含量成正比,外标法定量。

②分析步骤。

A. 高压罐消解法。平行做两份试验。称取试样 0.5~1g,精确至 0.000 1g,置于聚四氟乙烯消化管中,加 5mL 硝酸,再加 8mL 过氧化氢(质量分数不低于 30%),盖上内盖放入不锈钢外套中,静置过夜。旋紧密封,将消解罐置于恒温干燥箱中加热,升温至 140℃后保持恒温 4h,至消解完全,冷却至室温,缓慢打开盖,少量水冲洗内盖并入消化管,再将消化管超声 2~5min,将消解液转移至 50mL 容量瓶中,用少量水多次洗涤消化管,洗液并入容量瓶,定容,混匀。同时做空白试验。

B. 标准系列溶液制备。汞标准中间溶液(10μg/mL):准确移取 1mL 汞标准储备溶液(1mg/mL)于 100mL 容量瓶中,用硝酸溶液(体积分数 10%)稀释至刻度,混匀。

汞标准工作溶液(25ng/mL):准确移取 0.25mL 汞标准中间溶液(10μg/mL)于 100mL 容量瓶中,用硝酸溶液(体积分数 10%)稀释至刻度,混匀,临用现配。

标准系列溶液:准确移取 0mL、0.10mL、0.20mL、1.00mL、2.00mL、4.00mL 汞标准工作溶液(25ng/mL)分别置于 50mL 容量瓶中,用硝酸溶液(体积分数 10%)稀释至刻度,混匀,制成质量浓度分别为 0ng/mL、0.05ng/mL、0.10ng/mL、0.50ng/mL、1.00ng/mL、2.00ng/mL 的标准系列溶液,临用现配。

③仪器参考条件。

光电倍增管电压：240V；

汞空心阴极灯流：30mA；

原子化器高度：8mm；

载气流量：500mL/min；

屏蔽气流量：1 000mL/min。

④测定。将原子荧光光谱仪调节至最佳工作状态，稳定10~20min后开始测量。以硝酸溶液（体积分数5%）为载流液，硼氢化钾溶液（5g/L）为还原剂，用硝酸溶液（体积分数10%）连续进样，待读数稳定之后，测定标准系列溶液。再用硝酸溶液（体积分数10%）进样，待读数回到初始值时，再分别测定试样空白和试样溶液，每测不同的试样前都应清洗进样器。以标准系列溶液的浓度为横坐标、荧光强度值为纵坐标，绘制标准曲线，相关系数 $r \geq 0.999$。

⑤结果计算。试样中汞含量 ω 以质量分数计，单位为毫克每千克（mg/kg），按式（5.19）计算：

$$\omega = \frac{(\rho - \rho_0) \times V \times n \times 1\,000}{m \times 1\,000 \times 1\,000} \tag{5.19}$$

式中，

ρ 为试样消解液中汞的含量，单位为纳克每毫升（ng/mL）；

ρ_0 为空白试验中汞的含量，单位为纳克每毫升（ng/mL）；

V 为试样消化液总体积，单位为毫升（mL）；

n 为稀释倍数；

1 000 为换算系数；

m 为试样质量，单位为克（g）。

测定结果以平行测定的算术平均值表示，保留2位有效数字。

⑥精密度。在重复性条件下，获得的两次独立测定结果与其算术平均值的绝对差值与该算术平均值的比值即相对偏差 r 应符合表5-12中的要求。

表5-12 允许相对偏差

测定结果/（mg/kg）	相对偏差（r）/%
≤0.020	≤100

(续表)

测定结果/（mg/kg）	相对偏差（r）/%
0.020~0.100	≤50
≥0.100	≤20

（3）铅的测定（GB/T 13080—2018 中原子吸收光谱法）。

①方法原理。试样经干灰化、酸溶或湿消化后，使铅溶出，用原子吸收光谱仪在283.3nm处测定吸光度值，并与标准曲线进行比较定量。

②分析步骤。

A. 高氯酸消化法。平行做两份试验。称取1g试样（精确至0.000 1g）于聚四氟乙烯坩埚中，加水湿润样品，加入10mL硝酸（含硅酸盐较多的样品需再加入5mL氢氟酸），放置在通风橱里静置2h后，加入5mL高氯酸，在温度低于250℃的可调式电炉上小火加热消化，待消化液冒白烟为止，取下。冷却后，用水转移至50.0mL容量瓶中，加少许水多次冲洗坩埚，洗液并入容量瓶中，并稀释至刻度，摇匀，用无灰滤纸过滤，待用。同时制备试剂空白溶液。

B. 标准曲线配制。将仪器设置为扣背景模式。分别吸取0mL、1.0mL、2.0mL、4.0mL、8.0mL铅标准中间溶液（100ng/mL）于50.0mL容量瓶中，加入盐酸溶液（6mol/L）1mL，用水定容至刻度，摇匀，导入原子吸收分光光度计。用水调零，在283.3nm波长处测定吸光度值，以吸光度值为纵坐标，浓度为横坐标，绘制标准曲线。

③测定。在相同试验条件下，测定试剂空白和试样溶液的吸光度值，并与标准曲线进行比较定量。

④结果计算。试样中铅的含量以质量分数ω计，数值以毫克每千克（mg/kg），按式（5.20）计算：

$$\omega = \frac{(\rho_1 - \rho_2) \times V}{m} \tag{5.20}$$

式中，

ρ_1为试样溶液中铅的质量浓度，单位为微克每毫升（μg/mL）；

ρ_2为空白试剂中铅的质量浓度，单位为微克每毫升（μg/mL）；

V 为试样溶液总体积,单位为毫升(mL);

m 为试样质量,单位为克(g)。

以两个平行样品测定结果的算术平均值报告结果,结果应保留至小数点后两位。

⑤精密度。在重复性条件下,获得的两次独立测定结果之间的相对偏差应符合表 5-13 的要求。

表 5-13 允许相对偏差

铅含量范围/(mg/kg)	分析允许相对偏差/%
≤5	≤20
5~15	≤15
15~30	≤10
≥30	≤5

(4)镉的测定(GB/T 13082—2021 中石墨炉原子吸收光谱法)。

①方法原理。试样经干灰化或湿消解(微波消解)、或盐酸溶解后,导入原子吸收分光光度计的火焰或石墨炉原子化器中,在波长 228.8nm 处测定吸光度值,在一定的浓度范围内,镉浓度与其吸光度值成正比,标准曲线校准定量。

②分析步骤。

A. 湿消解法。做两份平行试验。称取试样 1g(精确至 0.000 1g)于消解管中,加少量水润湿,加入 10mL 硝酸,置于通风橱,静置 2h 后,加入 5mL 高氯酸,在温度低于 250℃的可调式电热板或可调式电炉上小火加热消化,待消化液冒白烟为止,取下,冷却。将消化液转移至 50mL 容量瓶中,用少许水多次冲洗消解管,并入容量瓶中,加水定容,摇匀,过滤,备用。同时做空白试验。

B. 标准系列溶液制备。准确移取适量体积的镉标准中间溶液(100μg/L)分别置于 50mL 容量瓶中,用硝酸溶液(体积分数 1%)稀释至刻度,混匀,配制成浓度分别为 0μg/L、0.5μg/L、1.0μg/L、2.0μg/L、3.0μg/L、4.0μg/L 的标准系列溶液。临用现配。

③测定。将仪器设置为扣背景模式,并调至最佳工作状态,在镉元素特

征波长 228.8nm 处，按照 10μL 测试液、5μL 硝酸钯溶液（2mg/mL）和 5μL 磷酸二氢铵溶液（10mg/mL）的进样方式（可根据所使用的仪器确定最佳进样量）向石墨炉注入溶液，依次测定空白溶液、镉标准系列溶液和试样溶液的吸光度值，以镉标准系列溶液的镉浓度为横坐标，吸光度值为纵坐标，绘制标准曲线，标准曲线相关系数 $r \geqslant 0.995$。试样溶液的吸光度值应在标准曲线线性范围内，若超出，可参照镉标准系列溶液的酸浓度进行适当稀释（n 倍）后测定。

④结果计算。试样中镉的含量 ω 以质量分数计，单位为毫克每千克（mg/kg），按式（5.21）计算：

$$\omega = \frac{(\rho - \rho_0) \times V \times n}{m \times 1\,000} \tag{5.21}$$

式中，

m 为试样质量，单位为克（g）；

V 为试样溶液的体积，单位为毫升（mL）；

ρ 为试样测定溶液中镉的质量浓度，单位为纳克每毫升（ng/mL）；

ρ_0 为空白试液中镉的质量浓度，单位为纳克每毫升（ng/mL）；

n 为稀释倍数。

测定结果以平行测定的算术平均值表示，保留 3 位有效数字。

⑤精密度。在重复性条件下，获得的两次独立测定结果与其算术平均值的绝对差值与该算术平均值的比值 d 应符合表 5-14 的要求。

表 5-14 允许差值

镉含量范围/（mg/kg）	$d/\%$
$\leqslant 0.20$	$\leqslant 30$
$0.20 \sim 0.50$	$\leqslant 15$
$\geqslant 0.50$	$\leqslant 10$

2. 重金属含量评价（GB 13078—2017）

以《饲料卫生标准》（GB 13078—2017）为评价依据，对青贮饲料中的 Pb、Cd、As 和 Hg 含量进行符合性评价。《饲料卫生标准》（GB 13078—2017）中规定的限量标准是 Pb$\leqslant$30mg/kg、As$\leqslant$4mg/kg、Cd$\leqslant$1mg/kg、Hg$\leqslant$

0.1mg/kg。

3. 真菌毒素的测定

（1）试验材料、试剂及仪器。黄曲霉毒素 B_1、黄曲霉毒素 B_2、伏马毒素 FB_1、伏马毒素 FB_2、伏马毒素 FB_3、脱氧雪腐镰刀菌烯醇、3-乙酰基脱氧雪腐镰刀菌烯醇、15-乙酰基脱氧雪腐镰刀菌烯醇、青贮饲料赤霉烯酮（均购自美国 Romer）、乙腈（色谱纯，美国）、甲醇（色谱纯，美国）、无水硫酸镁（分析纯，上海源叶）、柠檬酸钠（分析纯，上海源叶）、柠檬酸二钠盐（分析纯，上海源叶），水为去离子水。

超高效液相色谱-三重四极杆质谱联用仪（UPLC-MS/MS）：QTRAP 5500，美国 AB 公司；离心机：TDL-40C 型（上海安亭科学仪器厂）；振荡器：THZ-82A（金坛荣华仪器公司）；涡旋混合器：MS3 digital 型（德国 IKA 艾卡公司）；电子天平：PL202-L 型（瑞士梅特勒-托利多仪器有限公司）；组织捣碎机：SMT-Y09 型（深圳斯玛特智能电器发展有限公司）；氮吹仪：N-EVAPTM 92（美国 Organomation 公司）；超纯水机（美国 Millipore 公司）；精密移液枪（法国 Gilson 公司）。

（2）液相色谱、质谱分析条件。

①液相色谱参考条件。

A. 色谱柱。T3 柱，100mm×2.1mm，粒径 1.8μm，或性能相当者。

B. 柱温。40℃。

C. 进样量。2μL。

D. 流动相、流速及梯度洗脱条件，见表 5-15。

流动相 A：水溶液（含 0.1%甲酸+5mmol/L 乙酸铵）；

流动相 B：甲醇（含 0.1%甲酸）。

表 5-15 流动相、流速及梯度洗脱参考条件

时间/min	流速/（mL/min）	流动相 A/%	流动相 B/%
0	0.4	90	10
1.0	0.4	85	15
2.0	0.4	80	20
6.0	0.4	40	60

(续表)

时间/min	流速/(mL/min)	流动相A/%	流动相B/%
10.0	0.4	17	83
11.0	0.4	90	10
13.0	0.4	90	10

②质谱参考条件。

A. 离子源。电喷雾离子源。

B. 扫描方式。正离子模式和负离子模式。

C. 离子源喷雾电压。正离子模式5 500V、负离子模式4 500V。

D. 离子源温度。550℃。

E. 雾化气、气帘气、碰撞气、辅助加热气均为高纯氮气，使用前应调节各气体流量以使质谱灵敏度达到检测要求。

F. 检测方式。多反应监测。

G. 分析参数。见表5-16。

表5-16　ESI（基本科学指标数据库）+监测模式分析参数

名称	保留时间/min	定性离子对/(m/z)	定量离子对/(m/z)	碰撞能量/eV
伏马毒素FB_1	8.45	722.4/334.4 722.4/352.4	722.4/334.4	54 50
伏马毒素FB_2	9.69	706.4/336.51 706.4/318.61	706.4/336.51	50 54
伏马毒素FB_3	9.15	706.4/336.50 706.4/318.60	706.4/336.50	50 50
脱氧雪腐镰刀菌烯醇	3.82	297.1/249.1 297.1/203.2	297.1/249.1	16 21
3-乙酰脱氧雪腐镰刀菌烯醇	6.07	339.2/203.2 339.2/231.1	339.2/203.2	21 18
15-乙酰脱氧雪腐镰刀菌烯醇	6.07	339.3/321.2 339.3/137.1	339.3/321.2	12 19
黄曲霉毒素B_1	7.42	313.1/285.1 313.1/241.1	313.1/285.1	33 50
黄曲霉毒素B_2	7.19	315.1/287.1 315.1/259.1	315.1/287.1	35 40
玉米赤霉烯酮	9.74	317.1/175.0 317.1/273.0	317.1/175.0	-32 -27

（3）标准曲线。将9种毒素标准品配制成相应浓度的标准溶液，再用乙腈稀释配得在0.001~1.0mg/L范围内的标准溶液，在上述仪器条件下测定，以标准溶液浓度为横坐标，定量离子对峰面积为纵坐标绘制标准曲线。伏马毒素FB_1、伏马毒素FB_2、伏马毒素FB_3在0.02mg/L、0.05mg/L、0.1mg/L、0.2mg/L、0.5mg/L、1.0mg/L浓度范围内均具有良好的线性关系，相关系数r值均大于0.999。脱氧雪腐镰刀菌烯醇及其乙酰化衍生物在0.2mg/L、0.5mg/L、1.0mg/L、2.0mg/L、5.0mg/L浓度范围内均具有良好的线性关系，相关系数r值均大于0.999。黄曲霉毒素AFB_1、黄曲霉毒素AFB_2在0.001mg/L、0.005mg/L、0.01mg/L、0.05mg/L、0.1mg/L浓度范围内均具有良好的线性关系，相关系数r值均大于0.999。玉米赤霉烯酮在0.005mg/L、0.01mg/L、0.05mg/L、0.1mg/L、0.5mg/L、1.0mg/L浓度范围内均具有良好的线性关系，相关系数r值均大于0.999，具体数据见表5-17，LC-MS/MS的多反应监测（MRM）色谱图见图5-4。

表5-17　9种真菌毒素的线性方程、相关系数

名称	线性方程	相关系数
伏马毒素FB_1	$y=1309.7x-15121$	0.9995
伏马毒素FB_2	$y=2467x-26244$	0.9999
伏马毒素FB_3	$y=1750.7x-15223$	0.9993
DON	$y=652.68x-1811.1$	0.9998
3A-DON	$y=1050.5x-10672$	0.9995
15A-DON	$y=1707.7x-20559$	0.9999
ZEN	$y=15137x+28398$	0.9996
黄曲霉毒素AFB_1	$y=60961x+7683.3$	0.9998
黄曲霉毒素AFB_2	$y=47450x-18983$	0.9997

（4）样品前处理。称取青贮饲料样品2.00g（精确至0.01g）于50mL离心管，加入20.00mL 0.1%甲酸80%乙腈溶液提取液，振荡提取40min，于4000r/min离心3min，吸取6.00mL上清液于盛有2g无水硫酸镁、0.5g

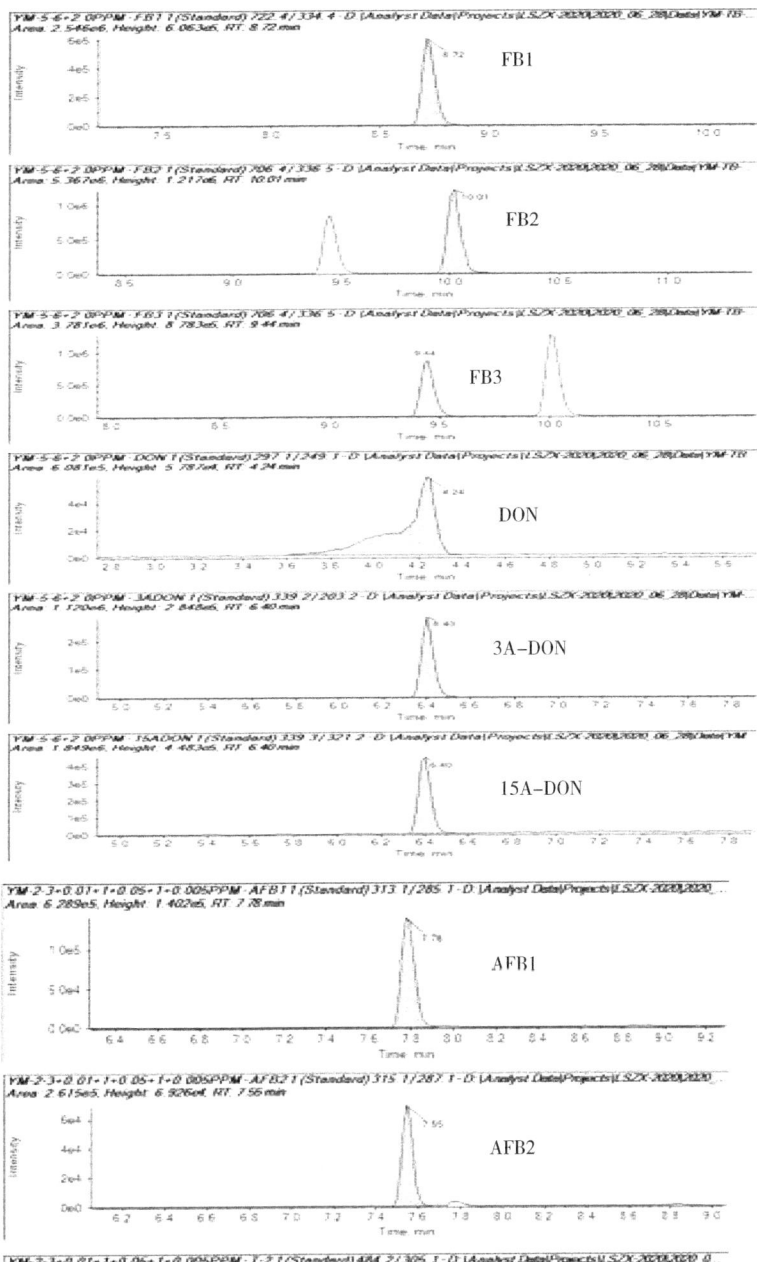

图 5-4　9 种真菌毒素标准溶液 LC-MS/MS 的多反应监测（MRM）色谱图

注：测定结果用平行测定的算术平均值表示，保留 3 位有效数字。

柠檬酸钠、0.5g柠檬酸二钠盐的15mL离心管中，涡旋净化1min，于4 000r/min离心3min，吸取3.00mL于15mL离心管中，经氮气吹干后，用1.5mL 50%乙腈溶液（5+5，体积比）溶解，涡旋30s，过0.22μm滤膜后，上机测定。同时做空白试验。

（5）结果计算。用色谱数据处理或按式（5.22）计算试样中各真菌毒素的含量，计算结果需将空白值扣除。

$$X = \frac{A \times C_S \times V_1 \times V_3}{A_S \times m \times V_2} \quad (5.22)$$

式中，

X 为试样中真菌毒素的含量，单位为毫克每千克（mg/kg）；

A 为试样中真菌毒素的峰面积；

V_1 为试样中加入的提取溶液体积，单位为毫升（mL）；

V_2 为分取溶液体积，单位为毫升（mL）；

V_3 为定容溶液体积，单位为毫升（mL）；

C_S 为标准工作液中真菌毒素的浓度，单位为微克每毫升（μg/mL）；

A_S 为标准工作液中真菌毒素的峰面积；

m 为试样的质量，单位为克（g）。

（6）精密度。在重复性条件下，获得的两次独立测试结果的绝对差值不大于这两个测定值算术平均值的15%。

（7）定量限。该方法的定量限伏马毒素 FB_1、伏马毒素 FB_2、伏马毒素 FB_3 为0.050mg/kg、黄曲霉毒素 B_1、黄曲霉毒素 B_2 为0.001 0mg/kg、玉米赤霉烯酮为0.10mg/kg，脱氧雪腐镰刀菌烯醇、3-乙酰脱氧雪腐镰刀菌烯醇、15-乙酰脱氧雪腐镰刀菌烯醇为0.50mg/kg。

4. 真菌毒素含量评价（GB 13078—2017）

以《饲料卫生标准》（GB 13078—2017）为评价依据，对青贮饲料中的黄曲霉毒素 B_1（AFB_1）、玉米赤霉烯酮（ZEN）、脱氧学腐镰刀菌烯醇（DON）、赭曲霉毒素A（OTA）、T-2毒素含量进行符合性评价。《饲料卫生标准》（GB 13078—2017）中规定的限量标准为 $AFB_1 \leqslant 5.0$ gg/kg、$ZEN \leqslant 60$ μg/kg、$DON \leqslant 5.0$ mg/kg、$OTA \leqslant 5.0$ μg/kg、$T-2 \leqslant 100$ gg/kg。

三、青贮饲料农药残留测定（参考 GB/T 23744—2009）

1. 方法原理

试样用乙腈提取浓缩后，用乙腈定容，加入 PSA 试剂（乙二胺-N-丙基硅烷）净化，采用气相色谱-质谱法测定。

2. 试剂和材料

乙腈（CH_3CN，75-05-8）：色谱纯；氯化钠（$NaCl$，7647-14-5）：优级纯；无水硫酸钠（Na_2SO_4，7757-82-6）：分析纯；甲苯（C_7H_8，108-88-3）：优级纯；丙酮（CH_3COCH_3，67-64-1）：分析纯，重蒸馏；二氯甲烷（CH_2Cl_2，75-09-2）：色谱纯；正己烷（C_6H_{14}，110-54-3）：分析纯，重蒸馏。标准品农药及相关化学品标准物质：纯度≥95%。

标准储备溶液分别称取适量（精确至 0.1mg），各种农药及相关化学品标准物分别于 10mL 容量瓶中，根据标准物的溶解性选用丙酮、甲醇、乙腈等溶剂溶解并定容至刻度，标准溶液避光 4℃保存，保存期为一年。

混合标准溶液：根据每种农药及相关化学品在仪器上的响应灵敏度，确定其在混合标准溶液中的浓度，配制混标。

3. 试样制备

样品中添加液氮，经粉碎机粉碎，备用。

4. 分析步骤

（1）提取与净化。称取 5g 试样（精确至 0.01g），置 50mL 离心管中，精密加入 20.00mL 乙腈，加 1g 氯化钠与 2g 无水硫酸镁，混匀，用恒温振荡提取器，于 40℃下提取 30min，置离心机中，以 5 000r/min 离心 5min。精密量取上清液 10.00mL，置鸡心瓶中，于 40℃水浴旋转蒸发至干，精密加入 1.00mL 乙腈溶解，转移至离心管中，加入 100mg PSA 试剂与 200mg 无水硫酸镁，于涡旋混合器上涡旋 30s，置离心机中以 15 000r/min 离心 5min，取上清液，供气相色谱-质谱的测定。

（2）测定。

①仪器条件。色谱柱：DB-17MS（30m×0.25mm×0.25μm）石英毛细管柱或相当者；色谱柱温度：50℃保持 2min，然后以 25℃/min 升温至

150℃，以 1.8℃/min 升温至 206℃，以 1.6℃/min 升温至 224℃，以 25℃/min 升温至 280℃，保持 10min；载气：氦气，纯度≥99.999%，流速 1.5mL/min；溶剂延迟：5min；进样口温度：280℃；进样量：1μL；进样方式：无分流进样，2min 后打开分流阀和隔垫吹扫阀；电子轰击源：70eV；离子源温度：230℃；GC-MS 接口温度：280℃；选择离子监测：每种化合物分别选择 1 个定量离子，1~3 个定性离子。按离子出峰顺序，分时段分别检测。

②定性测定。混合标准溶液和样品溶液按照气相色谱-质谱测定条件测定，如果检出的色谱峰的保留时间与标准品的保留时间一致，允许限为±0.2min，所选择的离子均出现，而且所选择的离子相对丰度比与标准品的离子相对丰度比相一致（相对丰度比>50%，允许限为±10%；>20%且≤50%，允许限为±15%；>10%且≤20%，允许限为±20%；≤10%，允许限为±50%），则可判断样品中存在这种农药化合物。

③定量测定。该标准采用定量离子定量测定，若被测物存在同分异构体，则以各同分异构体峰定量离子的强度总和计算。标准溶液的浓度应与待测化合物的浓度相近。

5. 结果计算和表述

试样中被测物的含量 X_i，以质量分数表示，单位为毫克每千克（mg/kg），按式（5.23）计算：

$$X_i = \frac{A_i \times c \times V_o \times V_1}{A_o \times m \times V} \tag{5.23}$$

式中，

A_i 为样品溶液中被测物的峰面积或是样品溶液中被测物各同分异构体峰总面积；

c 为混合标准工作溶液中被测物的浓度，单位为毫克每升（mg/L）；

V_o 为分取试样提取液的体积，单位为毫升（mL）；

V_1 为试样最终定容的体积，单位为毫升（mL）；

A_o 为混合标准工作溶液中被测物的峰面积或是混合标准工作溶液中被测物各同分异构体峰总面积；

m 为样品溶液所代表试样的质量，单位为克（g）；

V 为加入提取液的量,单位为毫升(mL)。

测定结果用平行测定的算术平均值表示,保留 3 位有效数字。

6. 精密度

(1) 重复性。实验室内平行测定间的相对偏差不大于 15%。

(2) 再现性。实验室间平行测定间的相对偏差不大于 25%。

第六章　不同时间尺度苜蓿-土壤 C、N、P 生态化学计量特征的研究

生态化学计量学是探索 C、N 和 P 等元素在生物地球化学循环和生态过程中的计量关系和规律的科学。目前，生态化学计量学已在水生生态系统得到比较完整的研究，研究成果已被 Sterner 和 Elser（2002）在 *Ecological Stoichiometry*: *The Biology of Elements from Molecules to the Biosphere* 中进行了总结概括，这些研究思路为陆地生态系统各个水平的生态过程提供了一种综合研究方法。陆地生态系统作为人类生存的主要场所，其更容易受到自然与人为因素的干扰，其比水生生态系统更复杂，因此陆地生态系统的生态化学计量学既是研究的重点，也是研究的难点。陆生植物作为陆地生态系统的一部分，其生长状况受到自然与人为因素的干扰而产生差异，这些差异贯穿于生态系统、群落、种群、个体以及植物体内生物大分子等各个水平，而植物体内各个元素的含量、分布和生态化学计量比的变化反映了植物响应和适应自然环境和人为环境变化的本质。所以，研究陆生植物生态化学计量学，可以从新的角度阐明植物适应环境变化的机制，在理解植物与环境偶联上有着重要的意义。

然而，植物体自身生长以及响应环境变化时所进行的生理生化变化及形态变化是在一定时间内表现出来的。在碳同化的过程中，植物通过根系吸收土壤中的矿质元素而为自身生长所需要。生长季内，初期植物的快速生长导致植物体内 N 含量较低，因而叶片 N∶P 较低；而随着植物不断生长，N 含量增加相对较多，而且降水淋溶叶片 P，因而叶内 N∶P 升高；末期植物体内 rRNA 含量增加，导致 P 的增加，从而使叶片 N∶P 降低（曾德慧和陈广生，2005）。年际间，植物 C∶N 随年龄而增加，这可能与生物量的主要组

分由光合组织转变为结构组织有关，因为主干C∶N比叶片和枝条高得多，同时主干生物量随植物年龄而增加，所以主干较多则植物C∶N较大（Hooker and Compton，2003；Agren，2008）。这些研究表明，植物体内生理生化情况会随植物生长而变化，同时，由于根系的吸收和分泌、凋落物的分解等，使得土壤养分也会发生一定的变化。所以综合来看，研究植物以及其对应的土壤中营养元素（即C、N和P等元素）对明确植物C、N和P等生态化学计量学的时间变异特征，以及时间变异下植物生理生态响应之间存在的关系具有重要的意义。

第一节 不同年限苜蓿-土壤C、N、P化学计量特征的研究

目前，关于苜蓿生态化学计量方面，李新乐（2014）连续6年研究了施磷肥条件下紫花苜蓿和土壤C、N、P的变化特征，结果表明随着磷肥量的增加，苜蓿植株和土壤的N∶P、C∶P均下降，土壤C∶N则升高，但苜蓿C∶N没有变化；杨菁等（2014）研究了不同种植年限对苜蓿和土壤C、N、P含量及化学计量比的影响，发现随种植年限的增加，苜蓿叶片C含量总体下降，P含量先升后降。苜蓿叶片N∶P、C∶P与叶片P含量显著负相关，土壤P与茎的C、N、P含量及比值均有一定相关性。王惠等（2017）研究了年龄（2龄、3龄、4龄、5龄）及茬次对紫花苜蓿化学计量特征的影响，发现苜蓿年龄和茬次的变化均能显著影响苜蓿叶和茎的N、P含量及N∶P；且随着年龄的增加，苜蓿由受N限制转变为受P限制。

隆德县隶属宁夏回族自治区固原市，位于六盘山西麓、宁南边陲，全县主要以旱作农业为主，其中苜蓿是种植面积最广的农作物，也是投入成本低、高产出的经济作物之一，已有种植面积约21.43万亩。为了研究固原市隆德县自然生态条件苜蓿与土壤养分供求与循环问题及确定苜蓿生长过程中的限制性元素，本研究以不同龄苜蓿、土壤为研究对象，研究其C、N、P含量及化学计量特征，以期帮助我们了解苜蓿-土壤整个生态系统养分供求和循环问题，从而反映其营养利用效率及其生存环境的相对养分限制元素。

一、研究区域地理与气候概况

隆德县地处黄土高原西部丘陵地带，宁夏回族自治区最南边，六盘山西麓。东经 105°48′~106°15′，北纬 35°21′~35°47′，南北长 447km，东西宽 41km，全县总面积 999.45km²。境内东高西低，最低处 1 720m，最高处为六盘山脉主峰米缸山 2 942m，大部分地方海拔在 1 900~2 500m，有黄土丘陵、河谷川道与土石地 3 种地貌类型。县域境内共有耕地面积 7.34 万 hm²，其中水浇地 0.74 万 hm²、旱地 5.93 万 hm²，旱地占总耕地面积的 88.88%，全县主要以旱作农业为主。由于隆德县地处中纬度地区，它的海拔高度、地理位置决定了它具有大陆性气候的特点，属于中温带半湿润向半干旱过渡的地带。境内自西向东随海拔高度的增高平均气温逐渐降低，降水量随海拔高度的升高而增加，年均气温 5.3℃，年日照时数 2 238.2h，无霜期 125d。年降水量 502.1mm，自然灾害主要有干旱、冰雹、暴雨、低温、霜冻、连阴雨，给农牧业生产带来很大的危害。

二、不同种植年限苜蓿-土壤 C、N、P 生态化学计量特征

1. 不同种植年限苜蓿 C、N、P 含量及计量比的变化

不同种植年限苜蓿茎、叶 C、N、P 含量及计量比结果见图 6-1。不同种植年限苜蓿茎、叶有机碳分别为 435~440mg/kg、416~433mg/kg，全氮分别为 16.6~21.1mg/kg、41.9~44.1mg/kg，全磷含量为 1.04~1.6mg/kg、2.20~2.63mg/kg。比较茎和叶有机碳、全氮、全磷含量，发现有机碳随种植年限变化趋势不明显，且 2 龄、5 龄、7 龄无显著性差异；全氮、全磷呈上升趋势，且存在显著性差异。同时叶全氮、全磷含量明显远高于茎全氮、全磷含量。

茎 C：N 随种植年限呈降低趋势，且存在显著性差异，叶 C：N 无显著差异。对于 C：P，茎随种植年限呈下降趋势，且存在显著性差异，叶和茎变化不一致，在 5~7 龄处于平稳状态，2 龄与 5 龄、7 龄存在差异。对于 N：P，茎和叶变化规律一致，随种植年限呈降低趋势，2 龄与 5 龄、7 龄存在差异性。

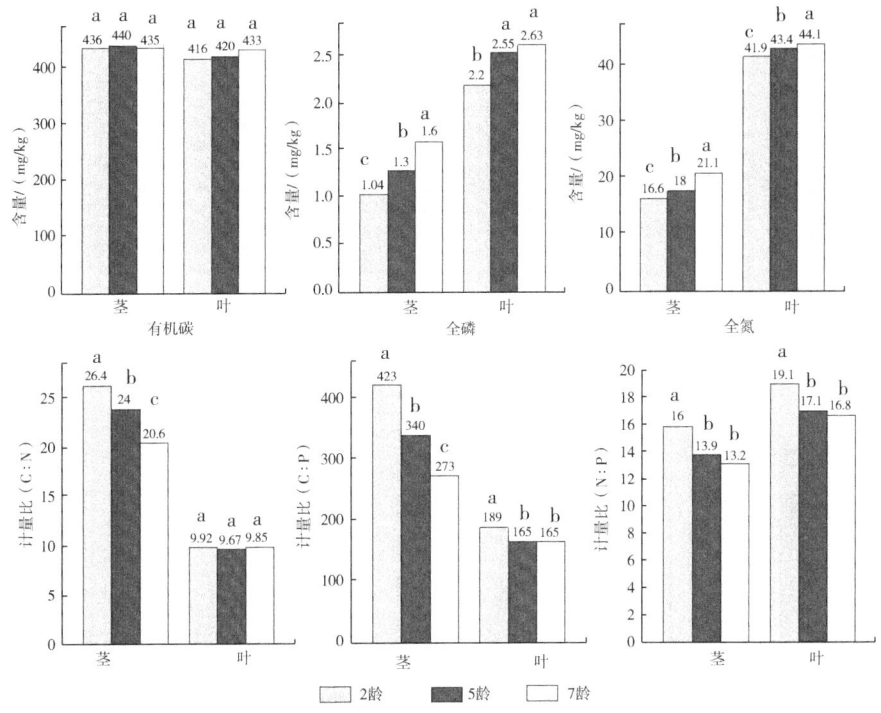

图 6-1 不同种植年限苜蓿茎、叶有机碳、全氮、全磷含量及计量比

2. 不同种植年限苜蓿地土壤 C、N、P 含量及计量比的变化

土壤有机碳、全氮、全磷含量及 C∶N、C∶P、N∶P 随苜蓿种植年限均存在不同程度的变化，结果见图 6-2。同一土层条件下，在 0~10cm 土层，土壤有机碳、全氮、全磷、C∶N、C∶P、N∶P 随苜蓿种植年限增加呈增加趋势，7 龄>5 龄>2 龄，且存在显著性差异；在 10~20cm 土层，2 龄、5 龄、7 龄苜蓿土壤有机碳、全氮、C∶N、C∶P 同 0~10cm 土层变化趋势一致，且存在显著性差异，全磷则随种植年限先升高后降低，各龄之间无差异性；在 20~40cm 土层，土壤有机碳、全氮、全磷均随苜蓿种植年限先升高后降，2 龄、5 龄、7 龄苜蓿差异性显著，C∶N、C∶P、N∶P 变化趋势与有机碳、全氮、全磷变化趋势相反。

在不同土层条件下，2 龄、5 龄、7 龄苜蓿土壤有机碳、全氮、C∶P、N∶P 随土层深度增加均呈下降趋势（5 龄 N∶P 除外），且存在显著性差异；

全磷、C∶N 随土层深度增加，2 龄、5 龄、7 龄均没有统一的变化趋势。

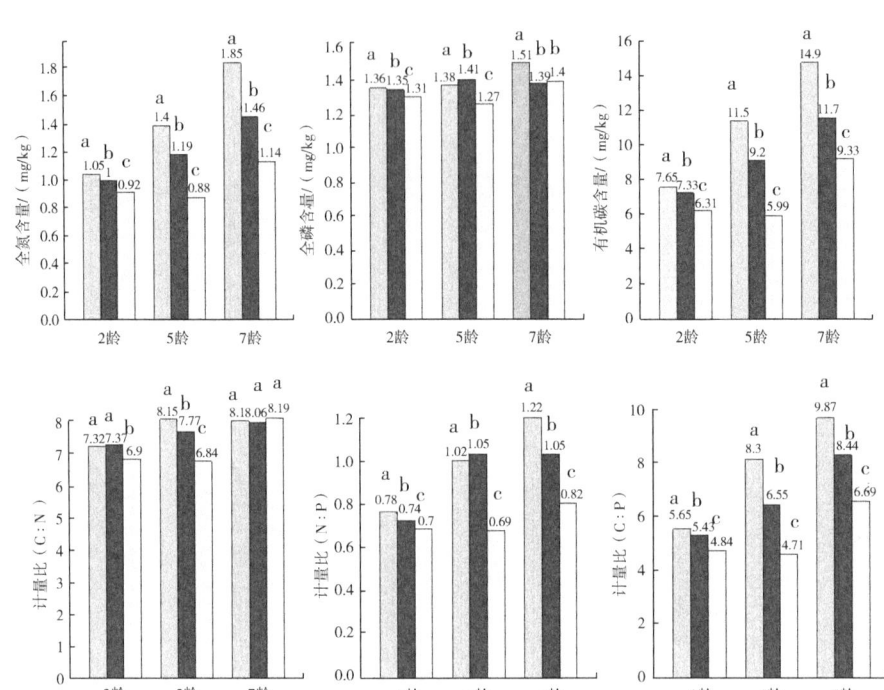

图 6-2 不同种植年限苜蓿地土壤有机碳、全氮、全磷含量及计量比

三、不同种植年限苜蓿与土壤 C、N、P 之间的偶联关系

1. 土壤与苜蓿茎 C、N、P 间的关系

通过对不同种植年限苜蓿土壤与茎有机碳、全氮、全磷进行相关性分析，土壤与茎之间的关系表现为：2 龄土壤有机碳与茎有机碳在 0~10cm 土层呈极显著负相关（$P<0.01$），在 20~40cm 土层显著相关（$P<0.05$）；土壤全氮与茎全氮在 0~10cm 极显著正相关（$P<0.01$），10~20cm 极显著负相关（$P<0.01$）；土壤全磷与茎全磷在 0~10cm、20~40cm 呈显著正相关（$P<0.05$）。5 龄土壤有机碳与茎有机碳在 10~20cm 土层显著相关（$P<0.05$）；土壤全氮与茎全磷在 0~10cm 呈极显著负相关（$P<0.01$）。7 龄土壤有机碳与茎有机碳在 10~20cm 呈极显著正相关（$P<0.01$），在 20~40cm

呈极显著负相关（$P<0.01$）；与茎全氮在 10~20cm 呈极显著负相关（$P<0.01$），在 20~40cm 呈极显著正相关（$P<0.01$）。

2. 土壤与苜蓿叶 C、N、P 间的关系

研究发现，土壤与苜蓿叶有机碳、全氮、全磷均存在一定的相关性。2 龄土壤有机碳与叶全氮在 10~20cm 土层与呈极显著正相关（$P<0.01$）；土壤全氮与叶有机碳含量在 20~40cm 呈极显著负相关（$P<0.01$）。7 龄土壤有机碳与叶全氮在 10~20cm 呈极显著负相关（$P<0.01$），在 20~40cm 呈极显著正相关（$P<0.01$）（表 6-1）。

3. 土壤与苜蓿茎、叶 C∶N、C∶P、N∶P 之间的关系

通过对不同年龄苜蓿地土壤和茎、叶 C∶N、C∶P、N∶P 进行相关性分析，从表 6-2 中可以看出，2 龄土壤 C∶P 与茎 C∶P 在 10~20cm 土层呈显著正相关（$P<0.05$）；5 龄土壤 C∶N 与茎 C∶N 在 0~10cm 呈极显著负相关（$P<0.01$），7 龄土壤 C∶N 与苜蓿茎 C∶N 在 20~40cm 呈显著正相关（$P<0.05$）。同时发现，2 龄苜蓿土壤 N∶P 与叶 C∶N 在 0~10cm 呈极显著负相关（$P<0.01$）；7 龄苜蓿土壤 C∶N 与叶 C∶N、C∶P、N∶P 基本呈负相关，土壤 C∶P 与叶 C∶N 的相关性同与 N∶P 的相关性一致，土壤 N∶P 与叶 C∶N、N∶P 相关性同土壤 C∶P 与叶 C∶N、N∶P 相关性一致（表 6-2）。

四、结果与分析

1. 不同种植年限苜蓿茎、叶 C、N、P 化学计量特征变化规律

有研究表明，随年龄的增加，植物生物量碳呈一定积累速率增加，其碳含量呈增加的趋势，本试验中不同种植年限苜蓿叶有机碳变化趋势与此研究中一致，而茎有机碳随年龄先升高后降低，5 龄时达最高值。茎、叶片全磷含量随种植年限增加呈增加趋势，与杨菁等（2014）对不同种植年限人工苜蓿草地植物和土壤化学计量特征研究结果相反。

植物对 C 的固定，N、P 的吸收具有一定的内在关系，其可以呈现植物体内 C∶N、C∶P、N∶P 在特定情况下的状况。本试验中，茎和叶 C∶N 变化不一致，其与苜蓿茎、叶中有机碳、全氮含量有直接的关系，茎 C∶N 随

表6-1 土壤有机碳、全氮、全磷含量与苜蓿茎、叶有机碳、全氮、全磷含量的偶联关系

土壤		茎有机碳			茎全氮			茎全磷			叶有机碳			叶全氮			叶全磷		
		2龄	5龄	7龄	2龄	5龄	7龄	2龄	5龄	7龄	2龄	5龄	7龄	2龄	5龄	7龄	2龄	5龄	7龄
有机碳	0~10 cm	1.000**	0.500	-0.500	-0.327	-0.500	0.327	-0.941	-0.866	0.444	0.655	0.655	-0.423	0.891	0.993	-0.500	0.982	0.866	0.427
	10~20 cm	0.899	0.999*	1.00**	-0.708	-0.999*	-1.000**	-0.994	-0.846	-0.866	0.257	0.974	-0.996	1.000**	0.362	-1.000**	0.966	-0.038	0.997
	20~40 cm	0.999*	-0.945	-1.00**	-0.371	0.945	1.000**	-0.955	0.982	0.866	0.619	-0.990	0.996	0.911	-0.676	1.000**	-0.990	-0.327	-0.997
全氮	0~10 cm	-0.327	0.866	0.997	1.000**	-0.866	0.590	0.629	-1.000**	-0.989	0.500	0.945	0.986	-0.721	0.803	0.997	-0.500	0.500	-0.986
	10~20 cm	0.327	-0.866	-0.982	1.000**	0.866	0.982	-0.629	0.500	0.756	-0.500	-0.756	0.995	0.721	0.115	0.982	0.500	0.500	-0.994
	20~40 cm	-0.655	0.866	0.000	-1.000**	-0.866	0.000	0.359	-0.500	-0.00	-1.000**	0.756	0.087	-0.24	-0.115	0.000	-0.500	-0.500	-0.082
全磷	0~10 cm	-0.929	-1.000**	-0.866	0.655	1.000**	-0.189	0.999*	0.866	0.832	-0.327	-0.982	-0.819	-0.996	-0.397	-0.866	-0.982	0.000	0.822
	10~20 cm	0.189	-0.993	1.000**	0.866	0.993	-1.000**	0.156	0.803	-0.866	0.866	-0.954	-0.996	-0.277	-0.289	-1.000**	0.000	0.115	0.997
	20~40 cm	-0.954	-1.000**	-0.993	0.596	1.000**	0.993	0.999*	0.866	0.918	-0.397	-0.982	0.980	-0.986	-0.397	0.993	-0.993	0.000	-0.981

注：** 表示在0.01水平上（双侧）显著相关。
* 表示在0.05水平上（双侧）显著相关。

第六章　不同时间尺度苜蓿-土壤 C、N、P 生态化学计量特征的研究

表 6-2　土壤 C:N、C:P、N:P 与苜蓿茎、叶 C:N、C:P、N:P 的偶联关系

土壤			茎 C:N			茎 C:P			茎 N:P			叶 C:N			叶 C:P			叶 N:P		
			2龄	5龄	7龄	2龄	5龄	7龄	2龄	5龄	7龄	2龄	5龄	7龄	2龄	5龄	7龄	2龄	5龄	7龄
C:N	0~10 cm		0.908	-1.000**	-0.472	0.951	-0.912	-0.712	0.998*	-0.756	-0.916	0.686	-0.879	-0.808	-0.882	-1.000**	-0.718	0.327	-0.904	-0.868
	10~20 cm		-0.573	0.669	-0.151	0.138	0.915	-0.905	-0.233	0.019	-0.730	-0.837	0.233	-0.565	-0.307	-0.909	-0.988	0.288	-0.653
	20~40 cm		-0.455	-0.634	0.997*	0.272	-0.895	-0.354	-0.097	0.027	0.737	-0.754	-0.188	0.805	-0.435	-0.346	-0.957	-0.243	0.866
C:P	0~10 cm		0.386	-0.225	-0.037	0.910	0.194	0.017	0.697	-0.808	-0.922	0.014	-0.663	-0.958	0.968	-0.225	0.008	0.397	-0.620	-0.984
	10~20 cm		0.771	0.558	-0.037	0.998*	0.849	0.969	0.950	-0.122	0.589	0.478	0.093	0.500	-0.973	0.558	0.971	0.075	0.150	0.400
	20~40 cm		0.323	0.721	-0.310	0.881	0.941	-0.824	0.647	0.091	-0.832	-0.052	0.302	-0.768	-0.949	0.721	-0.829	-0.458	0.355	-0.691
N:P	0~10 cm		-0.693	0.000	0.300	-0.018	0.410	0.830	-0.381	-0.655	0.826	-1.000**	-0.427	0.761	-0.156	0.000	0.835	-0.912	-0.478	0.684
	10~20 cm		0.971	0.327	0.075	0.875	0.686	0.935	0.991	-0.371	0.676	0.812	-0.164	0.500	-0.778	0.327	0.938	0.500	-0.108	0.594
	20~40 cm		0.908	0.500	-0.371	0.951	0.811	-0.786	0.998*	-0.189	-0.866	0.686	0.026	-0.808	-0.882	0.500	-0.791	0.327	0.082	-0.737

注：** 表示在 0.01 水平上（双侧）显著相关。
＊表示在 0.05 水平上（双侧）显著相关。

年龄呈下降趋势，且存在明显差异性；而叶 C∶N 先降低后升高，2 龄苜蓿最大，这与前人研究（Hooker，2003）结果不一致，前人发现 C∶N 随年龄呈增加趋势。受苜蓿茎、叶中有机碳、全磷的影响，茎和叶 C∶P 变化不一致，茎 C∶P 表现为随年龄降低的趋势，叶 C∶P 在 5~7 龄处于平稳状态。同时，N∶P 被经常用来反映植物是受 N 还是 P 限制，根据 Koerselman 和 Meuleman 提出的 N∶P 阈值，综合茎和叶 N∶P 分析判断，本试验中苜蓿在 2 龄时为 P 限制，在 5 龄、7 龄时为 N、P 共同限制。

2. 不同种植年限苜蓿地土壤 C、N、P 化学计量特征变化规律

固原市隆德县苜蓿种植地区，由于特殊的地理环境，植物枯落物、自然降雨是苜蓿草地土壤营养库 C、N、P 的主要来源。在本试验中，在 0~10cm 土层，土壤中有机碳、全氮、全磷随年龄呈增加趋势，其中全氮变化趋势与杨玉海（2005）、金凤霞（2014）、折凤霞（2013）研究结果一致；且表层 0~10cm 土壤养分明显高于 10~20cm、20~40cm 处，是由于种植苜蓿对土壤 C 有累积作用及苜蓿根系较强的固氮力，同时由于紫花苜蓿的侧根主要集中分布于表层土中，且随着刈割次数的增加而增加，从而改变了表层土壤养分含量。不同土层条件下，2 龄、5 龄、7 龄土壤有机碳、全氮含量随土层深度增加均呈下降趋势，7 龄土壤表现出较高的有机碳、全氮含量，再次证实了种植苜蓿可以改良土壤的说法。

不同年龄苜蓿地不同土层土壤 C、N、P 含量存在差异，进而也会影响化学计量比存在一定差异。本试验中，在 0~10cm 和 20~40cm 处，土壤 N∶P、C∶P 随年龄变化呈上升趋势，C∶N 则先升高后降低。不同土层条件下，2 龄、5 龄、7 龄苜蓿地土壤 N∶P、C∶P 随土层深度变化呈下降趋势，C∶N 没有统一的变化趋势。

五、小结

种植年限均能引起苜蓿茎、叶、土壤有机碳、全氮、全磷含量及计量比的变化。随种植年限变化，茎和叶有机碳变化趋势不明显；全氮、全磷增加上升趋势，且存在显著性差异。叶全氮、全磷含量明显远高于茎全氮、全磷含量。茎 C∶N 随种植年限呈降低趋势，且存在显著性差异；茎 C∶P 随种

植年限呈下降趋势，叶和茎 C：P 变化不一致，在 5~7 龄处于平稳状态；茎和叶 N：P，变化规律一致，随种植年限呈降低趋势。综合茎和叶 N：P 分析判断，苜蓿在 2 龄时为 P 限制，在 5 龄、7 龄时为 N、P 共同限制。不同年龄苜蓿地的不同土层土壤养分存在一定差异，表层 0~10cm 土壤养分明显高于 10~20cm、20~40cm 处；随着种植年限增加，土壤有机碳、全氮和 C：N、C：P、N：P 随着种植年龄呈增加趋势，全磷随年龄和土层变化不明显。相关性分析表明，不同种植年限苜蓿地土壤与苜蓿茎、叶有机碳、全氮、全磷及计量比在不同土层均存在极显著相关性。

第二节 不同茬次苜蓿-土壤 C、N、P 化学计量特征的研究

苜蓿蛋白含量高于玉米等粮食作物，是奶牛的重要优质饲草，食用苜蓿有利于提高饲料转化率及提升牛奶乳脂率。"振兴奶业苜蓿发展行动计划""粮改饲"持续推进，有力地促进了畜产业的快速发展，同时也大大增加了奶牛等食草动物对苜蓿的需求。

当前，关于苜蓿相关方面的研究，研究者在苜蓿品种选育、病虫害防治等方面取得了一定研究进展，但与国外先进水平相比仍存在一定的差距；在苜蓿 C、N、P 生态化学计量方面，研究者也进行了相关研究，王冬梅（2011）发现，苜蓿茎、叶 C：N 随生育期呈增加的趋势，根 C：N 呈降低的趋势；工惠等（2017）研究了年龄及茬次对紫花苜蓿化学计量特征的影响，发现苜蓿年龄和茬次的变化均能显著影响苜蓿叶和茎的 N、P 含量及 N：P；且随着年龄的增加，苜蓿由受 N 限制转变为受 P 限制；于辉（2008）发现随着刈割频率的增加，不同品种的苜蓿主根 C：N 或略有升高，且变化比较缓慢，或逐渐降低，且变化比较迅速。

在不同的生长环境下，植物 C、N、P 生态化学计量学也会有差异性。本研究以宁夏固原隆德县自然生态条件下苜蓿、土壤为研究对象，研究不同收割茬次苜蓿、土壤 C、N、P 含量及化学计量特征，阐明收割茬次对不同龄苜蓿-土壤 C、N、P 化学计量特征的影响，以期帮助我们了解自然生态条件下苜蓿的生长特性，及苜蓿-土壤整个生态系统养分供求和循环问题，为

宁夏固原隆德县提高苜蓿生产性能提供一定的理论依据。

一、不同茬次苜蓿茎、叶C、N、P化学计量特征变化规律

1. 不同茬次苜蓿茎、叶C、N、P及计量比的变化规律

苜蓿茎、叶有机碳、全氮、全磷含量变化及差异性分析结果见表6-3。由表6-3中可以看出，同龄苜蓿在不同茬次，茎、叶的有机碳、全氮、全磷含量均发生变化。2龄苜蓿叶全氮、全磷含量为3茬>2茬>1茬，且各茬存在显著性差异，有机碳与全氮、全磷含量变化不同，为3茬>1茬>2茬，差异性相同；茎全磷、有机碳含量与叶全磷、有机碳含量变化相同。5龄苜蓿叶、茎全氮、有机碳含量变化趋势一致，即1茬>3茬>2茬；全磷变化趋势不同，叶全磷为2茬>3茬>1茬，茎全磷为3茬>1茬=2茬，无差异性。7龄苜蓿叶、茎全氮、全磷含量变化趋势一致，即2茬>1茬>3茬；有机碳含量变化为3茬>1茬>2茬，与全氮、全磷含量变化不同。

同时也发现，不同龄苜蓿在不同茬次均表现出叶全氮、全磷含量高于茎全氮、全磷含量，且各龄苜蓿有机碳含量随茬次变化趋势相同。

2. 不同茬次苜蓿茎、叶C∶N、C∶P、N∶P变化规律

受有机碳、全氮、全磷含量变化的影响，C∶N、C∶P、N∶P也均发生变化，结果见表6-4。结果显示，2龄苜蓿叶、茎C∶N随茬次变化呈先降低后升高趋势，1茬>3茬>2茬，存在显著性差异；N∶P随茬次呈降低趋势，1茬>2茬>3茬；叶、茎C∶P随茬次变化趋势不同，叶C∶P先降低后升高，与叶C∶N变化趋势一致；茎C∶P呈降低趋势，与茎N∶P变化趋势一致。5龄苜蓿叶、茎C∶N随茬次变化趋势不同，叶C∶N呈上升趋势，3茬>2茬>1茬，茎C∶N先降低后升高，3茬>1茬>2茬；叶、茎C∶P随茬次变化趋势一致，先降低后升高，叶C∶P存在显著性差异（$P<0.05$），茎C∶P无差异性，叶、茎N∶P随茬次变化趋势不同，叶N∶P与叶C∶P变化趋势一致，1茬>3茬>2茬，2茬与1茬、3茬存在差异性，茎N∶P呈下降趋势，1茬>2茬>3茬，各茬无差异性。7龄苜蓿叶、茎C∶N、C∶P均随茬次变化呈先降低后升高趋势，3茬>1茬>2茬；叶、茎N∶P随茬次变化呈降低趋势，1茬>2茬>3茬，叶N∶P 1茬、2茬与3茬存在差异性，

茎 N∶P 各茬无差异性。

二、不同茬次苜蓿地土壤 C、N、P 化学计量特征变化规律

1. 不同茬次苜蓿地土壤 C、N、P 变化规律

受收割茬次的影响，土壤有机碳、全氮、全磷含量均存在不同程度变化，结果见表6-5。由表6-5中可以看出，2龄苜蓿土壤不同茬次全氮、全磷、有机碳含量变化趋势一致，呈先降低后升高，在3茬时有机碳和全氮含量较高，1茬时全磷含量较高。5龄苜蓿土壤不同茬次全氮含量先升高后降低，2茬>1茬>3茬，无差异性；全磷含量先降低后趋于稳定，1茬>2茬=3茬；有机碳含量呈上升趋势，3茬>2茬>1茬，无差异性。7龄苜蓿土壤不同茬次全氮含量与5龄全氮含量相反，先降低后升高；全磷与有机碳含量先降低后升高，1茬>3茬>2茬。

2. 不同茬次苜蓿地土壤 C∶N、C∶P、N∶P 变化规律

受有机碳、全氮、全磷含量变化的影响，C∶N、C∶P、N∶P 也均发生变化，结果见表6-6。由表6-6中可以看出，2龄苜蓿土壤不同茬次 C∶N、C∶P、N∶P 随茬次呈上升趋势，3茬>2茬>1茬，C∶P、N∶P 存在显著性差异。5龄与7龄苜蓿土壤 C∶N 含量随茬次呈先降低后升高趋势，3茬>1茬>2茬；C∶P 随茬次呈上升趋势，3茬>2茬>1茬，5龄 N∶P 变化呈先升高后降低趋势，3茬>2茬>1茬；7龄 N∶P 则呈上升趋势，3茬>2茬>1茬。

三、不同茬次苜蓿与土壤 C、N、P 含量及计量比间的偶联关系

1. 土壤 C、N、P 含量对苜蓿叶 C、N、P 含量的影响

通过对土壤与叶有机碳、全氮、全磷含量进行相关性分析，土壤与苜蓿叶有机碳、全氮、全磷均存在不同程度的相关性，结果见表6-7。2龄苜蓿1茬时叶有机碳与土壤有机碳时呈极显著正相关（$P<0.01$，$r=1$），与土壤全磷呈极显著负相关（$P<0.01$，$r=1$）；叶全氮与土壤有机碳呈极显著正相关（$P<0.01$，$r=1$），与土壤全磷呈极显著负相关（$P<0.01$，$r=1$）；3茬时叶全氮与土壤全氮、全磷呈极显著正相关（$P<0.01$，$r=1$）。5龄苜蓿1茬时叶全氮与土壤全氮呈显著相关性（$P<0.01$，$r=0.999$）；3茬时叶全氮

表6-3 不同茬次苜蓿有机碳、全氮、全磷含量

项目		全氮			全磷			有机碳		
		1茬	2茬	3茬	1茬	2茬	3茬	1茬	2茬	3茬
叶	2龄	41.9±0.283cA	46.6±0.184bC	48.4±0.000aA	2.20±0.0566bB	2.84±0.0354cA	3.19±0.0495aB	416±0.707cA	387±2.828bAB	466±2.828aA
	5龄	43.40±0.141aB	39.98±0.312aB	40.2±0.000aB	2.55±0.000aA	2.79±0.163aA	2.62±0.000aB	420±2.1211bA	395±3.536bB	493±6.364aA
	7龄	44.1±0.141bA	45.9±0.0849aA	40.0±0.000cB	2.63±0.0495bA	2.84±0.0354aA	2.63±0.0354bB	433±2.333abA	384±0.000bB	491±3.113aA
茎	2龄	16.5±0.0707cC	24.85±0.198aB	19.9±0.000bA	1.04±0.0778bA	1.69±0.0354aB	1.95±0.0141aA	437±2.121bA	416±3.536cA	477±2.121aA
	5龄	18.0±0.283aB	16.59±0.198bC	17.90±0.000aA	1.29±0.007aB	1.29±0.134aC	1.51±0.0000aB	440±5.657bA	400±3.536cB	484±0.000aA
	7龄	21.08±0.283bA	26.30±0.0212aA	17.80±0.000cA	1.59±0.0636bA	2.02±0.0354aA	1.43±0.0212bC	435±4.243cA	401±3.536bB	493±1.768aA

注：小写字母表示不同茬次间的差异性，大写字母表示不同年龄间的差异性，$P<0.05$。

表6-4 不同茬次苜蓿C：N、C：P、N：P比值

项目		C：N			C：P			N：P		
		1茬	2茬	3茬	1茬	2茬	3茬	1茬	2茬	3茬
叶	2龄	9.92±0.0778aA	8.32±0.0354cB	9.63±0.0566bB	188.9±4.759aA	136.7±2.69bA	146.4±3.182bB	19.05±0.332aA	16.44±0.255bA	15.2±0.240cA
	5龄	9.67±0.0212bA	9.88±0.007bA	12.25±0.148aA	164.4±0.898bB	142.0±9.702cA	187.9±2.291aA	17.02±0.049aB	14.38±0.976bB	15.34±0.000abA
	7龄	9.81±0.495bA	8.37±0.021bB	12.27±0.778aA	164.9±11.858abB	135.6±1.683bA	187.1±1.403aA	16.81±0.361aB	16.21±0.156aAB	15.23±0.205bA

第六章　不同时间尺度苜蓿-土壤 C、N、P 生态化学计量特征的研究

（续表）

项目		C:N			C:P			N:P	
		1茬	2茬	3茬	1茬	2茬	3茬	1茬	2茬	3茬
茎	2龄	26.4±0.263^{aA}	16.7±0.0282^{cB}	23.95±0.106^{bB}	423.3±3403^{aA}	245.1±7.163^{bAB}	244.5±2.885^{bC}	16.02±1.131^{aA}	14.65±0.410^{aA}	10.21±0.078^{bC}
	5龄	24.53±0.693^{bB}	24.2±0.516^{bA}	27.02±0.000^{bA}	340.1±6.116^{aB}	311.4±3.511^{aA}	320.3±0.000^{aB}	13.9±0.141^{aAB}	12.9±1.174^{aA}	11.9±0.000^{aB}
	7龄	20.62±0.184^{cC}	15.24±0.127^{bC}	27.67±0.975^{aA}	272.8±1.363^{bB}	197.6±5.098^{cB}	345.6±6.979^{aA}	13.2±0.544^{aB}	13.0±0.226^{aA}	12.5±0.184^{aA}

注：小写字母表示不同茬次间的差异性，大写字母表示不同年龄间的差异性，$P<0.05$。

表 6-5　不同茬次苜蓿土壤有机碳、全氮、全磷含量

土壤		全氮			全磷			有机碳		
		1茬	2茬	3茬	1茬	2茬	3茬	1茬	2茬	3茬
	2龄	0.99±0.059^{bB}	0.84±0.926^{bB}	1.06±0.161^{aB}	1.34±0.0307^{bA}	0.78±0.0289^{bA}	0.85±0.0235^{aB}	7.12±0.611^{bB}	6.17±0.929^{bB}	9.58±1.411^{aB}
	5龄	1.16±0.238^{aB}	1.26±0.209^{aA}	1.06±0.051^{aA}	1.35±0.067^{aB}	0.81±0.049^{bA}	0.081±0.012^{bA}	8.88±2.45^{aB}	9.33±1.5^{aA}	9.4±0.522^{aB}
	7龄	1.48±0.317^{aA}	1.23±0.0766^{aA}	1.31±0.248^{aA}	1.43±0.0616^{aA}	0.82±0.0232^{bA}	0.86±0.04386^{bA}	11.95±2.491^{aB}	9.23±0.656^{aB}	11.63±1.882^{aA}

注：小写字母表示不同茬次间的差异性，大写字母表示不同年龄间的差异性，$P<0.05$。

表6-6 不同茬次苜蓿土壤C:N、C:P、N:P比值

土壤年龄	C:N			C:P			N:P		
	1茬	2茬	3茬	1茬	2茬	3茬	1茬	2茬	3茬
2龄	7.20±0.244^{bB}	7.37±0.417^{bA}	9.00±0.089^{aA}	5.30±0.384^{cB}	7.87±0.946^{bB}	11.29±1.67^{aB}	0.74±0.034^{cB}	1.07±0.088^{bB}	1.26±0.188^{aB}
5龄	7.60±0.606^{bB}	7.45±0.164^{bA}	8.88±0.279^{aA}	6.52±1.61^{aB}	11.45±1.15^{bA}	11.59±0.716^{bB}	0.85±0.148^{cB}	1.54±0.167^{aA}	1.30±0.059^{aB}
7龄	8.10±0.155^{bA}	7.47±0.186^{cA}	8.88±0.306^{A}	8.33±1.429^{cA}	11.25±0.539^{bA}	13.48±1.531^{aA}	1.03±0.185^{bA}	1.51±0.059^{aA}	1.52±0.209^{aA}

注：小写字母表示不同茬次间的差异性，大写字母表示不同年龄间的差异性，$P<0.05$。

与土壤全氮、全磷呈极显著正相关（$P<0.01$，$r=1$）。7 龄苜蓿 1 茬时叶全氮与土壤有机碳、全磷呈显著相关性（$P<0.01$，$r=0.999$）；3 茬时叶全氮与土壤全氮呈极显著正相关（$P<0.01$，$r=1$）。

2. 土壤 C、N、P 含量对苜蓿茎 C、N、P 含量的影响

通过对土壤与茎有机碳、全氮、全磷含量进行相关性分析，结果见表 6-7。结果显示，2 龄苜蓿茎有机碳、全氮、全磷含量与土壤均存在不同程度的相关性，但均不显著，具体表现为：1 茬时茎有机碳与土壤全氮、全磷具有较强的负相关性（$r=-0.945$），茎全氮与土壤有机碳呈负强相关性（$r=-0.866$），与土壤全氮、全磷呈强正相关（$r=0.866$），茎全磷与土壤全氮、全磷呈极强正相关（$r=0.933$）；2 茬时茎有机碳、全氮与土壤全氮呈极强正相关（$r=0.918$、0.921）。5 龄苜蓿 1 茬时茎有机碳与土壤全氮、全磷呈强正相关（$r=0.866$），茎全氮与土壤全氮、全磷呈强负相关（$r=-0.866$），均不显著；3 茬时茎有机碳与土壤有机碳、全磷呈极显著较强负相关（$P<0.01$，$r=-1$），茎全氮、全磷与土壤有机碳、全磷呈显著较强正相关性（$P<0.01$，$r=1$）；2 茬与 1 茬、3 茬相比，茎与土壤有机碳、全氮、全磷含量相关性较弱。7 龄苜蓿 1 茬时茎有机碳与土壤有机碳、全氮呈强正相关性（$r=0.866$），茎全氮与土壤全氮、全磷含量呈强正相关（$r=0.866$）；茎全磷与土壤有机碳、全氮呈强负相关性（$r=0.866$）。2 茬时茎有机碳与土壤有机碳呈强正相关（$r=0.803$），茎全氮与土壤有机碳呈较强正相关（$r=0.945$），茎全磷与土壤有机碳则呈较强负相关（$r=0.945$）。3 茬时茎有机碳土壤全磷含量呈强正相关（$r=0.854$），茎全氮与土壤有机碳呈强正相关（$r=0.866$），与土壤全氮呈显著性正相关（$P<0.01$，$r=1$）；茎全磷与土壤全磷呈较强正相关（$r=0.945$）。

3. 土壤 C：N、C：P、N：P 对苜蓿叶 C：N、C：P、N：P 的影响

土壤和苜蓿叶 C：N、C：P、N：P 相关性分析结果见表 6-8。结果表明，2 龄苜蓿 1 茬时叶与土壤 C：N、C：P、N：P 均呈强负相关性 [$r>0.8$（绝对值）]，2 茬时叶 C：N、C：P、N：P 均与土壤 C：N 呈强负相关性 [$r>0.8$（绝对值）]，与土壤 C：P、N：P 相关性不强；3 茬时叶 C：N、

C∶P、N∶P与土壤C∶N、C∶P均呈强负相关，与N∶P则呈强相关性。5龄苜蓿1茬时叶C∶N、C∶P、N∶P与土壤C∶N、C∶P、N∶P相关性同2龄3茬相关性一致；2茬时叶C∶N、N∶P与土壤C∶N呈强负相关，与土壤C∶P呈强正相关［$r>0.8$（绝对值）］；3茬时叶C∶N与土壤C∶N呈显著强正相关（$P<0.01$，$r=1$）。7龄苜蓿1茬时叶C∶N、C∶P、N∶P与土壤C∶N相关性同2龄、5龄1茬相关性一致，与土壤N∶P相关性同2龄1茬相关性一致；同5龄1茬相关性相反。2茬时叶C∶N、C∶P、N∶P与土壤C∶N几乎无相关性，与土壤C∶P呈弱负相关，与土壤N∶P呈强负相关性。

4. 土壤C∶N、C∶P、N∶P对苜蓿茎C∶N、C∶P、N∶P的影响

土壤和苜蓿茎C∶N、C∶P、N∶P相关性分析结果见表6-8。结果表明，2龄苜蓿1茬时茎C∶N、C∶P、N∶P与土壤C∶N、C∶P呈强正相关；2茬时茎C∶N、C∶P、N∶P与土壤C∶N同1茬时相关性一致，与土C∶P无相关性；3茬时茎C∶N、C∶P、N∶P与土壤N∶P呈强正相关。5龄苜蓿1茬时茎C∶N、C∶P与土壤C∶N相关性同2龄苜蓿1茬时相关性一致，茎N∶P与土壤C∶N则相反；2茬时茎C∶N、C∶P、N∶P与土壤C∶N相关性同1茬时一致；3茬时茎C∶N、N∶P与土壤C∶P呈强负相关，与土壤N∶P呈显著正相关（$P<0.01$，$r=1$）；茎C∶P与土壤C∶P，呈强正相关，与土壤N∶P呈显著负相关（$P<0.01$，$r=-1$）。7龄苜蓿1茬、2茬茎C∶N、C∶P、N∶P与土壤均存在相关性，但相关程度不高，3茬时茎C∶N、C∶P与土壤C∶N呈强正相关，与土壤C∶N呈强负相关，茎N∶P比与土壤C∶N、C∶P相关性与前者相反。

四、小结

茬次变化均能引起苜蓿叶和茎有机碳、全氮、全磷含量及计量比的变化，且不同年龄苜蓿各茬次叶和茎有机碳、全氮、全磷含量及计量比变化趋势不同。同时，不同龄苜蓿在不同茬次均表现出叶全氮、全磷含量高于茎全氮、全磷含量。

第六章　不同时间尺度苜蓿-土壤C、N、P生态化学计量特征的研究

表 6-7　不同年龄土壤有机碳、全氮、全磷含量与苜蓿茎、叶有机碳、全氮、全磷含量的偶联关系

土壤		叶有机碳			叶全氮			叶全磷			茎有机碳			茎全氮			茎全磷		
		2龄	5龄	7龄	2龄	5龄	7龄	2龄	5龄	7龄	2龄	5龄	7龄	2龄	5龄	7龄	2龄	5龄	7龄
有机碳	1茬	1.000**	0.359	0.857	1.000**	0.463	0.999*	-0.500	0.500	-0.822	0.756	0.500	0.866	-0.866	-0.500	0.500	-0.778	0.000	-0.896
	2茬	0.721	0.327	-0.500	0.882	0.323	0.564	0.500	0.866	0.803	-0.397	-0.115	0.803	-0.390	0.000	0.945	0.596	-0.030	-0.918
	3茬	0.693	-0.064	-0.866	0.000	1.000**	0.500	0.866	0.866	0.803	0.756	-1.000**	0.480	0.500	1.000**	0.866	-0.866	1.000**	0.655
全氮	1茬	-0.500	0.988	0.515	-0.500	0.999*	-0.042	0.500	0.500	-0.569	-0.945	0.866	0.397	0.866	-0.866	0.866	0.933	-0.500	-0.896
	2茬	-0.721	0.327	-0.500	-0.882	0.323	0.564	0.500	0.500	0.803	0.918	0.397	0.397	0.921	-0.500	-0.500	-0.803	-0.526	-0.596
	3茬	0.721	-0.896	-0.500	1.000**	*0.500	0.500	0.866	0.866	0.115	0.756	-0.500	-0.023	0.500	0.500	1.000**	-0.866	0.500	0.189
全磷	1茬	-1.000**	0.359	0.857	-1.000**	0.463	0.999*	-0.500	0.500	-0.822	-0.945	0.866	0.397	0.866	-0.866	0.866	0.933	-0.500	-0.554
	2茬	-0.277	-0.189	-0.945	-0.528	-0.194	-0.115	0.866	0.866	0.217	0.115	0.397	0.397	-0.500	-0.500	-0.500	0.115	-0.526	-0.596
	3茬	0.721	-0.064	0.000	1.000**	1.000**	0.866	0.866	0.866	0.596	0.756	-1.000**	0.854	0.500	1.000**	*0.500	-0.866	1.000**	0.945

注：** 表示在 0.01 水平上（双侧）显著相关。
* 表示在 0.05 水平上（双侧）显著相关。

表6-8 不同年龄土壤C:N、C:P、N:P与苜蓿茎、叶C:N、C:P、N:P的偶联关系

茬次		叶C:N			叶C:P			叶N:P			茎C:N			茎C:P			茎N:P		
		2龄	5龄	7龄	2龄	5龄	7龄	2龄	5龄	7龄	2龄	5龄	7龄	2龄	5龄	7龄	2龄	5龄	7龄
C:N	1茬	-0.839	-0.866	-0.866	-0.872	-0.860	-0.866	-0.806	-0.866	-0.866	0.858	0.866	-0.500	0.862	0.861	-0.500	0.866	-0.866	-0.493
	2茬	-0.803	-0.866	-0.189	-0.872	-0.661	0.015	-0.866	-0.858	0.000	0.866	0.870	0.000	0.862	0.866	0.000	0.866	0.866	0.000
	3茬	-0.866	1.000**	-0.881	-0.860	0.989	-0.864	-0.866	-0.500	-0.856	-0.466	0.000	0.866	-0.619	0.000	0.878	0.454	0.000	-0.866
C:P	1茬	-0.891	-0.866	0.866	-0.860	-0.860	0.866	-0.916	-0.866	0.866	0.858	0.500	0.500	0.862	0.491	0.500	0.866	-0.500	0.506
	2茬	0.15	0.866	-0.327	-0.012	0.661	-0.513	0.000	0.858	-0.500	0.000	-0.507	0.501	-0.007	-0.500	0.501	0.000	-0.500	0.500
	3茬	-0.866	0.879	00.472	-0.860	0.931	0.504	-0.866	-0.866	0.517	-0.466	-0.945	-0.866	0.619	0.945	-0.878	-0.454	-0.945	0.866
N:P	1茬	-0.891	-0.866	-0.500	-0.860	-0.860	-0.866	-0.916	-0.500	-0.866	0.486	-0.500	-0.500	0.494	-0.509	-0.500	0.500	0.500	-0.493
	2茬	-0.397	0.500	-0.500	-0.510	-0.750	-0.314	-0.500	-0.514	-0.327	0.500	0.507	0.500	0.494	0.500	0.499	0.500	-0.500	0.500
	3茬	0.866	-0.027	-0.850	0.860	-0.148	-0.864	0.866	0.866	-0.876	0.885	1.000**	0.500	0.786	-1.000**	0.479	0.891	1.000**	-0.500

注：** 表示在0.01水平上（双侧）显著相关。
* 表示在0.05水平上（双侧）显著相关。

不同年龄苜蓿叶、茎C∶N、C∶P随茬次大部分呈先降低后升高趋势，N∶P则随茬次呈降低趋势，根据Koerselman和Meuleman提出的N∶P阈值，2龄苜蓿在1茬时受P限制，2茬时受N、P共同限制，3茬时受N限制；5龄苜蓿在1茬时受N、P共同限制，2茬、3茬时受N限制；7龄苜蓿在1茬时、2茬时受N、P共同限制，3茬时受N限制。

茬次变化也能引起土壤有机碳、全氮、全磷含量及计量比的变化。不同龄苜蓿土壤全氮、有机碳随茬次变化趋势不统一，全磷呈先降低后升高趋势，7龄较2龄、5龄具有较高的有机碳、全氮、全磷含量；C∶N、C∶P变化趋势与全氮、全磷相反。

苜蓿茎、叶C、N、P含量及C∶N、C∶P、N∶P与土壤均存在不同程度的相关性。

第七章　金银花枝条对苜蓿青贮发酵微生物多样性及有氧贮存稳定性研究

　　苜蓿在宁夏奶产业、肉牛和滩羊产业持续高质量发展过程中扮演着非常重要的作用。苜蓿生产的主要产品是干草，但因地理环境和气候特点，苜蓿在收获季节容易受到雨水侵袭，在调制成干草的过程中损失较大，只能通过青贮保鲜存放。但由于苜蓿可溶性碳水化合物、乳酸菌含量低且缓冲能高等原因，青贮过程中较难形成低 pH 值状态，极易发生细菌、霉菌等有害菌发酵，需通过青贮添加剂调控微生物代谢过程来改善发酵品。研究较多的有微生物促进添加剂，如乳酸菌、纤维素酶，以及化学抑制添加剂，如甲酸、丙酸、双乙酸钠等，两者对苜蓿发酵品质均有改善。然而，实际生产中，青贮窖开启后，苜蓿青贮质量往往不尽如人意，苜蓿在青贮及饲喂的过程中稳定性差，极易发生腐败、霉变，严重时还会产生真菌毒素，使青贮饲料营养大大损失，适口性变差，且使用化学添加剂其刺激性大、气味强、残留不易解决，给畜禽及畜产品带来巨大安全隐患。因此，寻求绿色、安全、无残留青贮添加剂改善苜蓿青贮发酵品质及有氧贮存稳定性是目前奶产业、肉牛和滩羊产业急需解决的共性问题。

　　金银花因其富含绿原酸、异绿原酸、木樨草素等多种抗菌、抗炎、抗病毒、抗氧化等功能活性成分及安全、无毒等优势而逐渐被应用于饲料添加剂，其不仅可以抑制致病菌的生长，也可以促进益生微生物的生长。有研究指出，金银花含有的双歧因子可以促进双歧杆菌和乳酸杆菌的生长，其含有的绿原酸、异绿原酸、木樨草素等可以抑制金黄色葡萄球菌、黄曲霉、白色念珠菌、大肠杆菌、绿脓杆菌、黑曲霉等致病菌种的活性。虽然金银花作为饲料添加剂使用取得了很好的效果，但是关于金银花作为青贮添加剂的研究目前报道较少,且关于金银花对青贮微生物的影响研究也不是非常全面。

综上所述,考虑人畜竞争,且金银花修剪产生的枝条同花一样含丰富的营养及功能活性成分,约为花的10倍,本章拟以金银花枝条为苜蓿青贮添加剂,采用不同处理与苜蓿混合厌氧发酵,结合高通量测序技术和常规分析测试手段,开展不同处理苜蓿青贮发酵品质、细菌及真菌多样性研究,明确各处理组发酵特性及营养品质的变化规律及差异性;明确各处理组细菌群落、真菌群落的组成及在门水平、属水平主要的优势菌群,并结合相关性热图,探究不同处理苜蓿青贮发酵品质与各菌种之间的相关性,筛选适宜金银花枝条添加比例;同时,开展开窖后添加金银花枝条发酵苜蓿青贮有氧稳定性研究,并与乳酸菌发酵苜蓿青贮有氧稳定性比较,评价金银花枝条在青贮饲料中的防霉防腐性能,为保障宁夏奶产业、肉牛及滩羊产业健康持续高质量发展提供技术支撑。

第一节 金银花枝条和乳酸菌对苜蓿青贮营养品质及微生物多样性的研究

一、苜蓿青贮现状

苜蓿是奶牛等草食动物的重要优质饲草,被誉为"牧草之王",是发展畜牧业的物质基础。目前,我国苜蓿生产的主要产品是干草,但因地理环境和气候特点,苜蓿在收获季节容易受到雨水侵袭,在调制成干草的过程中损失较大,青贮是解决这一问题经济而有效的措施。

青贮是一个复杂的微生物菌群如乳酸菌、腐败菌、酵母菌、霉菌、芽孢杆菌等的活动过程(马召稳,2019),微生物群落组成可直接影响青贮品质(王旭哲,2018),甚至进一步影响反刍动物瘤胃微生物群系。苜蓿由于可溶性碳水化合物含量低且缓冲能高等原因,青贮过程中较难形成低pH值状态,极易发生梭菌、杆菌等有害菌发酵,采用常规的青贮技术青贮所用时间长、稳定性差,并伴有腐败,渗漏等负面作用,难以调制优质的青饲料。因此,在苜蓿青贮过程中通常需要添加青贮添加剂,通过影响微生物活动控制发酵过程,从而改善青绿饲草青贮品质、提高乳酸菌发酵效率、降低营养成分损失、提高青贮的成功率（贾玉山，2018）。

青贮添加剂的种类繁多，作用各异。王福成等（2021）基于文献计量学研究了我国青贮饲料添加剂的研究进展，结果表明，2008—2018年青贮饲料添加剂研究最多的为微生物制剂乳酸菌、绿汁发酵液，以及酶制剂纤维素酶，两者均从一定程度上有效解决了苜蓿青贮时间长、不易青贮成功的难题。然而，实际生产中，青贮饲料的质量往往较差甚至不尽如人意，青贮发酵过程难以控制，且开窖后厌氧环境无法保证，青贮饲料极易发生二次发酵，青贮饲料中细菌、霉菌、酵母菌等有害微生物大量繁殖导致青贮饲料霉变、腐烂，使营养价值大大降低，适口性变差，更严重时还会产生黄曲霉、伏马毒素、T-2毒素、呕吐毒素等生物毒素。故青贮过程一般通过添加甲酸、山梨酸钾、丙酸、苯甲酸、食盐、双乙酸钠、甲醛等抑制有害细菌繁殖、促进乳酸菌繁殖等改善青贮饲料的品质（张增欣，2006；Yitbarek，2014）。这类抑制剂虽有良好的抑菌能力，但属于化学添加剂，其刺激性大、腐蚀性强，气味不良，且残留不易解决等问题。因此，寻求绿色、安全、无残留青贮添加剂改善苜蓿青贮发酵品质及贮存稳定性是目前奶产业、肉牛和滩羊产业急需解决的共性问题。中草药因具有绿色安全、高效、无残留、低成本等优势，逐渐被应用于青贮饲料添加剂。中草药作为饲料添加剂有着明显的双重作用，既具有营养性又具有药物性作用，与现在常使用的抗生素和一些化学类添加剂相比，饲喂中草药型添加剂不仅能提供动物能量物质还可以预防疾病。近年来，金银花是众多中药材中应用较为普遍的饲料添加剂之一。

二、宁夏金银花产业现状

近年来，随着压砂瓜产量、品质下降、土壤质量恶化、种植效益降低等农业及生态问题越来越多，宁夏政府将种植金银花作为硒砂地后续产业发展的优选。2017年，国家中药材产业技术体系中卫综合试验站在中卫市阳光沐场农牧有限公司南山台子基地试种金银花500亩获得成功，至2019年面积扩大至2 000亩，中宁县也种植近1 000亩，为当地产业结构调整树立了示范样板。2020年，中卫试验站又从山东等金银花主产区引进了5个金银花品种开展试验研究。经宁夏药品检验研究院检测，中卫金银花的绿原酸

3.1%（《中华人民共和国药典》1.5%）、木樨草苷 0.067%（《中华人民共和国药典》0.050%），质量显著高于国家药典标准，具有显著的经济效益、生态效益和社会效益。

金银花（*Lonicera japonica* Flos）为忍冬科忍冬属多年生半常绿缠绕型藤本植物，是我国传统的中药材，也是食药两用植物。李冬梅等（2018）采摘金银花植物的花蕾、叶片、嫩茎和籽，分析了金银花植物的各部位营养特性，结果表明，金银花各部位均含有丰富的营养，花蕾含有最高的粗蛋白质、粗多糖、绿原酸、异绿原酸 A、铁、钾、磷、必需氨基酸和总氨基酸含量，次高的灰分、粗脂肪、维生素 C、钠、铜含量，4 部位中营养最为丰富；叶片营养不逊色于花蕾；茎和籽的营养成分稍低，但茎含有最高的钠、次高的黄酮、锌、锰，并且绿原酸和木樨草苷的量达到《中华人民共和国药典》对金银花的含量标准。金银花各部位主要营养成分和活性成分含量见表 7-1 和表 7-2；矿物元素含量和氨基酸含量参考李冬梅（2018）。

表 7-1 金银花各部位营养成分含量   单位：%

营养成分	水分	灰分	粗蛋白质	粗脂肪	粗多糖
花	82.20±0.20	8.20±0.54	13.05±0.94	5.70±0.34	21.01±0.93
叶	67.72±1.08	12.60±0.19	12.16±0.50	3.67±0.57	12.42±0.25
茎	54.42±0.65	3.11±0.18	7.34±0.10	1.91±0.11	3.79±0.17

注：水分含量为鲜重，其余为干重。

表 7-2 金银花各部位活性成分含量

活性成分	绿原酸/%	异绿原酸/%	木樨草苷/%	多酚/%	黄酮/%
花	5.333±0.55	2.637±0.337	0.050±0.001	1.466±0.006	1.981±0.013
叶	3.156±0.59	1.220±0.097	0.434±0.009	1.454±0.012	2.226±0.003
茎	1.845±0.10	0.789±0.044	0.056±0.015	1.209±0.006	2.009±0.018

注：所有活性成分含量为干重。

（1）金银花对微生物的影响。现代研究证实，金银花的花、茎和叶具有相似的生物活性成分，具有抗菌、抗炎和抗氧化等多种生理功能。Seo

等（2012）研究了金银花提取物以丁羟基甲苯为阳性对照时其自由基还原力，结果表明金银花较 BHT 具有更强的抗氧化活性。此外，金银花提取物对大肠杆菌、金黄色葡萄球菌、芽孢杆菌、沙门氏菌、产气肠杆菌等都具有显著的抗菌作用。孙德梅等（2002）研究了金银花叶提取物的抗氧化活性和抑菌作用，结果表明，金银花叶的黄酮粗提物抑制大肠杆菌的活性是绿原酸粗提物抑菌效果的 2 倍，抑制金黄色葡萄球菌的活性是绿原酸粗提物的 4 倍。此外，王岱杰等（2013）研究表明，金银花叶含黄酮类、咖啡酰奎宁酸类化合物具有非常好的抗禽流感病毒活性，且抗禽流感病毒能力强于金银花。陈振兴等研究了金银花茎和叶提取物对饲料的防霉效果，结果表明，0.5% 浓度以上金银花茎、叶提取物添加入饲料后，对金黄色葡萄球菌、黄曲霉、白色念珠菌、大肠杆菌、绿脓杆菌、黑曲霉等致病菌种均具有良好的抑菌活性，其抑菌效果强于含量大于 10% 的绿原酸及木樨草苷粗提物。

金银花不仅可以抗菌、抗炎、抗病毒，而且可以促进有益微生物的生长。冉域辰等（2006）证实了金银花中含有的双歧因子可以促进双歧杆菌和乳酸杆菌的生长。此外，李振武等（2017）研究了不同浓度的 5 种补益类中草药和 5 种清热解毒类中草药青贮添加剂提取液对发酵乳酸菌体外生长的影响，结果表明，黄芪、五味子和金银花对狼尾草乳酸菌体外生长的促进有显著影响。

（2）金银花发酵后对微生物的影响。有研究认为，中药通过微生物的发酵作用之后，中草药细胞壁被破碎，使有效物质溶出，从而提高了有效活性物质的浓度（陆欣媛，2006），原有不能被直接利用的有效活性大分子物质被分解成相对分子量较小的物质，并且中药自身的有效成分和活性物质都能够得到最大限度地提取，且发酵后的药物进入动物体后吸收快。陆承云等（2018）研究表明 1 株曲霉菌 GL625 对金银花及叶进行固体发酵后绿原酸和芦丁含量有所降低，而木樨草苷含量增加，且金银花发酵产物乙醇提取液对枯草芽孢杆菌、金黄色葡萄球菌、大肠埃希菌的抑菌活性明显强于未发酵组。陈学红等（2013）研究表明乳酸菌发酵金银花发酵液对·OH 自由基的清除及抑制脂质过氧化均具有抗氧化活性。王曼等（2020）研究了添加发酵金银花渣饲料对生长育肥猪生产性能的影响，结果表明，添加发酵金银花饲料替代同等比例的基础饲粮，可以显著提高育肥猪的生长性能和肉品质。虽然，金银花作为饲料添加剂使用取得到了很好的效果，但关于金银花用作青贮添加剂的研究目前报道较少，其对青贮微生物的影响研究也不是非常全面。

三、材料和方法

1. 试验设计及材料

金银花枝条（2021年7月18日收获），自然风干，由中卫阳光沐场有限公司提供。苜蓿样品（2021年7月18日收获）采自宁夏千叶青农业技术发展有限公司，风干后含水量为63.8%。乳酸杆菌接种物，含有植物乳酸杆菌和其他乳酸菌种类，活菌计数为1.0×10^{11} CFU/g，由ASIM生物技术有限公司提供。

按不同比例将切断后的金银花枝条与苜蓿混合均匀后装入28cm×40cm的双层聚乙烯青贮袋中，用真空打包机抽真空密封，于室温下贮藏发酵45d。每个处理三次重复，发酵结束后，均匀地采集样品：一部分用于营养指标的测定，另一部分用于DNA的提取。具体试验设计详见表7-3。

表7-3 苜蓿青贮发酵试验设计　　　　　　　　单位:%

水平	发酵试验	
	未添加乳酸菌组 M	添加乳酸菌组 R
1	0	0
2	5	5
3	10	10
4	15	15
5	20	20

注：添加乳酸菌R组喷施乳酸菌活菌数为1.0×10^{11} CFU/g。

2. 营养品质的测定

样品pH值测量使用测量S-3C精密仪表（上海精密科学仪器有限公

司），称取 10g 样品加入 90mL 蒸馏水，榨汁机里均质 1min，滤纸和四层纱布过滤获得滤液进行 pH 分析。干物质（DM）含量采用"饲料中水分的测定"中概述的方法测定，DM 含量计算为 1 减去水分含量。水溶性碳水化合物（WSC）含量采用分光光度法定量，按照"饲料中总糖的测定"。总氮（TN）含量采用凯尔达尔法测定，如"饲料中粗蛋白质的测定"所述，粗蛋白质（CP）含量由总氮（TN）乘以 6.25 得到。酸性洗涤纤维（ADF）和中性洗涤纤维（NDF）的测定方法分别符合 NY/T 1459—2022 和 GB/T 20806—2022 的测定标准。采用苯酚-次氯酸钠比色法测定氨氮含量。采用高效液相色谱法对乳酸、甲酸、丙酸等有机酸（乳酸、甲酸、乙酸、丙酸）进行定量分析。

3. 微生物多样性测定

发酵饲料采用 Hibind Stool DNA Mini Kit B 试剂盒提取 DNA，用 0.8%的琼脂糖凝胶和 Nanodrop 2000c 检测 DNA 纯度和浓度。通过引物 338F（5′-ACTC CTACGGGAGGCAGCA-3′）和 806R（5′-GGACTACHVGGGTWTCTAA-T-3′）获得细菌 16S rRNA 基因 V3~V4 高变异区。扩增产物采用 TruSeq© DNA PCR-Free Sample Preparation Kit 建库试剂盒进行文库构建，然后在 Illumina NovaSeq 6000 平台上进行 2×250bp 的双端测序及数据分析。测序序列利用 QIIME 2 软件进行质量过滤、引物剪切、序列拼接等数据分析，聚类形成操作分类单元（OTU），然后与 Silva.138 数据库比对并进行物种分类注释分析，获得分类学信息及分别在各个分类水平的群落组成，以 Shannon、Simpson、Chao1 和 Ace 4 个 α 多样性指数来分析微生物菌群的丰富度和均匀度。

4. 统计分析

采用 Excel 2010 和 SPSS 23.0 进行数据统计分析，所有数据均以平均值±标准误（SE）表示，采用 One-Way ANOVA 进行方差分析，采用最小显著极差法（LSD）对差异显著的数据进行多重比较，$P<0.05$ 表示差异显著，$P<0.01$ 表示差异极显著。采用 QIIME 2 软件进行 OTU 分析、Alpha 多样性分析、微生物群落相对丰度及组成分析。

四、结果分析

在未添加乳酸菌（M）的处理组中，加入不同比例的金银花枝条显著改变了 pH 值、NH_4^+-N、TN 和粗蛋白质含量（$P<0.05$）。其中，金银花枝条比例增加，pH 值显著降低，与 CK 比较，金银花枝条添加比例 25% 处理 pH 值显著下降 6.8%。同时，NH_4^+-N、TN 和粗蛋白质水平随金银花比例的增加而呈下降趋势。引入乳酸菌（R）后，除粗灰分含量外，各营养指标均有显著变化（$P<0.05$）。随着金银花比例的增加，干物质含量显著增加（$P<0.05$），与 CK 相比，25% 处理组的干物质含量增长 20.02%，如表 7-4 所示。

未添加乳酸菌时，丙酸、可溶性碳水化合物、中性洗涤纤维和酸性洗涤纤维的含量在金银花比例 25% 时最高。添加乳酸菌后，以金银花枝条比例 20% 处理组具有最大值。此外，对于乳酸，以金银花枝条比例 10% 处理含量最高，乙酸以金银花枝条比例 5% 处理含量最高，如表 7-5 所示。

采用金银花枝条作为青贮添加剂时，不同处理的苜蓿青贮经厌氧发酵 45d 后，其微生物种群存在显著差异性（图 7-1a）。对细菌（图 7-1b）和真菌（图 7-1c）群落的 PCoA 分析显示，通过数据降维，细菌和真菌数值距离存在明显的差异。各处理组间的样本点显著分离，这表明不同处理对不同微生物种群有明显的影响。此外，主成分 PC1 和 PC2 共同占总变异性的 60% 以上，强调了它们在解释微生物群落结构方面的重要性。

alpha 多样性分析揭示了物种丰富度和不同浓度乳酸菌掺入对整体微生物群落的影响。在未添加乳酸菌的情况下，金银花枝条比例对细菌 Shannon 指数有显著影响（$P<0.05$），对真菌的 alpha 多样性基本没有影响（图 7-2a）。引入乳酸菌后，不同金银花枝条比例处理苜蓿青贮的细菌 Ace 指数和真菌 Sobs 指数（图 7-2b）发生显著变化（$P<0.05$）。结果表明，乳酸菌的添加改变了整个微生物群落的一致性和相互作用。此外，微生物 alpha 多样性指数对应的稀释曲线证实了测序深度的充分性，也证实了所观察到的微生物多样性变化模式的可靠性。

表 7-4 添加金银花皮条后对苜蓿青贮营养品质和发酵品质的测定

	处理	pH 值	铵态氮/(g/kg)	全氮/(g/kg)	干物质/(g/kg)	粗灰分/(%, DW)	粗蛋白质/(%, DW)
M	CK	5.86±0.0033^a	1.86±0.0033^a	35.66±0.0219^a	28.68±0.0289^{ab}	11.78±0.0318^b	22.28±0.0577^a
	5%	5.51±0.0067^b	1.75±0.0058^b	34.69±0.0058^b	28.23±0.0635^{ab}	12.17±0.0696^a	21.68±0.0133^b
	10%	5.40±0.0088^d	1.61±0.0569^c	34.82±0.0115^b	28.31±0.3175^{ab}	11.41±0.0176^c	21.76±0.0265^c
	15%	5.41±0.0033^d	1.56±0.0233^{cd}	35.00±0.0067^b	28.93±0.0953^a	10.71±0.0722^d	21.88±0.0058^d
	20%	5.32±0.0120^e	1.56±0.0203^{cd}	31.06±0.0120^c	28.99±0.7534^a	12.26±0.0328^a	19.41±0.0120^e
	25%	5.46±0.0033^c	1.48±0.0260^d	31.05±0.3733^c	27.77±0.2944^b	10.63±0.0186^d	19.40±0.0367^f
R	CK	5.48±0.0058^a	1.83±0.0267^a	35.63±0.3167^a	26.38±0.0751^c	12.24±0.0291^a	22.27±0.0120^a
	5%	5.35±0.0133^b	1.74±0.0551^{ab}	33.37±0.0462^d	27.16±0.1039^c	11.35±0.3238^b	20.86±0.0133^b
	10%	5.23±0.0033^c	1.65±0.0726^b	34.62±0.0788^b	27.53±0.2107^c	11.37±0.0306^b	21.64±0.0145^c
	15%	5.10±0.0033^d	1.42±0.0600^c	32.42±0.0433^f	29.34±1.1229^b	10.96±0.0351^{bc}	20.26±0.0058^e
	20%	4.94±0.0033^e	1.42±0.0153^c	33.87±0.0338^c	31.80±0.2136^a	10.84±0.0120^c	21.17±0.0067^f
	25%	4.93±0.0000^e	1.59±0.0296^c	32.92±0.0702^e	31.66±0.0231^a	10.83±0.1048^c	20.58±0.0203^d

注：每列中的不同字母表示在 LSD 检验中 $P<0.05$ 处理间的显著差异。

第七章 金银花枝条对苜蓿青贮发酵微生物多样性及有氧贮存稳定性研究

表7-5 添加金银花枝条后对苜蓿青贮营养品质和发酵品质的测定

	处理	乳酸/(mg/g)	乙酸/(mg/g)	丙酸/(mg/g)	可溶性碳水化合物/(g/kg)	中性洗涤纤维/(%, DW)	酸性洗涤纤维/(%, DW)
M	CK	13.72±0.0219^c	73.86±0.0333^b	1.05±0.0033^d	53.21±0.2483^d	34.1±0.0120^f	30.83±0.0120^e
	5%	14.79±0.0467^a	80.24±0.1202^a	0.93±0.0088^e	54.44±0.1483^c	34.5±0.1387^e	30.70±0.0233^f
	10%	12.80±0.0551^e	66.11±0.0291^e	1.27±0.0067^c	55.48±0.1576^b	35.2±0.0100^d	31.31±0.0153^d
	15%	14.83±0.0219^a	69.51±0.1422^d	1.31±0.0088^b	52.23±0.0865^e	36.6±0.0088^c	32.42±0.02058^c
	20%	14.59±0.0219^b	69.72±0.0900^c	1.28±0.0067^c	50.85±0.2641^f	37.6±0.0577^b	33.09±0.0551^b
	25%	13.59±0.0321^d	60.86±0.0945^f	1.79±0.0100^a	59.28±0.3002^a	40.7±0.0153^a	33.77±0.0153^a
R	CK	12.36±0.0551^d	69.85±0.0441^c	1.14±0.0033^e	52.32±0.1067^e	33.40±0.0577^f	32.03±0.0153^c
	5%	13.95±0.0467^c	77.69±0.0551^a	0.93±0.0067^f	49.10±0.3321^f	35.20±0.0176^e	30.15±0.0549^f
	10%	15.13±0.0551^a	71.42±0.0433^b	1.35±0.0167^b	55.52±0.1674^d	36.80±0.0208^d	31.14±0.0521^e
	15%	14.80±0.0467^b	55.12±0.0393^e	1.92±0.0467^a	57.34±0.0929^b	38.60±0.0231^c	32.59±0.0088^b
	20%	14.82±0.0551^b	48.18±0.0441^f	1.43±0.0067^b	59.23±0.0899^a	40.50±0.0328^a	33.09±0.0636^a
	25%	11.84±0.0467^e	59.22±0.0636^d	1.44±0.0819^b	56.18±0.0533^c	40.30±0.0410^b	31.68±0.1590^d

注：每列中的不同字母表示在LSD检验中$P<0.05$处理间的显著差异。

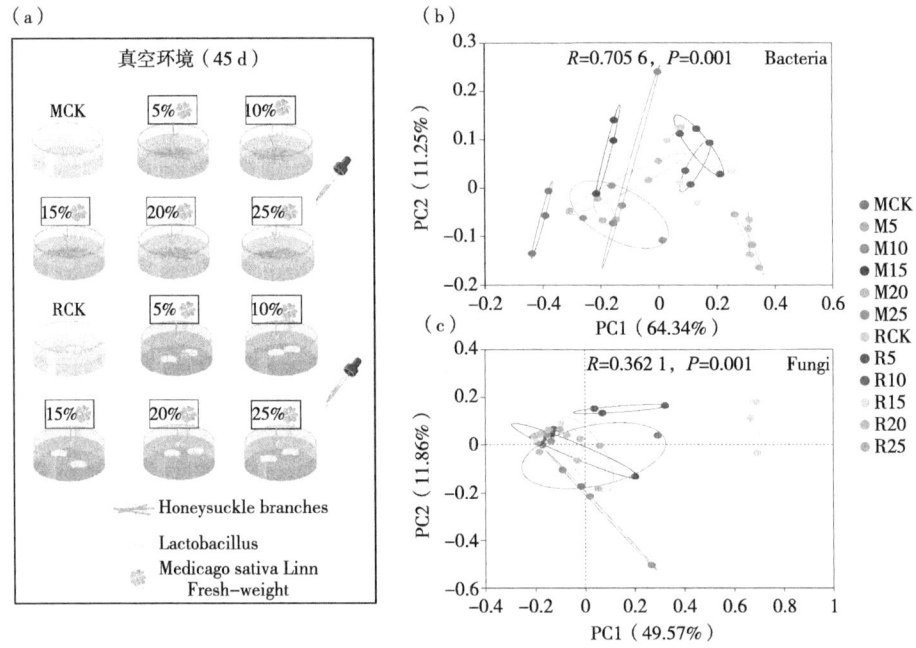

图 7-1 试验设计示意图（见书后彩图）

注：(a) 基于 bray-curtis 距离的细菌 (b) 和真菌 (c) 的 PCoA 分析、OSIM 检验、百分比表示主成分解释样本组成差异的程度。

物种丰度图可以说明不同处理条件下的优势种群。无论如何添加乳酸菌，肠球菌、乳酸菌和魏斯氏菌在绝对丰度方面始终占主导地位。添加乳酸菌后，所有处理的肠球菌丰度在不同浓度上都有所下降，这与乳酸杆菌比例的增加相平行（图 7-3a）。这一转变表明乳酸菌在微生物群落中具有关键的调节功能。对细菌 OTUs 的 Venn 图分析显示，M 处理组核心 OTU 计数为 86个，R 处理组的数量略低，为 76 个（图 7-3b）。相比之下，真菌群落表现出与细菌群落不同的模式。在优势真菌中，排除一种无法识别的类型外，Issatchenkia 和 Wickerhamomyces e 表现出明显的丰度优势。有趣的是，Clavispora 对金银花枝条添加比例比对添加乳酸菌更敏感，在金银花枝条比例 10% 浓度下，无论是否添加乳酸菌，都显示出较高的丰度（图 7-3c）。与细菌相似，真菌核心 OTU 计数也有类似的趋势，添加乳酸菌导致核心真菌 OTUs 数量减少（图 7-3d）。

采用 LEfSe 分析方法鉴定不同试验条件下的微生物鉴定标记。通过应用

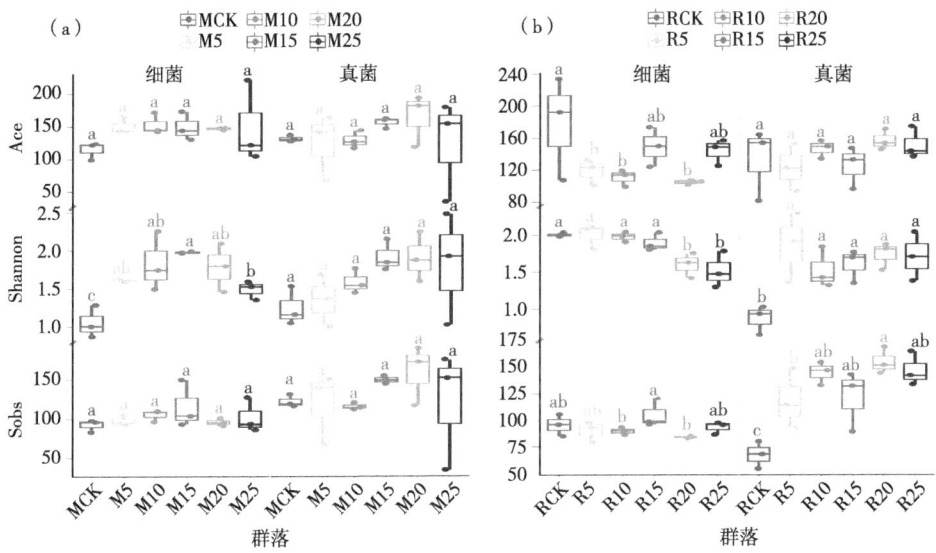

图 7-2　基于 LSD 方法差异检验的微生物 α 多样性指数箱线图（见书后彩图）

注：未添加乳酸菌的处理组（a）和添加乳酸菌处理组（b）。

LDA 评分阈值来识别每种情况下的生物标志物（图 7-4）。在细菌群落中，乳杆菌属（*Lactobacillus*）、海洋杆菌（*Oceanobacillus*）、葡萄球菌科（Staphylococcaceae）、气球菌科（Aerococcaceae）和红环菌科（Denitromonas）是 M 处理组中重要的生物标志物（图 7-4c）。值得注意的是，在添加乳酸菌后，生物标志物谱发生了显著的变化。例如，乳杆菌属（*Lactobacillus*）、微球菌（*Micrococcales*）、片球菌属（*Pediococcus*）、肠球菌（*Enterococcus*）、类肠膜魏斯氏菌（*Weissella_paramesenteroides*）被鉴定为独特的生物标志物（图 7-4d）。相比之下，真菌群落在生物标志物筛选过程中对乳酸菌的添加表现出较高的敏感性。具体来说，在 M 处理组中，只有有限数量的生物标志物通过了筛选（图 7-4b），在添加乳酸菌 R 处理组中，更多的生物标志物被鉴定，包括异常威克汉姆酵母菌（*Wickerhamomyces anomalus*）、浮霉菌门（Phaffomycetaceae）、圆孢线黑粉菌（*Filobasidium globisporum*）、银耳纲（Tremellomycetes）、线黑粉菌（*Filobasidium*）、白粉菌科（Erysiphaceae）、锤舌菌纲（Leotiomycetes）、汉纳酵母属（*Hannaella*）、菌生格孢菌（*Pleosporaceae*）、链格孢菌（*Alternariatenuissima*）、解脂亚罗酵母（*Yarrowia*）、双足囊菌科（Dipodascaceae）、东方伊萨酵母（*Issatchenkia*）、子囊菌门（Asco-

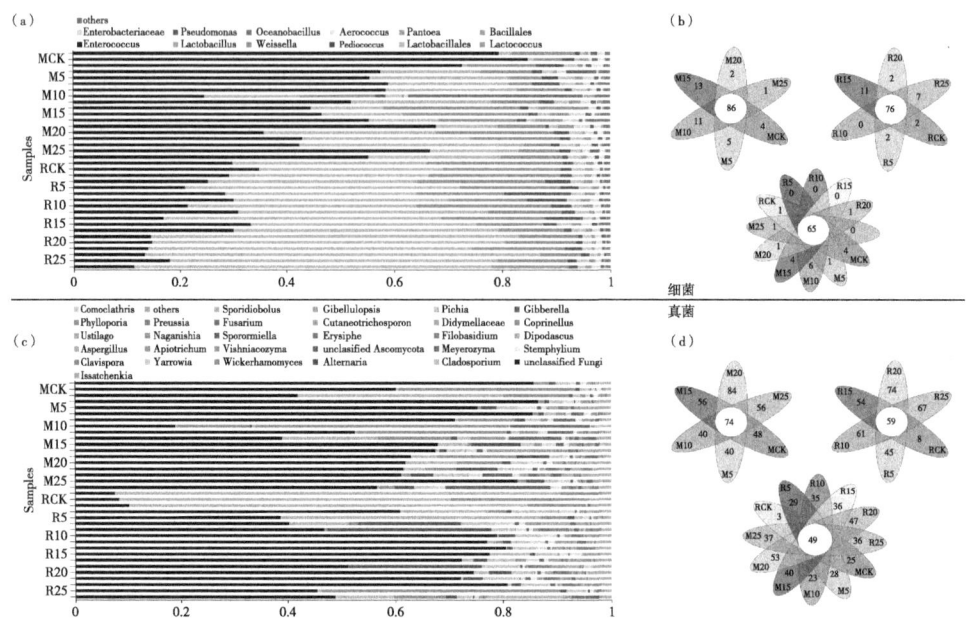

图7-3 基于属水平分布的细菌（a）和真菌（c）的物种组成与基于OTU水平的Venn图细菌（b）和真菌（d）（见书后彩图）

mycota）、地霉双足囊菌（*Dipodascus*）。

利用Mantel检验将各处理中的化学成分与细菌群落、预测的细菌功能集、真菌群落和FUNGuild功能集相关联（图7-5）。结果表明，在添加乳酸菌之前，细菌种群与pH值和乳酸具有显著的相关性（图7-5a）。添加乳酸菌后，种群组成的变化促进了TN、NH_4^+-N、中性洗涤纤维和粗蛋白质，它们是细菌群落结构的重要驱动因素（图7-5b）。各处理真菌群落也观察到类似的现象；在没有乳酸菌的情况下，真菌群落和FUNGuild功能集两者与化学变量均不相关（图7-5c）。添加乳酸菌后，pH值、铵态氮和粗蛋白质与种群和FUNGuild功能集显著相关，其中pH值是一个显著因子（图7-5d）。

根据化学成分与微生物群落的相关性，采用预测功能的差异分析，精确监测试验条件对微生物功能变异性的影响（图7-6）。研究结果显示，乳酸菌的引入，无论添加金银花枝条的比例高还是低，导致了特定的真菌组合（Undefined Saprotroph）和细菌功能的出现，包括组氨酸激酶、6-磷酸-葡萄糖苷酶、DNA定向DNA聚合酶和DNA解旋酶（图7-6a和b）。此外，在相

第七章 金银花枝条对苜蓿青贮发酵微生物多样性及有氧贮存稳定性研究

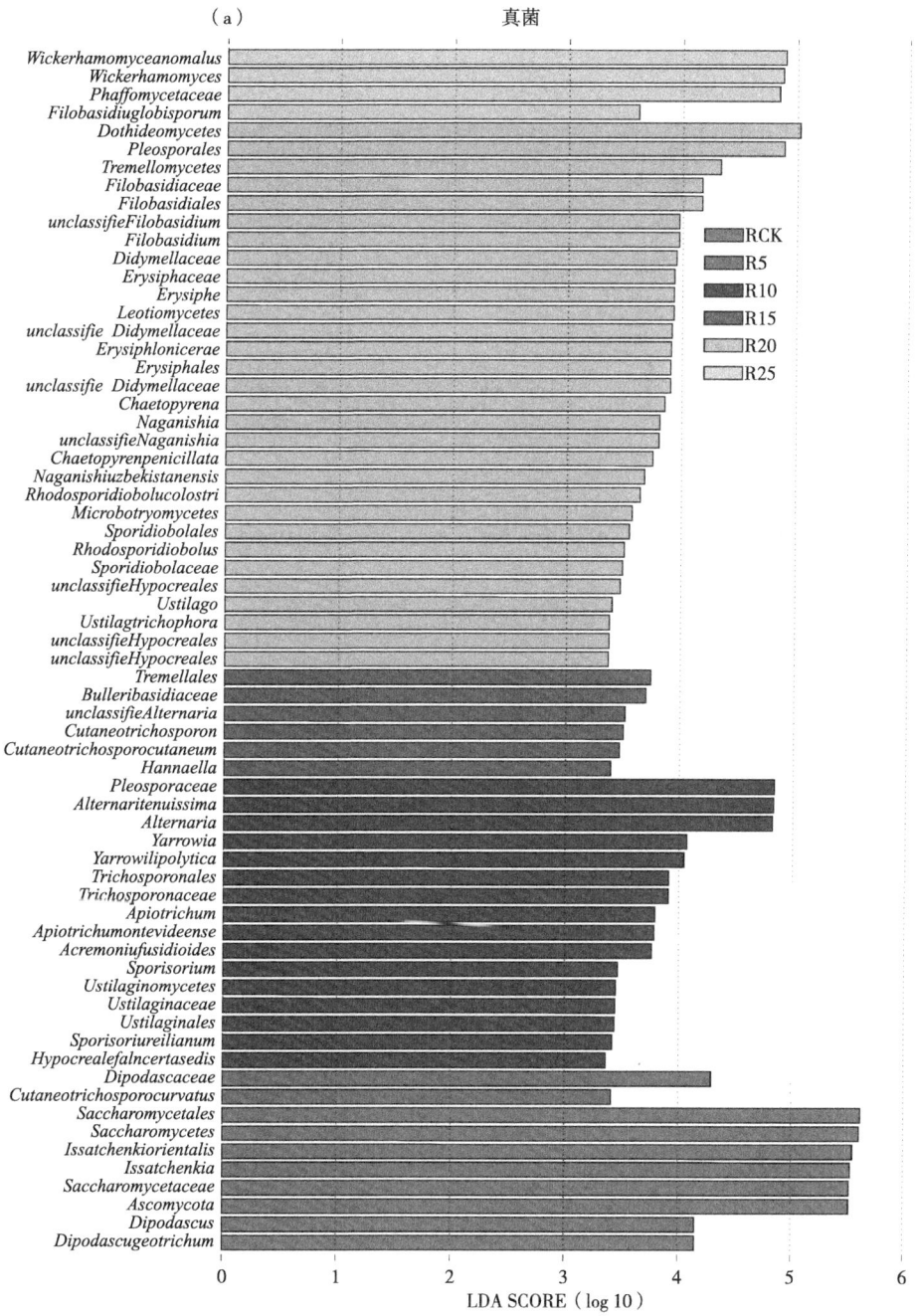

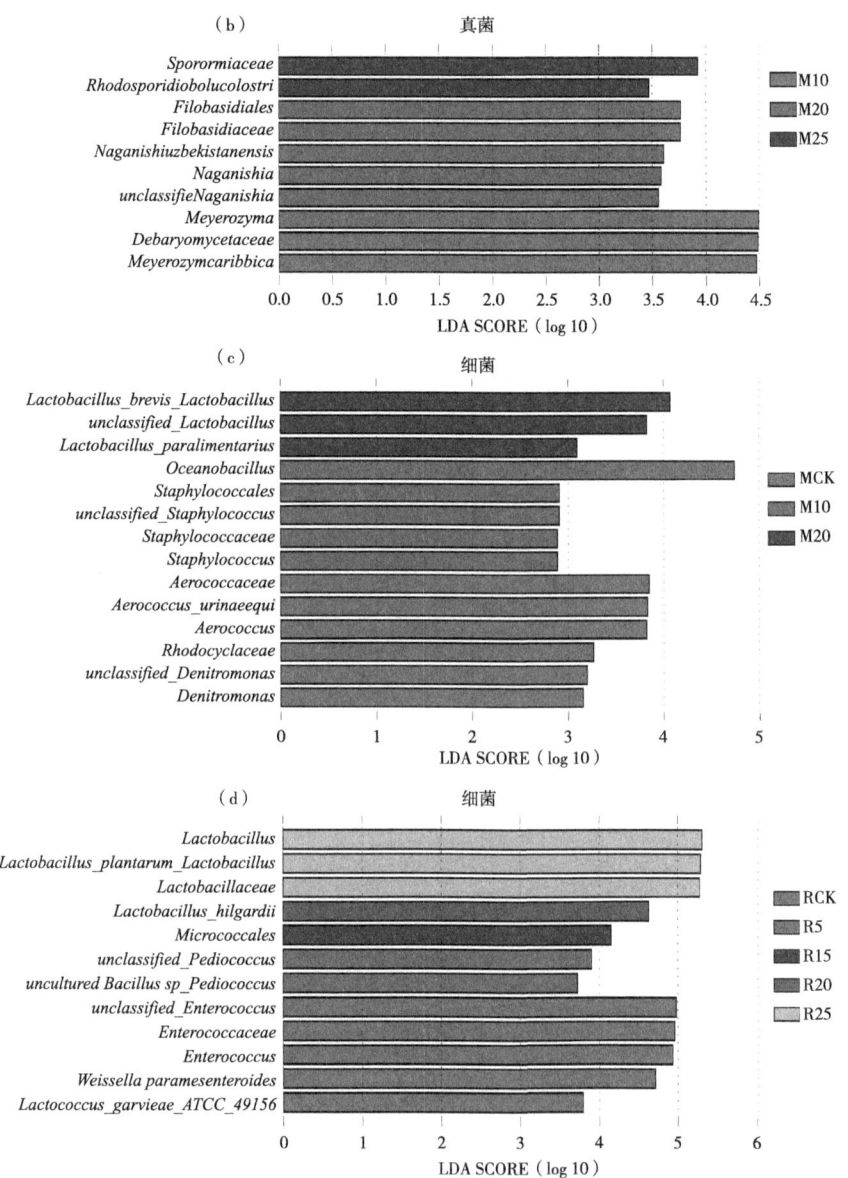

图 7-4　不同条件下的生物标志物筛选 LEfSe 分析图（见书后彩图）

注：细菌（c 和 d）和真菌（a 和 b）的筛查阈值为 LDA 评分≥2。不同的颜色表示不同的试验处理。

同的乳酸菌条件下，添加不同比例的金银花枝条进一步促进了这种功能多样性，显著增强了真菌植物病原体和细菌磷酸甘油酸突变酶（2,3-diphospho-

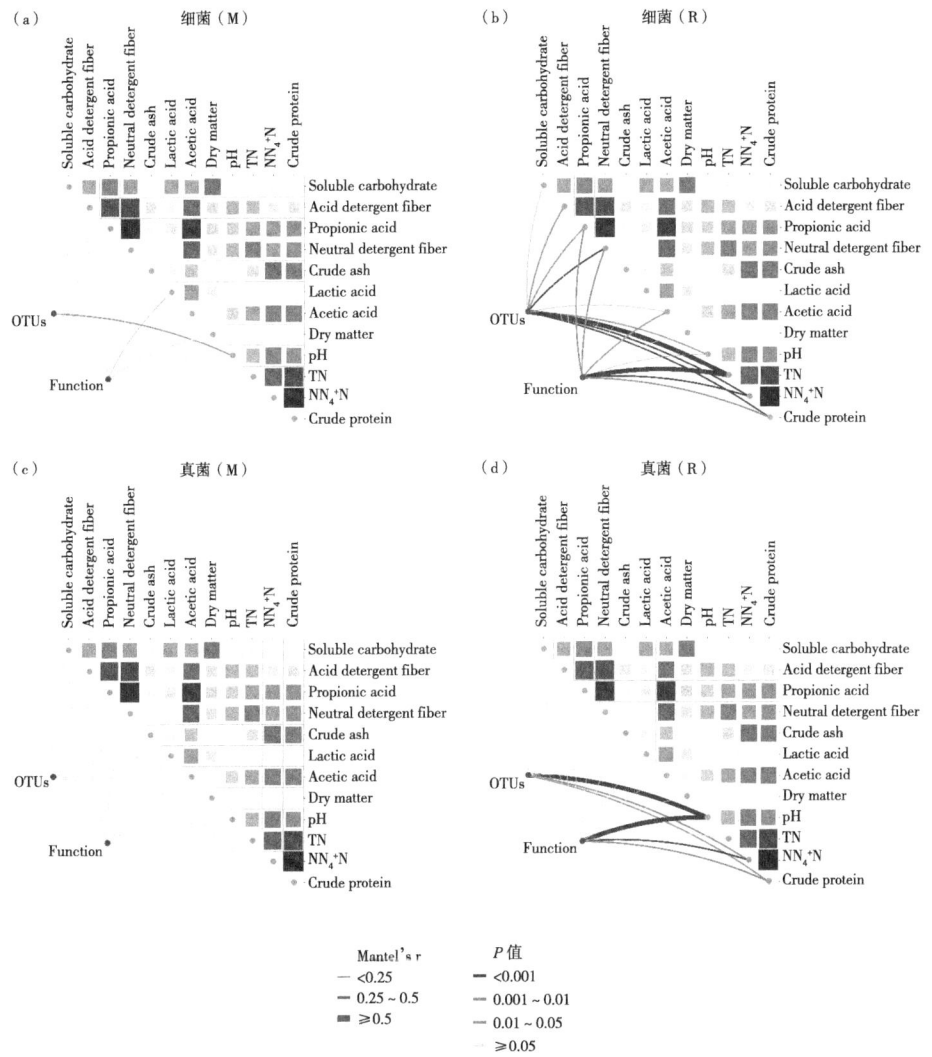

图 7-5 颜色梯度显示了环境因素的成对比较（见书后彩图）

注：Mantel 检验用于分别显示细菌群落组成和基于 PICRUSt2 的预测功能集与环境因素（a 和 b）的相关性，以及真菌群落和基于 FUNGild 的功能集成与环境变量（c 和 d）的相关性。每个连接的边缘宽度与基于 Mantel 检验的相关性相匹配。

glycerate-independent) 的预测功能。

在不同的乳酸菌条件下，构建了细菌和真菌种群之间的相互作用网络（图 7-7）。将乳酸菌引入细菌群落不仅增加了变形菌门和放线菌门网络的

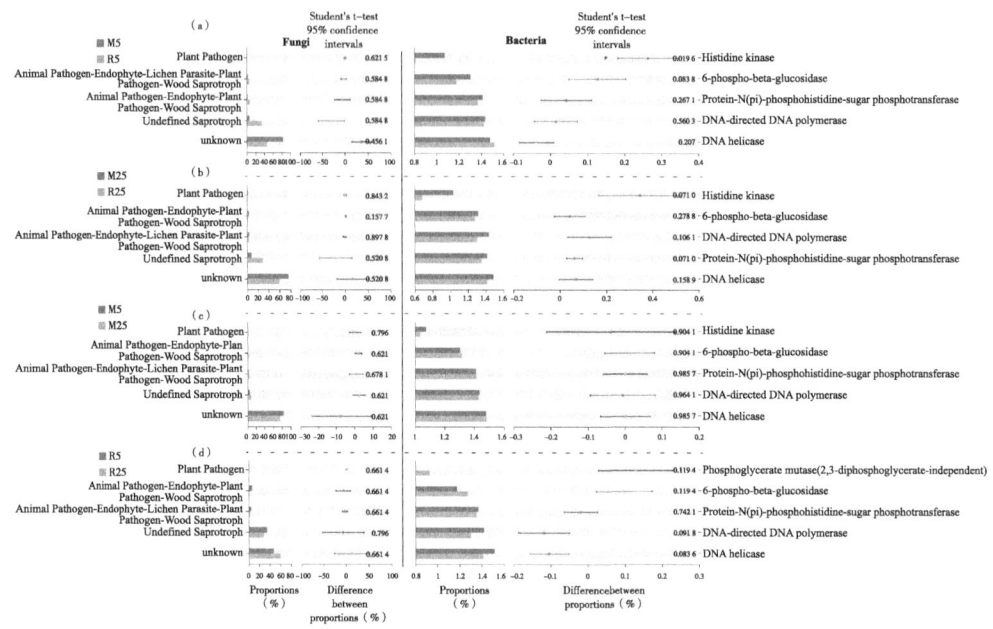

图 7-6 基于 KEGG_Level 2 的细菌和真菌功能差异（见书后彩图）

注：带有扩展误差条的图表描绘了不同治疗组之间的差异，*$P<0.05$。

比例优势（图 7-7a 和 b），而且减少了网络节点和边缘，形成了更同质化的结构（表 7-6）。细菌网络拓扑结构中负调控关系的比例的增加和模块化指数的增加进一步证明了这种均匀性的趋势。相反，真菌相互作用网络表现出不同的结果，添加乳酸菌增强了网络的连通性（图 7-7d），降低了模块化指数，引导真菌网络走向更复杂的熵结构，显示出更大的稳定性。利用测序数据构建系统发育树，追踪培养系统内的未知微生物物种（图 7-8）。识别在进化上接近于未分类物种的细菌和真菌，为促进青贮饲料的发展和阐明相关的微生物发酵机制提供了见解。例如，在细菌系统发育过程中，一个未分类的细菌与假单胞菌表现出密切的进化关系（图 7-8a）。同样，在真菌系统发育过程中，发现一个未分类的下胰腺目物种在进化上与花生很接近（图 7-8b），这表明这两个类群之间可能存在相似的功能属性和生活史策略。

第七章 金银花枝条对苜蓿青贮发酵微生物多样性及有氧贮存稳定性研究

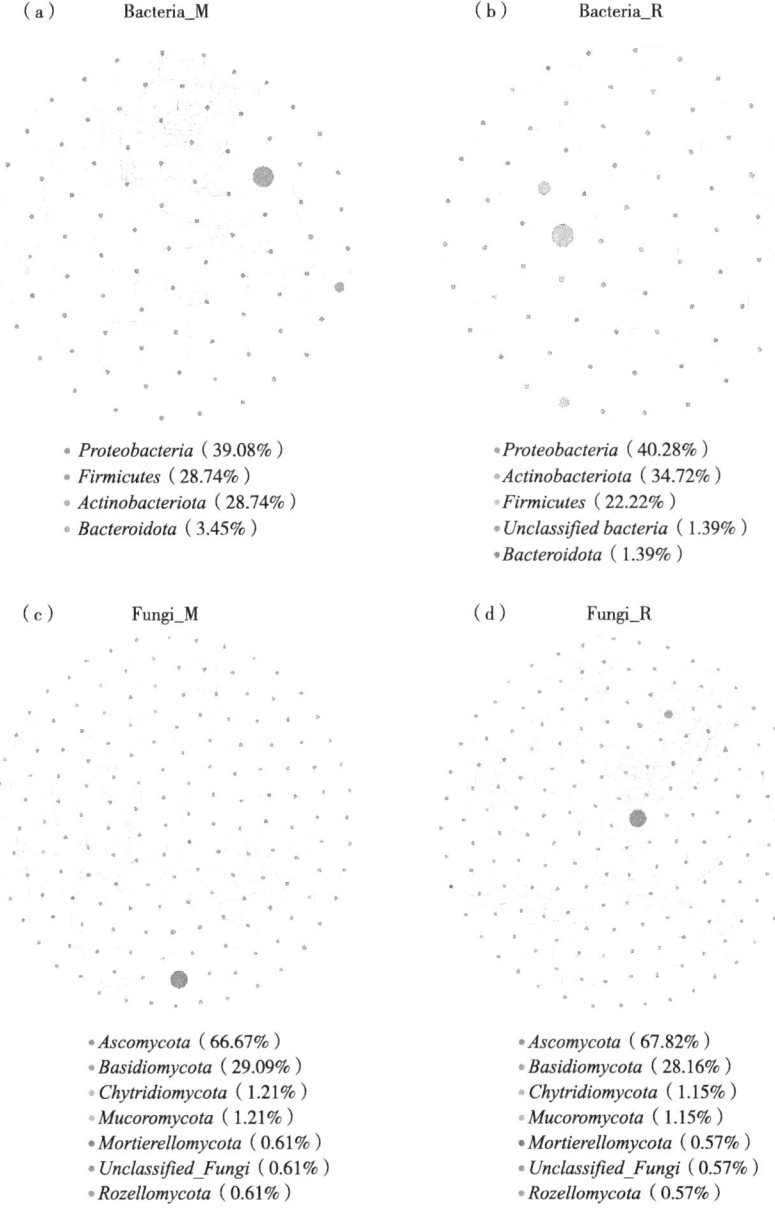

图7-7 使用 Spearman 相关系数在不同试验条件下为细菌（a 和 b）和真菌（c 和 d）构建共现网络（见书后彩图）

注：连接线表示 |r|>0.6 的相关性。圆圈代表微生物属，它们的大小描述了相对物种丰富。不同的颜色显示了不同微生物所属的门级分类。

表 7-6 不同处理下微生物共生网络的拓扑特征

网络拓扑	细菌		真菌	
	M-group	R-group	M-group	R-group
节点	87	72	165	174
边缘	187	101	392	635
阳性	90.37%	90.10%	97.45%	94.65%
阴性	9.63%	9.95%	2.55%	5.35%
模块化	0.606	0.793	0.71	0.686
平均度	2.149	1.403	2.376	3.649
平均路径长度	2.218	1.711	2.882	3.19

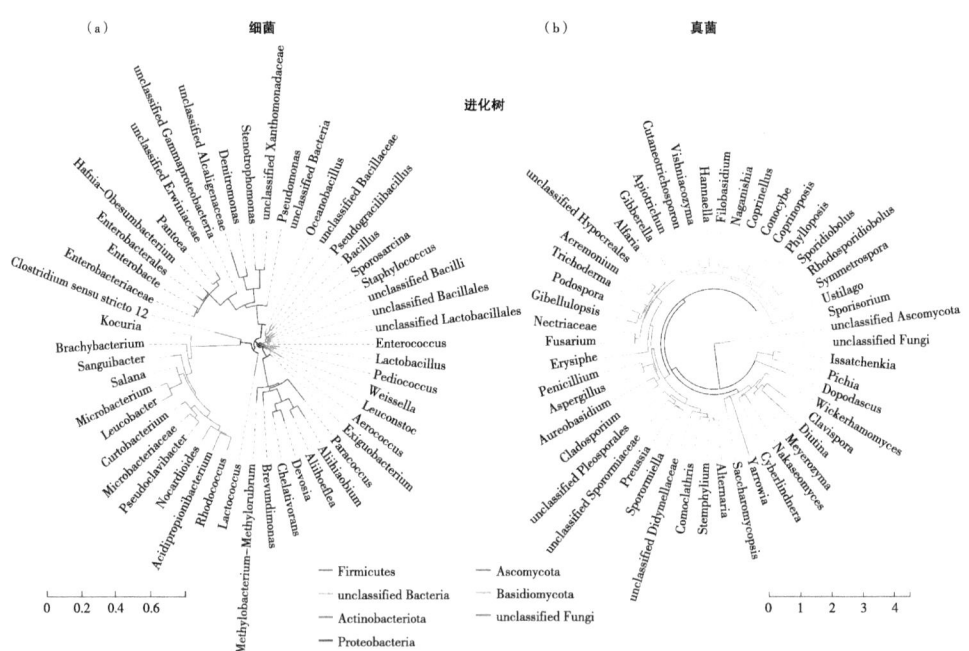

图 7-8 根据最大似然（ML）方法，在微生物属水平上构建细菌（a）和真菌（b）进化树（见书后彩图）

注：每个分支代表一类物种，根据物种所属的更高分类级别着色，分支的长度代表进化距离，表明物种之间的变异程度。

五、讨论

1. 金银花枝条对苜蓿青贮饲料品质和发酵特性的影响

在本研究中,金银花枝条、乳酸菌和苜蓿厌氧发酵,结合高通量测序技术,探索了青贮营养成分和微生物多样性的变化。结果表明,添加低比例的金银花枝条显著降低了体系中的pH值、NH_4^+-N、TN和粗蛋白质水平,随金银花比例的增加,pH值的降低更明显。NH_4^+-N、TN和粗蛋白质含量的下降可能是由于它们与金银花枝条的木质素和纤维素的结合,从而限制了微生物获取。乳酸菌的添加进一步改善了化学成分,这可能是由于微生物分解代谢释放了与木质素和纤维素结合的营养物质。

未添加乳酸菌组,以金银花枝条25%处理丙酸、可溶性碳水化合物、中性洗涤纤维和酸性洗涤纤维含量最高,这是由于金银花枝条的高纤维和高碳水化合物含量增强了保水性和纤维含量。然而,添加乳酸菌后,以金银花枝条20%处理具有高的营养成分,表明乳酸菌与其他微生物在将可溶性碳水化合物转化为丙酸和调节纤维降解方面具有协同作用。

有机酸方面,乳酸在金银花枝条10%处理时达到峰值,反映了乳酸菌的同型乳酸发酵途径,而乙酸在金银花枝条5%处理时达到峰值,表明其参与了异型乳酸发酵途径。这些结果强调了乳酸菌与金银花枝条结合的潜力,通过微生物介导和底物来优化青贮发酵,提高营养成分和生物活性成分。

2. 金银花枝对青贮发酵过程中微生物组成和多样性的影响,以及生物标志物筛选

在苜蓿青贮发酵中,金银花枝条作为添加剂的使用对微生物种群产生了深远的影响,群落组成发生了显著变化。这些变化可以归因于金银花固有的抗菌特性,主要是由于其生物活性化合物黄酮类化合物和皂苷,具有广谱抗菌活性。在发酵过程中,这些化合物选择性地促进有益微生物种类的增殖,同时抑制不良微生物。

此外,研究表明,乳杆菌的引入显著影响了细菌和真菌群落的α多样性,反映了试验系统内一定程度的选择性。据推测,这种选择性源于乳酸菌的多种代谢活动,这些代谢活动调节了环境pH值和营养物质的有效性,从

而对特定的微生物种群创造了有利的生态位。通过α多样性指数的稀释曲线验证测序深度和微生物多样性模式，强调了研究结果的稳定性。

物种丰度图显示了不同处理条件下的主要微生物种群。在没有添加乳酸菌的情况下，肠球菌在细菌群落中的优势地位以及随后在引入乳酸菌后的下降，强调了乳酸菌在形成发酵系统微生物中的关键调节功能。相比之下，真菌群落表现出不同的反应，与添加乳酸菌处理相比，Clavispora对浓度梯度表现出更高的敏感性，表明物种特异性环境适应性。添加乳酸菌后真菌核心OTUs的减少表明乳酸菌在调节真菌相互作用中起着至关重要的作用，可能导致核心多样性的丧失。

在生物标记物方面，海洋杆菌和葡萄球菌等细菌群在非乳酸菌处理中出现了显著的变化，而葡萄球菌在乳酸菌和金银花枝条-苜蓿共青贮发酵后被排除，突出了乳酸菌对细菌群落结构的影响。真菌生物标记物，如Wickerhamomyce anomalus和Issatchenkia，虽然在动物肠道微生物学和青贮系统中研究不足，但在本研究中成为特征标记物，说明它们在厌氧发酵过程中对微生物群调节的潜在重要性，并为未来的研究和应用提供了途径。

3. 发酵过程中营养活性物质与微生物区系的相互作用及功能预测

Mantel试验用于评估选定的营养活性成分与细菌和真菌群落之间的相关性，以及它们预测的功能特征。在没有乳酸菌的情况下，细菌群落与pH值和乳酸含量显著相关。然而，乳酸菌的加入改变了细菌种群结构的驱动因素，包括全氮、铵态氮、中性洗涤纤维和粗蛋白质，增强了细菌功能底物对中性洗涤纤维和乙酸的敏感性。真菌种群反映了这些趋势，在乳杆菌存在的情况下，pH值、铵态氮和粗蛋白质与种群和功能显著相关。表明金银花枝条与修饰的微生物群落和功能底物的整合有望提高青贮质量和营养价值，值得进一步研究其潜在机制。

数据库引导的功能变异性分析追踪了试验条件诱导的微生物的潜在功能变化。引入乳酸菌后，金银花枝条的添加引起了真菌和细菌的特定功能变化，表明发酵系统内微生物代谢的改变。这些功能变化可能与青贮饲料活性成分的变化有关，因此需要严格的方案来验证功能活性物质的相互作用。

4. 金银花枝条在发酵过程中与微生物间的相互作用

以往的研究主要集中在青贮添加剂通过直接化学抑制和环境诱导微生物产生抑菌活性物质抑制有害细菌生长，而微生物种群之间对生存资源的竞争动态却被忽视了。在发酵过程中加入金银花枝条显著改变了原有的微生物相互作用网络。具体来说，金银花枝条和乳酸菌的结合增强了细菌网络内的负相关性，真菌网络中也存在类似的趋势。这表明青贮发酵系统中微生物活性的增强和种群间竞争的加剧，可能有助于抑制有害的细菌繁殖。此外，金银花类草本植物的发酵被认为会破坏细胞壁，释放活性物质，并将较大的大分子降解成更小、更易生物利用的形式。这些代谢物可能作为中间体，调节系统内微生物的相互作用，重塑互惠网络，最终抑制细菌增殖。

六、结论

金银花枝与乳酸菌的结合对苜蓿青贮发酵过程中微生物群落的组成和多样性产生了深远的影响。通过不同比例的金银花枝的真空辅助培养方法，我们深入研究了它们在发酵过程中协同抑制有害微生物的微生物机制。我们的研究结果表明，添加乳酸菌可以减轻最佳金银花比例的不利化学效应，同时放大其有益影响。这种组合添加剂策略重塑了厌氧发酵过程中的微生物景观，重塑了相互作用网络并加强了微生物相互作用。观察到的不同处理间α-多样性差异强调了有益微生物物种的选择性富集和葡萄球菌科等有害细菌的抑制。物种丰度图强调了乳酸菌在形成微生物群落中的关键调节功能，而乳酸菌在金银花枝后引入减少了真菌核心 OTUs，降低了真菌污染的风险。LEfSe 分析确定了细菌生物标志物，包括乳酸菌和肠球菌，以及真菌标志物，如 Wickerhamomyce anomalus 和 Issatchenkia，提供了潜在的研究途径。这项研究强调了乳酸菌-金银花枝条混合物在提高青贮质量和工艺效率方面的潜力，对旨在加强动物健康和生产力的微生物驱动策略具有更广泛的意义。

第二节 有氧暴露下金银花枝条对苜蓿青贮营养品质变化影响研究

青贮是一个复杂的微生物菌群活动过程。由于苜蓿可溶性碳水化合物、乳酸菌含量低且缓冲能高等原因，苜蓿青贮所用时间长、稳定性差，并伴有腐败，渗漏等负面作用。因此，在苜蓿青贮过程中，通过添加青贮添加剂影响微生物活动，达到提高青贮成功率、改善青贮发酵品质的目的。

青贮添加剂种类繁多，但作用各异。Zhang 等（2000）发现添加乳酸菌制剂能直接提高乳酸菌的数量，从而提高发酵效率。薛艳林等（2000）研究表明，添加高于2%的蔗糖可以提高苜蓿草渣青贮饲料的发酵品质。王莹等（2010）在苜蓿青贮中添加0.2%~0.6%甲酸，结果显示 NH_3-N 含量明显降低，可溶性糖的含量升高，干物质和粗蛋白质含量高于对照组。除了微生物制剂、酸制剂、糖蜜之外，中草药也被逐渐应用于青贮饲料添加剂。邓海军等（2013）发现添加10g/kg黄芪均极显著降低紫花苜蓿青贮的pH值、铵态氮/总氮比（$P<0.01$），显著增加乳酸菌含量（$P<0.01$）。阮文潇等（2018）以诃子、土木香作为高水分燕麦和紫花苜蓿青贮添加剂，发现添加1%诃子和1.5%土木香均能改善高水分燕麦青贮和紫花苜蓿青贮的发酵品质，而且改善效果接近添加乳酸菌单剂的效果。

金银花属多年生半常绿缠绕型藤本植物，是我国传统的中药材，作为饲料添加剂取得了一定的研究进展。但关于金银花用作青贮添加剂的研究目前报道较少，其对青贮有氧暴露下的品质研究也不是非常全面。综上，考虑人畜竞争，且金银花修剪产生的枝条同花一样含丰富的营养功能活性成分且产量约为花的10倍，本试验以金银花枝条和乳酸菌为苜蓿青贮添加剂，研究金银花枝条和乳酸菌对苜蓿青贮发酵及有氧暴露下营养品质变化的影响，以期为开发金银花枝条作为青贮添加剂提供技术依据。

一、添加金银花枝条对苜蓿青贮营养品质的影响

青贮饲料研究的重点是青贮饲料的营养价值。研究表明，DM 含量可直接反映青贮底物营养成分的浓度，NDF 和 ADF 含量可以保证瘤胃正常的发酵功能，但含量过高则会影响家畜的干物质采食量和消化率（李如阳，2022）。WSC 是乳酸菌发酵的物质基础，WSC 含量越高，青贮饲料的发酵品质越好。Ash 含量过高说明饲料品质不好，饲料的适口性较差。

添加金银花枝条和乳酸菌对苜蓿青贮营养品质的影响结果见表7-7。由表7-7可知，在未添加乳酸菌 M 组中，除 ADF 外，添加不同水平金银

花枝条对各处理 DM、CP、WSC、NDF、Ash 5 种营养指标在 $P<0.05$ 水平上均存在显著影响。随金银花枝条添加水平变化，CP 含量呈下降趋势，NDF 含量呈上升趋势，其他营养指标变化各异。当添加乳酸菌后，R 组中 DM、CP 等 6 个营养指标在 $P<0.05$ 水平上均发生显著变化。CP、NDF 变化趋势与 M 组中一致，DM 与 WSC 呈上升趋势，说明添加乳酸菌具有积极促进作用。

表 7-7 添加金银花枝条对苜蓿营养品质的影响

处理		干物质（DM）/%	粗蛋白质（CP）/%	可溶性碳水化合物（WSC）/%	中性洗涤纤维（NDF）/%	酸性洗涤纤维（ADF）/%	粗灰分（Ash）/%
M 组	1 茬	28.7 ± 0.03^B	22.68 ± 0.04^A	1.85 ± 0.09^B	34.1 ± 0.59^C	30.9 ± 0.07^A	11.8 ± 0.08^B
	2 茬	28.2 ± 0.07^C	22.18 ± 0.04^B	1.93 ± 0.05^A	34.5 ± 0.20^B	30.8 ± 0.10^A	12.2 ± 0.09^A
	3 茬	28.9 ± 0.08^A	20.70 ± 0.05^C	1.81 ± 0.06^C	36.6 ± 0.21^A	31.4 ± 0.08^A	10.7 ± 0.01^C
R 组	1 茬	26.4 ± 0.05^C	22.98 ± 0.05^A	1.27 ± 0.01^B	33.4 ± 0.04^C	32.1 ± 0.04^B	12.2 ± 0.07^A
	2 茬	27.2 ± 0.07^B	22.89 ± 0.04^B	1.29 ± 0.08^C	35.2 ± 0.10^B	30.2 ± 0.05^C	11.7 ± 0.05^B
	3 茬	29.3 ± 0.05^A	20.52 ± 0.09^C	1.32 ± 0.04^A	38.6 ± 0.08^A	32.6 ± 0.01^A	11.0 ± 0.01^C

注：同列数据肩标含有不同大写字母表示差异显著（$P<0.05$），含相同字母或无字母表示差异不显著（$P>0.05$）。

二、金银花枝条对苜蓿青贮发酵品质的影响

添加金银花枝条和乳酸菌对苜蓿青贮发酵品质的影响结果见表 7-8。由表 7-8 可知，在未添加乳酸菌 M 组中，添加不同水平金银花枝条对 M 组中 pH 值、AN/TN、LA、AA、PA、BA 6 种发酵指标在 $P<0.05$ 水平上均存在显著影响。随金银花枝条比例增加，pH 值与 AN/TN 呈下降趋势，LA 含量呈上升趋势，AA 和 BA 变化趋势一致。当添加乳酸菌后，R 组中 pH 值、AN/TN 等 6 种发酵指标在 $P<0.05$ 水平上均发生显著变化，其变化趋势与添加前基本一致。pH 值与未添加乳酸菌 M 组相比较，R 组 pH 值分别降低了 5.3%、1.8%、7.4%，说明添加适当金银花枝条和乳酸菌对降低青贮发酵 pH 值具有积极促进作用。AN/TN 数值与添加前接近。AA、BA 比添加前数值降低。

表 7-8 添加金银花枝条对苜蓿发酵品质的影响

处理		pH 值	铵态氮/全氮 (AN/TN)	乳酸 (LA)/%	乙酸 (AA)/%	丙酸 (PA)/%	丁酸 (BA)/%
M 组	1 茬	5.63±0.09^A	0.052±0.04^A	13.74±0.13^C	73.89±0.54^B	1.05±0.17^B	0.58±0.28^B
	2 茬	5.42±0.08^B	0.051±0.13^B	14.78±0.25^B	80.41±0.24^A	0.93±0.08^C	0.81±0.59^A
	3 茬	5.25±0.04^C	0.046±0.14^C	14.87±0.15^A	69.52±0.42^C	1.31±0.12^A	0.37±0.11^C
R 组	1 茬	5.33±0.05^A	0.050±0.10^B	12.38±0.89^C	69.85±0.32^B	1.14±0.13^B	0.51±0.19^B
	2 茬	5.32±0.04^A	0.053±0.07^A	13.99±0.98^B	77.69±0.75^A	0.93±0.14^C	0.74±0.11^A
	3 茬	4.86±0.04^B	0.046±0.08^C	14.80±0.27^A	55.12±0.38^C	1.92±0.14^A	0.00±0.51^C

注：同列数据肩标含有不同大写字母表示差异显著（$P<0.05$），含相同字母或无字母表示差异不显著（$P>0.05$）。

三、金银花枝条对苜蓿青贮品质的主成分分析

采用 SPSS 17.0 软件，将各处理的 DM、CP、WSC、pH 值、AN/TN、LA 等 12 个营养指标标准化处理，进行 KMO 和 Bartlett 检验，其结果如表 7-9 所示。由结果发现，KMO 值为 0.669，显著性数值为 0.000，说明该数据适合进行主成分分析。

表 7-9 KMO 和 Bartlett 的检验结果

KMO 取样足够度的度量	Bartlett 球形度检验		
	近似方卡	自由度	显著性
0.669	62.187	28	0.000

对各处理的 12 个营养指标进行主成分分析，基于特征值>1 标准，可筛选出 3 个主成分，其结果见表 7-10、表 7-11。结果显示，第 1 主成分的特征值为 6.408，贡献率为 58.254%，其对应特征向量中绝对值较大的指标依次为 AN/TN、NDF、pH 值、WSC、CP；第 2 主成分的特征值为 1.573，贡献率为 14.304%，其对应特征向量中绝对值较大的指标为 Ash；第 3 主成分的特征值为 1.286，贡献率为 11.689%，其对应特征向量中绝对值较大的指标为 LA；3 个主成分的累积贡献率为 84.246%，意味着保留了原来 12 个营

养指标的 84.246% 的信息。

表 7-10 相关指标的特征值及方差贡献率分析表

成分	初始特征值			提取平方和载入		
	合计	方差的占比/%	累积占比/%	合计	方差的占比/%	累积占比/%
1	6.408	58.254	58.254	6.408	58.254	58.254
2	1.573	14.304	72.557	1.573	14.304	72.557
3	1.286	11.689	84.246	1.286	11.689	84.246

表 7-11 主成分分析旋转的成分矩阵

评价指标	主成分因子		
	1	2	3
乙酸	-0.654	-0.045	0.160
铵态氮/全氮	-0.906	0.158	-0.121
中性洗涤纤维	0.877	0.357	0.117
pH 值	-0.837	-0.032	-0.204
可溶性碳水化合物	0.836	-0.051	-0.185
粗蛋白质	-0.783	-0.530	-0.021
丙酸	0.765	0.517	-0.049
干物质	0.739	-0.201	0.052
灰分	-0.180	-0.880	-0.235
酸性洗涤纤维	0.531	0.696	-0.441
乳酸	0.092	0.102	0.949

四、有氧暴露下金银花枝条对苜蓿青贮营养品质的影响

青贮饲料一旦暴露在空气中，空气就可以通过暴露面渗透到青贮中，乳酸菌数量下降，酵母菌、霉菌和其他好氧腐败菌数量整体呈上升趋势，致使青贮饲料发生有氧腐败，一旦被反刍动物长期大量摄食，会抑制反刍动物的免疫功能，使其产能降低甚至死亡，严重影响畜牧业的健康发展。

根据上述主成分分析结果，以 CP、NDF、WSC 含量来代替其他营养指标进行有氧暴露下苜蓿青贮营养品质动态评价，其结果见表 7-12。由表 7-

12 可以看出，有氧暴露时间对各处理苜蓿青贮营养品质在 $P<0.05$ 水平上存在显著性影响。有氧暴露 2d，未添加乳酸菌 M 组中，不同水平金银花枝条处理苜蓿青贮的 CP 含量分别增加了 3.0%、-1.6%、0.14%；NDF 含量分别增加了 1.2%、1.2%、2.2%；WSC 含量分别增加了 5.9%、-1.6%、15.5%，添加乳酸后，R 组中 CP 含量分别增加了 3.0%、-1.6%、0.14%；NDF 含量分别增加了 2.1%、3.1%、-2.3%；WSC 含量分别增加了 39.4%、43.4%、34.1%。有氧暴露 5~7d，两组不同水平处理苜蓿青贮较有氧暴露 2d 时 CP 含量降低、NDF 含量升高。

表 7-12 有氧暴露过程中苜蓿青贮主要营养指标（以干重记）的测定结果

指标		水平	有氧暴露时间/d				
			0	2	5	7	10
CP /DM%	M组	1	22.68±0.04^{cB}	23.35±0.05^{aA}	21.73±0.01^{aE}	22.34±0.08^{aC}	20.09±0.04^{bD}
		2	22.18±0.04^{dB}	21.83±0.08^{dC}	21.06±0.10^{bE}	22.27±0.08^{bA}	21.16±0.08^{aD}
		3	20.70±0.05^{eB}	20.73±0.10^{fA}	19.06±0.04^{eC}	18.37±0.04^{fD}	17.72±0.05^{fE}
	R组	1	22.98±0.05^{aA}	22.91±0.09^{bB}	19.63±0.05^{dD}	20.60±0.07^{cC}	19.10±0.07^{dE}
		2	22.89±0.04^{bA}	22.42±0.14^{cB}	18.96±0.11^{fD}	20.40±0.05^{dC}	18.82±0.04^{eE}
		3	20.52±0.09^{fB}	21.06±0.05^{eA}	19.96±0.07^{cC}	19.32±0.07^{eD}	19.25±0.07^{cE}
NDF /DM%	M组	1	34.1±0.59^{eE}	34.50±0.07^{eD}	36.30±0.02^{eC}	36.40±0.23^{fB}	40.88±0.04^{eA}
		2	34.5±0.20^{dE}	34.90±0.11^{dD}	39.38±0.04^{cA}	36.57±0.04^{eC}	38.18±0.08^{fB}
		3	36.6±0.21^{bE}	37.40±0.08^{bD}	42.00±0.07^{aC}	42.96±0.10^{aB}	45.43±0.15^{aA}
	R组	1	33.4±0.04^{fE}	34.10±0.05^{fD}	38.86±0.07^{dB}	37.26±0.04^{dC}	41.37±0.20^{cA}
		2	35.2±0.10^{cE}	36.30±0.14^{cD}	40.40±0.14^{bB}	38.77±0.14^{cC}	41.08±0.14^{dA}
		3	38.6±0.21^{aD}	37.70±0.12^{aE}	39.36±0.08^{cC}	41.04±0.08^{bB}	42.84±0.17^{bA}
WSC /DM%	M组	1	1.85±0.09^{bE}	1.96±0.05^{bD}	2.15±0.03^{cB}	2.09±0.04^{aC}	2.26±0.16^{aA}
		2	1.93±0.05^{aB}	1.90±0.24^{cC}	1.72±0.10^{fD}	1.72±0.04^{eD}	2.23±0.11^{bA}
		3	1.81±0.06^{cC}	2.09±0.12^{aA}	1.79±0.08^{eD}	1.84±0.05^{dB}	1.79±0.10^{fD}
	R组	1	1.27±0.01^{fD}	1.77±0.14^{fC}	1.89±0.05^{dB}	1.88±0.06^{cB}	2.00±0.04^{cA}
		2	1.29±0.08^{eD}	1.85±0.11^{dB}	2.21±0.07^{aA}	1.85±0.10^{dB}	1.82±0.07^{eC}
		3	1.32±0.04^{dE}	1.77±0.12^{eD}	2.19±0.08^{bA}	2.01±0.14^{bB}	1.84±0.08^{dC}

注：同列小写字母表示相同时间不同处理青贮饲料营养成分在 $P<0.05$ 水平上的差异性；同行大写字母表示相同处理在不同有氧暴露时间下青贮饲料营养成分在 $P<0.05$ 水平上的差异性。

随有氧暴露至第 10 天，CP 含量仍然呈降低趋势，未添加乳酸菌 M 组中以金银花枝条添加 5%处理的苜蓿青贮 CP 含量降幅最小，约 4.6%；添加乳酸菌后，R 组中以金银花枝条添加 15%处理的苜蓿青贮 CP 含量降幅最小，约 6.2%。NDF 含量有增长趋势，M 组中以金银花枝条添加 15%处理的苜蓿青贮 NDF 含量增幅最大，约 24.2%；添加乳酸菌 R 组中则以金银花枝条添加 0%处理的苜蓿青贮 NDF 含量增幅最大，约 23.9%。WSC 含量呈增长趋势，两组均以金银花枝条添加 0%处理的苜蓿青贮 NDF 含量增幅最大，分别为 22.2%、57.5%。

五、有氧暴露下金银花枝条对苜蓿青贮发酵品质的影响

根据主成分分析结果，以 pH 值、LA 含量来代替其他的发酵指标进行有氧暴露下苜蓿青贮发酵品质动态评价，其结果见表 7-13。由表 7-13 可以看出，有氧暴露时间对各处理苜蓿青贮发酵品质在 $P<0.05$ 水平上存在显著性影响。有氧暴露 2d，未添加乳酸菌 M 组中，不同水平金银花枝条处理苜蓿青贮的 pH 值分别增加 2.3%、1.1%、5.5%；LA 含量分别降低 5.3%、33.7%、30.1%；添加乳酸后，R 组中 pH 值含量分别增加 2.6%、0%、5.1%；LA 含量分别降低 7.1%、30.7%、29.1%；随暴露时间延长，pH 值仍呈上升趋势，LA 含量各处理变化各异，至暴露第 10 天，pH 值以 M 组中金银花枝条添加 5%处理涨幅最小，约 16.7%；LA 含量表现为除 M 组金银花枝条添加 0%处理苜蓿青贮 LA 增加（8.4%）外，其余处理均降低，以 R 组中金银花枝条添加 15%处理降幅最小，约 14.9%。

表 7-13 有氧暴露过程中苜蓿青贮主要发酵指标测定结果

指标	水平		有氧暴露时间/d			
		0	2	5	7	10
pH 值	M 组 1	5.63 ± 0.04^{aE}	5.76 ± 0.05^{aD}	5.90 ± 0.01^{dC}	7.51 ± 0.08^{cB}	8.10 ± 0.04^{dA}
	M 组 2	5.42 ± 0.04^{bE}	5.46 ± 0.08^{cD}	5.52 ± 0.10^{eC}	5.53 ± 0.08^{eB}	6.32 ± 0.08^{fA}
	M 组 3	5.25 ± 0.05^{dE}	5.54 ± 0.10^{bD}	6.04 ± 0.04^{cC}	7.89 ± 0.04^{aB}	8.14 ± 0.05^{cA}
	R 组 1	5.33 ± 0.05^{cE}	5.47 ± 0.09^{cD}	6.13 ± 0.05^{aC}	7.80 ± 0.04^{bB}	8.33 ± 0.07^{aA}
	R 组 2	5.32 ± 0.04^{cD}	5.32 ± 0.14^{dD}	6.06 ± 0.11^{bC}	7.81 ± 0.05^{bB}	8.31 ± 0.04^{bA}
	R 组 3	4.86 ± 0.09^{eE}	5.11 ± 0.05^{eD}	5.26 ± 0.07^{fC}	6.92 ± 0.07^{dB}	7.91 ± 0.07^{eA}

(续表)

指标		水平	有氧暴露时间/d				
			0	2	5	7	10
LA	M组	1	13.74±0.59^{eC}	13.0±0.07^{aD}	10.90±0.02^{eE}	15.1±0.23^{bA}	14.9±0.04^{aB}
		2	14.78±0.20^{cA}	9.80±0.11^{eE}	11.50±0.04^{cD}	12.1±0.04^{eC}	12.4±0.08^{cB}
		3	14.87±0.21^{aB}	10.4±0.08^{dD}	12.20±0.07^{aC}	16.5±0.10^{aA}	10.0±0.15^{dE}
	R组	1	12.38±0.04^{fA}	11.5±0.05^{bB}	11.2±0.07^{dD}	11.2±0.04^{fC}	9.90±0.20^{eE}
		2	13.99±0.10^{dA}	9.70±0.14^{fD}	10.7±0.14^{fC}	12.8±0.14^{cB}	9.70±0.14^{fD}
		3	14.80±0.21^{bA}	10.5±0.12^{cE}	11.9±0.08^{bC}	12.7±0.08^{dB}	12.6±0.17^{bC}

注：同列小写字母表示相同时间不同处理青贮饲料营养成分在 $P<0.05$ 水平上的差异性；同行大写字母表示相同处理在不同有氧暴露时间下青贮饲料营养成分载 $P<0.05$ 水平上的差异性。

六、结果与分析

1. 添加金银花枝条和乳酸菌对苜蓿青贮营养品质的影响

青贮饲料研究的重点是青贮饲料的营养价值。研究表明，DM含量可直接反映青贮底物营养成分的浓度，NDF 和 ADF 含量可以保证瘤胃正常的发酵功能，但含量过高则会影响家畜的干物质采食量和消化率。WSC是乳酸菌发酵的物质基础，WSC含量越高，青贮饲料的发酵品质越好。Ash含量过高说明饲料品质不好，饲料的适口性较差。

本研究未添加乳酸菌M组中，以添加金银花枝条15%处理的DM含量最高（28.9%），5%处理的DM含量最低（28.2%）；添加乳酸菌后，R组中以金银花枝条0%、5%处理的DM含量较M组同水平处理分别降低了8.0%、3.5%；而以金银花枝条15%处理的DM含量则较M组同水平升高了1.4%。CP含量表现为添加乳酸菌后，R组中除金银花枝条15%处理其余两水平处理平均高于未添加乳酸菌M组。NDF、ADF含量随金银花枝条添加水平呈增加趋势，均以金银花枝条15%处理含量最高，且R组NDF含量较M组高约5.5%，ADF含量较M组高约3.8%。总的来说，DM与NDF、ADF变化趋势与侯建建等研究结果一致。

WSC含量表现为M组中以添加金银花枝条5%处理含量最高，较对照增加约4.3%；添加乳酸菌后，随金银花枝条添加水平变化，WSC含量呈增加趋势，但仍低于 M 组，这可能是由于糖类是乳酸菌发酵的底物，乳酸菌生长繁殖消耗了 WSC。

2. 添加金银花枝条和乳酸菌对苜蓿青贮发酵品质的影响

青贮发酵是一个复杂的动态体系，伴随着各类物质的转化和积累，青贮体系内 pH 值、有机酸以及铵态氮/全氮等指标是评价青贮饲料品质的重要指标，代表着饲料中蛋白分解及碳水化合物发酵的综合信息。pH 值是反映青贮体系发酵品质优劣的重要指标之一。低的 pH 值能够有效抑制杂菌的生长，有利于青贮饲料的贮藏。

本研究中两组处理的 pH 值均随金银花枝条比例增加呈下降趋势，添加乳酸菌 R 组较 M 组具有更低的 pH 值，说明添加乳酸菌后可以有效降低青贮体系的 pH 值，这与郭睿等（2022）、刘巧玲等（2022）的研究结果基本一致。青贮饲料发酵过程中，有机酸中 LA 的产生，可以加快 pH 值的下降。pH 值越低，说明青贮饲料中含有丰富的 LA，本试验中，两组处理中 pH 值与 LA 变化趋势相反，证实了这一点。铵态氮/全氮值随金银花枝条和乳酸菌添加呈降低趋势，说明添加金银花枝条、乳酸菌能够抑制蛋白质的分解。

3. 有氧暴露下金银花枝条和乳酸菌对苜蓿青贮的影响

青贮饲料开窖后的品质与有氧稳定性密切相关。青贮饲料一旦暴露在空气中，空气就可以通过暴露面渗透到青贮中，乳酸菌数量下降，酵母菌、霉菌和其他好氧腐败菌数量整体呈上升趋势（杨洁，2020；刘立山，2019），致使青贮饲料发生有氧腐败，一旦被反刍动物长期大量摄食，会抑制反刍动物的免疫功能，使其产能降低甚至死亡，严重影响畜牧业的健康发展。

研究发现，青贮添加剂改善青贮发酵品质的同时还可以提高有氧稳定性。本研究中，有氧暴露时间对各处理苜蓿青贮营养品质在 $P<0.05$ 水平上存在显著性影响。有氧暴露 2d，除 CP 含量外，NDF、WSC 含各营养指标基本呈上升趋势，有氧暴露至第 10 天，CP 含量仍然呈降低趋势，未添加乳酸菌 M 组中以金银花枝条添加 5% 处理的苜蓿青贮 CP 含量降幅最小，约 4.6%；添加乳酸菌后，R 组中以金银花枝条添加 15% 处理的苜蓿青贮 CP 含量降幅最小，约 6.2%。NDF 含量两组均以金银花枝条添加 0% 处理的苜蓿青贮 NDF 含量增幅最大，分别为 22.2%、57.5%。这与万学瑞等研究的全

株玉米青贮饲料的 NDF 含量在有氧暴露后 0~7 d 内缓慢增加的结果一致。发酵指标 pH 值在有氧暴露的 2~10d 内持续升高,这是由于有氧暴露条件下,好氧微生物利用 WSC、LA 和 AA 等营养物质大量繁殖,WSC、LA 和 AA 被好氧微生物代谢,致使 pH 值上升。

七、小结

本试验结果显示,与苜蓿青贮发酵相比,添加金银花枝条及乳酸菌能够增加 WSC、NDF 含量,降低 pH 值、ADF 及铵态氮/全氮的含量,能够有效改善苜蓿青贮的营养品质。有氧暴露后,各处理苜蓿青贮营养指标随暴露时间发生显著变化,且变化各异。生产中建议在有氧暴露 2d 内尽快使用,以减少青贮饲料营养品质的损失。

第八章 添加剂对金银花枝条与苜蓿混合青贮发酵品质及微生物差异性研究

苜蓿在宁夏奶产业、肉牛和滩羊产业持续高质量的发展过程中扮演着非常重要的角色。当前，苜蓿在生产中的主要产品是干草，但是在晾制过程中损失较大，加之收割过程中受当地雨季的影响，通常只能青贮。青贮作为一种常见的加工技术，不仅能保持苜蓿的营养成分，而且适口性好，消化率高，耐贮存。然而，由于苜蓿具有干物质、可溶性碳水化合物含量低、缓冲能高及天然附着乳酸菌少等特点，使得制作优质青贮苜蓿难于玉米及其他含糖量高的牧草。因此，常在苜蓿青贮之前使用青贮添加剂通过促进乳酸生成和降低 pH 值来改善苜蓿发酵品质。

目前研究较多青贮添加剂和化学添加剂、植物乳杆菌、布氏乳杆菌、甲酸、乙酸、丙酸、单宁酸，另有其他添加剂也逐渐被应用在苜蓿青贮中，如绿叶汁、中草药、酿酒葡萄渣、枸杞渣等。

金银花枝条同金银花一样，富含绿原酸、异绿原酸、木樨草素等多种抗菌、抗炎、抗病毒、抗氧化等功能活性成分，但应用在苜蓿青贮中文献报道较少，课题组前期初次研究了不同比例金银花枝条对苜蓿青贮营养品质研究，结果显示，苜蓿青贮蛋白含量会随金银花枝条添加比例增加而降低，中性洗涤纤维、酸性洗涤纤维含量增加，致使苜蓿青贮品质下降。

通过查阅文献，添加青贮添加剂可以改善青贮发酵品质。本项目拟采用微生物添加剂乳酸菌及化学添加剂甲酸、单宁酸作为金银花枝条与苜蓿混合青贮添加剂，开展不同添加剂在不同水平下各处理组青贮营养品质变化规律及差异性分析，结合高通量基因测序手段，分析不同添加剂在适宜添加量下青贮微生物差异性，筛选适宜金银花枝条与苜蓿混合青贮添加剂，以期改善金银花枝条与苜蓿混合发酵品质，从而为金银花枝条在苜蓿青贮中规模化生产提供科学理论依据及技术支撑。

第一节 研究现状及发展动态分析

苜蓿含有丰富的蛋白、维生素和多种矿物质等营养成分，而且其产量高，抗逆性强，适口性好，是饲喂奶牛、肉牛的优质牧草。目前，苜蓿生产的主要产品是干草，但是在干草的制作过程中，受落叶、淋雨等外界因素干扰，损失率一般在30%左右，难以晒制成优质干草。为此，采用苜蓿青贮是当前解决上述问题较为理想的措施。而青贮作为一种常见的加工技术，不仅能保持青绿饲料的营养成分，而且还兼具有适口性好，消化率高，耐贮存等优点（张凌洪，2012）。但由于苜蓿不同玉米及其他含糖量高的牧草，其可溶性碳水化合物含量低，缓冲能力强，水分含量高，不易青贮。因此，常在苜蓿青贮之前使用青贮添加剂来加快青贮饲料发酵过程中乳酸的生成和pH值降低的进程（Guo，2019），从而改善苜蓿青贮发酵品质。

一、微生物添加剂对苜蓿青贮品质的影响

苜蓿自身携带乳酸菌含量较低，在青贮过程中易产生梭菌等有害菌，影响青贮发酵品质。常用的苜蓿青贮微生物添加剂为乳酸菌添加剂，有研究表明，当乳酸菌含量达到发酵原料鲜重的10^5CFU/g时，能够避免梭菌等腐生菌产生，防止干物质含量降低。

邬彩霞等（2015）在紫花苜蓿青贮中分别添加浓度为10^5CFU/g、10^6CFU/g、10^7CFU/g乳酸菌进行青贮，试验发现当乳酸菌浓度为10^7CFU/g时，紫花苜蓿青贮的pH值最低，中性洗涤纤维含量和酸性洗涤纤维含量显著低于其他浓度添加组，乳酸含量、粗蛋白质含量、干物质含量均显著高于其他浓度添加组。李明超等（2016）在紫花苜蓿中分别添加柠檬明串珠菌和植物乳杆菌，试验发现添加植物乳杆菌较添加柠檬明串珠菌相比，pH值相对较低，干物质含量、乳酸菌含量相对较高，因此植物乳杆菌对紫花苜蓿青贮的发酵品质优于柠檬明串珠菌。Krystyna等（2015）在紫花苜蓿中分别

添加植物乳杆菌、干酪乳杆菌、布氏乳杆菌以及三种菌种的混合菌，发现添加菌种后可抑制霉菌生成，其中乳杆菌、布氏乳杆菌以及三种菌种的混合菌可以抑制沙门氏菌的生长，并且有氧稳定性相较于对照组提高2倍，添加布氏乳杆菌的紫花苜蓿青贮可以显著提高乙酸含量。

二、化学添加剂对苜蓿青贮品质的影响

苜蓿青贮中可选择的化学添加剂种类有很多，常用的化学添加剂有甲酸、乙酸、丙酸、单宁酸等，一般起到降低饲料pH值、抑制蛋白质降解、抑制有害微生物生成的作用。

李君风等（2014）通过将浓度分别为0.3%、0.4%、0.5%的乙酸添加至紫花苜蓿和燕麦草混贮中，探究紫花苜蓿混贮中营养品质和有氧稳定性的影响，试验发现，添加乙酸可以显著降低紫花苜蓿混贮饲料的pH值，显著提高碳水化合物含量，其中0.4%浓度的乙酸效果最好，乳酸含量显著高于其他组。Salawu等（1999）将50g/kg（DM）单宁酸添加到黑燕麦草中进行青贮，研究表明单宁酸可以减少蛋白质的降解。李茂等（2019）在木薯叶中加入浓度为0.5%、1%、2%（原料鲜重）的单宁酸进行青贮，研究发现添加浓度为1%单宁酸可以提高木薯叶青贮的有氧稳定性，提高青贮营养价值。

三、其他添加剂对苜蓿青贮品质的影响

唐维新等（2004）利用不同浓度的绿汁发酵液对紫花苜蓿进行青贮，探究绿汁发酵液对紫花苜蓿发酵品质产生的影响，研究表明添加不同含用量的绿汁发酵液（0.2mL/kg、2mL/kg、20mL/kg）均显著改善了紫花苜蓿青贮的发酵品质，显著降低了紫花苜蓿青贮的pH值、铵态氮含量、乙酸含量和丁酸含量，显著提高乳酸含量，其中随着添加绿汁浓度越高，对紫花苜蓿青贮的发酵品质改善越显著。

舒健虹等（2021）研究了中草药添加剂对不同比例的多花黑麦草与紫花苜蓿混合青贮品质的影响，结果显示，多花黑麦草与紫花苜蓿混合比例为80∶20，中草药添加水平在0.5%~1.0%时，营养成分较高，发酵品质

优良。

第二节　甲酸添加量和金银花枝条比例对苜蓿青贮品质的影响

苜蓿不同于青贮玉米及其他含糖量高的牧草，其可溶性碳水化合物含量低、水分含量高、缓冲能高，不易青贮。因此，通常在苜蓿青贮过程中使用添加剂来加快 pH 值的降低和乳酸生成，达到改善苜蓿青贮发酵品质的目的。

甲酸作为一种抑制性青贮发酵剂已广泛应用于青贮生产，在青贮初期可迅速降低 pH 值，增加可溶性糖含量，降低铵态氮含量等提高青贮发酵品质和贮存效果。金银花作为饲料添加剂也取得了一定的研究进展，但应用在苜蓿青贮中文献报道较少，考虑人畜竞争且金银花枝条同其花一样富含多种营养成分，本试验拟通过添加不同含量金银花枝条、甲酸，探究金银花枝条与甲酸交互作用对苜蓿青贮品质的影响，并结合主成分和隶属函数分析筛选适宜的金银花枝条比例和甲酸添加量，以期为苜蓿青贮生产实践提供理论依据。

一、材料与方法

1. 试验材料

本试验金银花枝条于 2023 年 6 月采自宁夏中卫市阳光沐场金银花生产基地（不含花），紫花苜蓿采自宁夏千叶青农业科技发展有限公司（2 茬现蕾期）。两种原材料自然晾晒至含水量 60%~70%，切至 1~2cm 备用。

2. 试验设计

采用双因素试验设计，一因素为金银花枝条比例，含 3 个水平，分别为 10%、15%、20%；另一因素为甲酸添加量，含 4 个水平，其中添加剂量为 0mL/kg 作为对照，其余 3 个水平分别为 2mL/kg、5mL/kg 和 10mL/kg；总共 12 个处理，每处理 3 个重复，每个重复约 750g，混合均匀后装入 28cm×40cm 的双层聚乙烯青贮袋中，用真空打包机抽真空密封，于室温下贮藏发酵 45d，开袋取样分析。

3. 测定指标与方法

（1）营养成分。取青贮样品约 200g 于纸袋中，105℃杀青 30min，65℃继续烘干 48h，研磨粉碎，用于测定粗蛋白质（CP）、可溶性碳水化合物（WSC）、干物质（DM）、酸性洗涤纤维（ADF）和中性洗涤纤维（NDF），其中 DM、CP、NDF 和 ADF 含量采用张丽英的方法测定，WSC 含量采用蒽酮-硫酸比色法测定。

（2）发酵品质。取青贮样品约 10g，加入蒸馏水 90mL 搅拌均匀，于 4℃下浸提 24h 后过滤，浸提液用于 pH 值、乳酸（LA）、乙酸（AA）、丙酸（PA）、丁酸（BA）的测定。pH 值采用上海佑科 pH-3C 酸度计测定；铵态氮（AN）含量采用苯酚-次氯酸钠比色法测定。

（3）隶属函数分析。采用隶属函数法对各处理营养品质及发酵指标进行综合评价，其中 CP、WSC、LA、LA/AA 为正向指标，pH、ADF、BA、AN 为负向指标。根据总隶属度进行排序，计算公式为：

$$U_x(+) = \frac{X_i - X_{\min}}{X_{\max} - X_{\min}} \tag{8.1}$$

$$U_x(-) = 1 - \frac{X_i - X_{\min}}{X_{\max} - X_{\min}} \tag{8.2}$$

式中，X_i 表示第 i 个因子的得分值；$X_{\min}$ 表示第 i 个因子得分的最小值；$X_{\max}$ 表示第 i 个因子得分的最大值。

4. 数据统计与分析

试验数据先用 Excel 初步整理，后用 SPSS 26.0 软件进行主成分分析和方差分析，并用 Duncan 氏法进行多重比较分析，结果以平均值±标准差表示，$P<0.05$ 表示差异显著，$P>0.05$ 表示差异不显著。

二、结果与分析

1. 甲酸及金银花枝条对苜蓿青贮营养品质的影响

金银花枝条和甲酸对苜蓿青贮营养品质的影响结果见表 8-1、图 8-1。由表 8-1 可知，添加甲酸和金银花枝条对干物质 DM 含量具有显著影响，但不具有显著交互作用（$P<0.05$）。与 CK 组相比，添加甲酸和金银花枝条均

可显著提高干物质 DM 含量（$P<0.05$）。金银花枝条处理对苜蓿青贮 DM 的影响表现为：随金银花枝条添加比例变化，干物质 DM 含量整体呈先升高后降低趋势，以金银花枝条 15%处理样品干物质 DM 含量最高，为 43.23%，其次是金银花枝条 20%处理样品，为 42.63%。甲酸处理对苜蓿青贮 DM 的影响表现为：随甲酸添加量变化，金银花枝条 10%、20%处理样品干物质 DM 均含量均呈先升高后降低趋势，金银花枝条 15%处理样品干物质 DM 含量整体呈升高趋势。甲酸与金银花枝条处理苜蓿青贮干物质含量表现为：甲酸添加量为 10mL/kg、金银花枝条添加量 15%时所处理苜蓿青贮干物质 DM 含量最高，为 44.25%。

表 8-1 金银花枝条和甲酸对苜蓿青贮营养品质的影响

金银花枝条/FM	甲酸/(mL/kg)	干物质(DM)/%	中性洗涤纤维(NDF)/(g/100g)	酸性洗涤纤维(ADF)/(g/100g)	粗蛋白质(CP)/(g/100g)	可溶性碳水化合物(WSC)/(g/kg)
10%	0	40.05±0.78	39.00±0.00^{ef}	34.95±0.07^{cd}	18.73±0.39	8.09±0.57^a
	2	42.75±0.92	37.00±0.42^{cd}	35.95±1.06^{de}	17.54±0.08	9.73±0.06^b
	5	42.10±0.10	35.50±0.85^{bc}	32.45±0.07^{ab}	19.38±0.24	18.12±0.23^e
	10	42.70±0.71	34.10±1.13^{ab}	32.25±0.92^{ab}	19.34±0.06	38.34±0.05^h
15%	0	42.00±0.14	40.35±1.06^{fg}	37.35±0.64^{ef}	18.48±0.31	9.83±0.40^j
	2	43.25±0.92	40.10±0.28^{fg}	35.55±0.07^d	16.69±0.74	10.74±1.02^{bc}
	5	43.40±1.13	33.50±1.41^a	31.05±0.92^a	18.55±0.36	21.43±0.67^f
	10	44.25±0.35	35.45±0.78^{bc}	33.15±0.21^b	17.56±0.41	42.65±0.95^i
20%	0	41.70±0.99	41.50±0.71^g	39.15±0.49^g	17.37±0.28	11.24±0.42^c
	2	43.05±0.49	42.55±0.21^h	38.70±0.99^{fg}	16.33±0.0	13.58±0.20^d
	5	42.90±0.42	37.80±0.14^{de}	33.70±1.27^{bc}	17.67±0.02	26.66±0.01^g
	10	42.85±0.35	37.10±0.00^{cd}	33.65±0.49^{bc}	16.66±0.23	45.25±1.07^i
主效应						
甲酸/(mL/kg)						
	0	41.25±1.10^a	40.28±1.26^a	37.15±1.92^a	18.19±0.69^{bc}	9.72±1.46^a
	2	43.02±0.66^b	39.88±2.50^a	36.73±1.67^a	16.85±0.65^a	11.35±1.85^b
	5	42.80±0.80^b	35.60±2.06^b	32.40±1.38^b	18.53±0.79^c	22.07±3.86^c
	10	43.27±0.86^b	35.55±1.48^b	33.02±0.79^b	17.85±1.24^b	42.08±3.19^d

第八章　添加剂对金银花枝条与苜蓿混合青贮发酵品质及微生物差异性研究

（续表）

金银花枝条/FM	甲酸/(mL/kg)	干物质(DM)/%	中性洗涤纤维(NDF)/(g/100g)	酸性洗涤纤维(ADF)/(g/100g)	粗蛋白质(CP)/(g/100g)	可溶性碳水化合物(WSC)/(g/kg)
金银花枝条/FM						
10%		41.90±1.29^a	36.40±2.02^a	33.90±1.78^a	18.75±0.81^a	18.57±12.86^a
15%		43.23±1.03^b	37.35±3.25^b	34.28±2.59^a	17.82±0.89^b	21.16±14.14^b
20%		42.63±0.74^{ab}	39.74±2.51^c	36.30±2.89^b	17.01±0.59^c	24.18±14.45^c
P 值						
甲酸		0.001	<0.001	<0.001	<0.001	<0.001
金银花枝条		0.008	<0.001	<0.001	<0.001	<0.001
甲酸×金银花枝条		0.598	0.007	0.025	0.054	<0.001

注：同列数据肩标不同小写字母表示差异显著（$P<0.05$），相同小写字母或无字母表示差异不显著（$P>0.05$）。

添加甲酸和金银花枝条对中性洗涤纤维 NDF 和酸性洗涤纤维 ADF 的含量具有显著影响，且具有显著交互作用（$P<0.05$）。与 CK 组相比，添加甲酸和金银花枝条可显著改变中性洗涤纤维 NDF、酸性洗涤纤维 ADF 含量（$P<0.05$）。随金银花枝条添加量增加，NDF、ADF 含量显著升高（$P<0.05$），以金银花枝条 20% 处理样品 NDF、ADF 含量最高；金银花枝条 10% 处理样品 NDF、ADF 含量最低；随甲酸添加量增加，金银花枝条添加量不同，各处理 NDF、ADF 含量变化趋势不同。金银化枝条 10%、15% 处理苜蓿青贮 NDF 含量随甲酸添加量呈降低趋势，ADF 含量变化略有不同，金银花枝条 20% 处理 NDF 含量呈先升高后降低趋势，ADF 含量呈降低趋势。添加甲酸与金银花枝条处理苜蓿青贮 NDF、ADF 含量表现为：甲酸 5mL/kg、金银花枝条 15% 时所处理苜蓿青贮 NDF、ADF 含量最低，分别为 33.50%、31.05%。

添加甲酸和金银花枝条对粗蛋白质 CP 的含量具有显著影响，且不具有显著交互作用（$P<0.05$）。与 CK 组相比，添加甲酸和金银花枝条可显著改变粗蛋白质 CP 含量（$P<0.05$）。随金银花枝条添加量增加，粗蛋白质含量显著降低（$P<0.05$），以金银花枝条 10% 处理样品 CP 含量最高；金银花枝

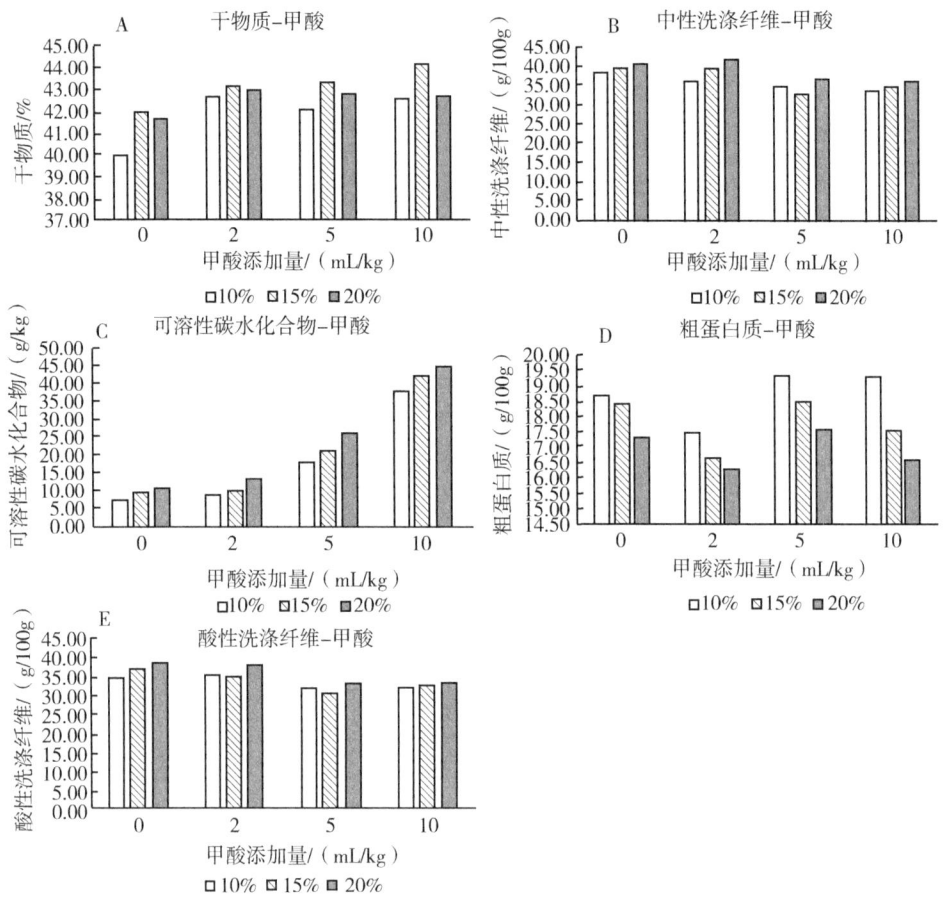

图 8-1 金银花枝条和甲酸对苜蓿青贮营养品质的影响

注：10%、15%、20%表示金银花枝条的添加量。

条 20%处理样品 CP 含量最低；随甲酸添加量增加，CP 含量整体呈先降低后升高再降低趋势。所有处理中，以甲酸 5mL/kg、金银花枝条 10%时所处理苜蓿青贮 CP 含量最高，为 19.38g/100g。

添加甲酸和金银花枝条对可溶性碳水化合物 WSC 的含量具有显著影响，且具有显著交互作用（$P<0.05$）。与 CK 组相比，添加甲酸和金银花枝条可显著提高可溶性碳水化合物 WSC 含量（$P<0.05$）。随金银花枝条添加量增加，可溶性碳水化合物 WSC 显著升高（$P<0.05$），以金银花枝条 20%处理样品 WSC 含量最高；随甲酸添加量增加，WSC 含量整体升高趋势。所有处

理中，以甲酸10mL/kg、金银花枝条20%时所处理苜蓿青贮WSC含量最高，为45.25g/100g。

2. 甲酸及金银花枝条对苜蓿青贮发酵品质的影响

金银花枝条和甲酸对苜蓿青贮营养品质的影响结果见表8-2、图8-2。由表8-2可知，添加甲酸和金银花枝条对pH值具有显著影响，但不具有显著交互作用（$P<0.05$）。与CK对照发现，甲酸和金银花枝条可显著降低苜蓿青贮pH值（$P<0.05$）。随甲酸添加水平增加，各处理样品pH值呈先降低后上升变化趋势，以甲酸5mL/kg、金银花枝条20%处理苜蓿样品pH值最低。

表8-2 金银花枝条及甲酸对苜蓿青贮发酵品质的影响

金银花枝条/FM	甲酸/(mL/kg)	pH值	乳酸(LA)/(mg/g)	乙酸(AA)/(mg/g)	丙酸(BA)/(mg/g)	乳酸/乙酸(LA)/AA	铵态氮(AN)/(mg/kg)
10%	0	5.52±0.04	27.55±0.62^a	6.15±0.09	0.38±0.10	4.48±0.03	22.31±1.20^b
	2	5.31±0.01	28.25±1.00^a	5.52±0.13	0.24±0.01	5.13±0.30	24.62±2.14^b
	5	5.01±0.01	30.29±0.27^b	5.06±0.01	0.26±0.02	5.99±0.06	17.40±1.47^a
	10	5.09±0.03	30.52±0.14^b	4.81±0.11	NA	6.36±0.12	17.39±2.91^a
15%	0	5.49±0.08	27.16±0.10^a	6.09±0.28	0.33±0.06	4.47±0.22	24.65±0.66^b
	2	5.20±0.01	30.59±1.11^b	4.84±0.33	0.19±0.00	6.33±0.21	32.62±0.82^c
	5	4.96±0.00	32.61±0.01^c	4.84±0.05	0.25±0.01	6.75±0.07	14.18±0.24^a
	10	5.09±0.03	33.35±0.00^c	4.67±0.49	NA	7.19±0.75	23.86±0.42^b
20%	0	5.39±0.06	27.19±0.28^a	6.45±0.30	0.24±0.00	4.22±0.16	33.36±1.41^c
	2	5.10±0.03	31.22±0.39^b	4.82±0.16	0.17±0.02	6.49±0.13	39.09±2.82^d
	5	4.95±0.03	30.30±0.64^b	4.89±0.49	0.05±0.01	6.23±0.49	24.91±1.91^b
	10	5.05±0.01	33.81±0.56^c	4.72±0.06	NA	7.17±0.20	33.64±1.85^c
主效应							
甲酸/(mL/kg)							
	0	5.47±0.08^d	27.30±0.36^a	6.23±0.26^a	0.32±0.08^a	4.39±0.18^a	26.77±5.28^b

（续表）

金银花枝条/FM	甲酸/(mL/kg)	pH 值	乳酸(LA)/(mg/g)	乙酸(AA)/(mg/g)	丙酸(BA)/(mg/g)	乳酸/乙酸(LA)/AA	铵态氮(AN)/(mg/kg)
2		5.20±0.09[c]	30.02±1.56[b]	5.06±0.40[b]	0.20±0.03[b]	5.98±0.69[b]	32.11±6.68[a]
5		4.97±0.03[a]	31.07±1.23[c]	4.93±0.24[b]	0.18±0.11[b]	6.32±0.42[b]	18.83±5.04[c]
10		5.08±0.03[b]	32.56±1.61[d]	4.73±0.23[b]	NA	6.91±0.55[c]	24.96±7.48[b]
金银花枝条							
10%		5.23±0.21[a]	29.15±1.44[a]	5.38±0.55	0.29±0.08[a]	5.49±0.79[a]	20.43±3.70[a]
15%		5.18±0.21[b]	30.93±2.60[b]	5.11±0.66	0.26±0.07[b]	6.18±1.15[b]	23.83±7.00[b]
20%		5.12±0.18[c]	30.63±2.55[b]	5.22±0.79	0.15±0.09[c]	6.03±1.19[b]	32.75±5.64[c]
P 值							
甲酸		<0.001	<0.001	<0.001	<0.001	<0.001	<0.001
金银花枝条		<0.001	<0.001	0.149	<0.001	0.002	<0.001
甲酸×金银花枝条		0.097	0.001	0.310	0.084	0.047	0.009

注：同列数据肩标不同小写字母表示差异显著（$P<0.05$），相同小写字母或无字母表示差异不显著（$P>0.05$），NA 表示未检出。

添加甲酸和金银花枝条对乳酸 LA 含量具有显著影响，且具有显著交互作用（$P<0.05$）。与 CK 对照发现，甲酸和金银花枝条可显著改善苜蓿青贮乳酸 LA 含量（$P<0.05$）。随甲酸和金银花枝条添加量增加，乳酸 LA 含量整体呈上升趋势，但整体变化幅度较小。以甲酸 10mL/kg、金银花枝条 20% 处理苜蓿青贮 LA 含量最高。

添加甲酸对苜蓿青贮乙酸 AA 含量具有显著影响，但金银花枝条对苜蓿青贮乙酸 AA 含量不具有显著影响，且两者不具有显著交互作用（$P>0.05$）。与 CK 对照发现，随甲酸和金银花枝条添加量增加，各处理苜蓿青贮乙酸 AA 呈显著下降趋势（$P<0.05$）。以甲酸 10mL/kg、金银花枝条 15% 处理苜蓿样品乙酸含量最低。

添加甲酸和金银花枝条对苜蓿青贮乳酸/乙酸（LA/AA）含量具有显著影响，且具有显著交互作用（$P<0.05$）。与 CK 对照发现，随甲酸和金银花

第八章 添加剂对金银花枝条与苜蓿混合青贮发酵品质及微生物差异性研究

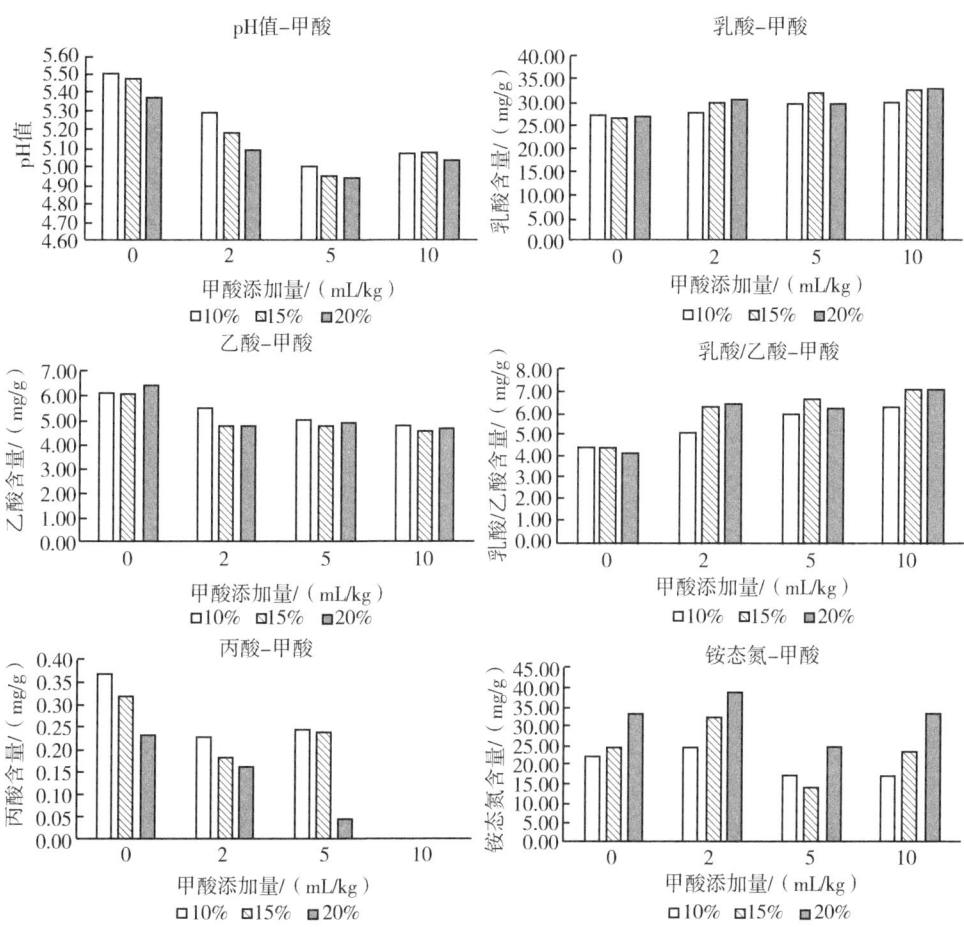

图 8-2 金银花枝条与甲酸对苜蓿青贮发酵品质的影响结果

注：10%、15%、20%表示金银花枝条的添加量。

枝条添加量增加，乳酸/乙酸（LA/AA）含量整体呈上升趋势，与乳酸 LA 变化趋势相同。

添加甲酸和金银花枝条对苜蓿青贮丙酸（BA）含量具有显著影响，但不具有显著交互作用（$P<0.05$）。与 CK 对照发现，添加甲酸和金银花枝条可显著降低苜蓿青贮中 BA 的含量（$P<0.05$）。金银花添加量不同，各处理随甲酸添加量变化其丙酸 BA 含量变化趋势不同，金银花枝条 10%、15% 处理苜蓿青贮丙酸 BA 含量呈先降低后升高再降低趋势，金银花枝条 20% 处理

苜蓿青贮丙酸 BA 含量呈降低趋势。

添加甲酸和金银花枝条对苜蓿青贮中铵态氮含量具有显著影响，且具有显著交互作用（$P<0.05$）。随金银花枝条添加量增加，铵态氮含量显著升高（$P<0.05$），以金银花枝条 20% 处理样品铵态氮含量最高；随甲酸添加量增加，各处理铵态氮含量整体呈先升高后降低趋势。所有处理中，以甲酸 5mL/kg、金银花枝条 15% 时所处理苜蓿青贮铵态氮含量最低。

3. 不同处理下的苜蓿青贮饲料的主成分分析

采用 SPSS 26.0 软件，将各处理的营养品质 DM、NDF、ADF、CP、WSC 及发酵品质 pH 值、LA、AA、BA、LA/AA、NH_3-N 共 11 个指标标准化处理，进行 KMO 和 Bartlett 检验，其结果如表 8-3 所示。由表 8-3 中可知，KMO 值为 0.662，显著性数值为 0.000，说明该数据适合进行主成分分析。

表 8-3　KMO 和 Bartlett 的检验结果

KMO 取样足够度的度量	Bartlett 球形度检验		
	近似方卡	自由度	显著性
0.662	353.688	55	0.000

对 11 个处理的苜蓿青贮饲料进行主成分分析，基于特征值>1 标准，可筛选出 2 个主成分，其结果见表 8-4、表 8-5。由结果可以看出，第 1 主成分的特征值为 6.154，贡献率为 55.947%，其对应特征向量中绝对值较大的指标依次为 DM、NDF、ADF、WSC、pH 值、LA、AA、BA、LA/AA；第 2 主成分的特征值为 2.970，贡献率为 26.999%，其对应特征向量中绝对值较大的指标为 CP、NH_3-N；2 个主成分的累积贡献率为 82.946%，意味着保留了原来 11 个指标的 82.946% 的信息。

表 8-4　相关指标的特征值及方差贡献率分析表

成分	初始特征值			提取平方和载入		
	合计	方差的占比/%	累积占比/%	合计	方差的占比/%	累积占比/%
1	6.154	55.947	55.947	6.154	55.947	55.947
2	2.970	26.999	82.946	2.970	26.999	82.946

第八章 添加剂对金银花枝条与苜蓿混合青贮发酵品质及微生物差异性研究

表 8-5 相关指标主成分分析的成分矩阵

评价指标	主成分因子	
	1	2
干物质（DM）/%	-0.689	0.356
中性洗涤纤维（NDF）/（g/100g）	0.681	0.673
酸性洗涤纤维（ADF）/（g/100g）	0.731	0.619
粗蛋白质（CP）/（g/100g）	0.038	-0.943
可溶性碳水化合物（WSC）/（g/kg）	-0.840	0.019
pH 值	0.880	-0.052
乳酸（LA）/（mg/g）	-0.911	0.201
乙酸（AA）/（mg/g）	0.900	-0.173
丙酸（BA）/（mg/g）	0.785	-0.322
乳酸/乙酸	-0.942	0.217
铵态氮/（mg/kg）	0.242	0.946

4. 各指标综合得分及其排名

根据主成分分析结果，在筛选出的 2 个主成分中分别选择 ADF、WSC、pH 值、LA、CP、BA 等 8 个指标代替其余指标进行模糊隶属函数分析并进行排名，结果如表 8-6 所示。由表 8-6 中可以看出，以金银花枝条比例 10%、甲酸添加量 10mL/kg 处理隶属值最高，平均隶属值 0.81，其次是金银花枝条比例 15%、甲酸添加量 10mL/kg，平均隶属值 0.80。此外，在不同比例金银花枝条处理组中，添加甲酸处理苜蓿青贮其隶属值均大于对照。

表 8-6 各指标隶属值、综合得分及排名

项目	隶属值											
金银花枝条/FM	10%				15%				20%			
甲酸/（mL/kg）	0	2	5	10	0	2	5	10	0	2	5	10
粗蛋白质（CP）/（g/100g）	0.79	0.40	1.00	0.99	0.71	0.12	0.73	0.40	0.34	0.00	0.44	0.11
可溶性碳水化合物（WSC）/（g/kg）	0.00	0.04	0.27	0.81	0.05	0.07	0.36	0.93	0.08	0.15	0.50	1.00
pH 值	0.00	0.38	0.89	0.75	0.05	0.57	0.98	0.75	0.24	0.74	1.00	0.82

（续表）

项目	隶属值											
金银花枝条/FM	10%				15%				20%			
甲酸/（mL/kg）	0	2	5	10	0	2	5	10	0	2	5	10
乳酸（LA）/（mg/g）	0.06	0.16	0.47	0.51	0.00	0.52	0.82	0.93	0.00	0.61	0.47	1.00
乳酸/乙酸（LA/AA）	0.09	0.30	0.59	0.72	0.08	0.71	0.85	1.00	0.00	0.76	0.68	0.99
酸性洗涤纤维（ADF）/（g/100g）	0.52	0.40	0.83	0.85	0.22	0.44	1.00	0.74	0.00	0.06	0.67	0.68
丙酸（BA）/（mg/g）	0.00	0.38	0.33	1.00	0.13	0.50	0.34	1.00	0.37	0.57	0.88	1.00
铵态氮（AN）/（mg/kg）	0.67	0.58	0.87	0.87	0.58	0.26	1.00	0.61	0.23	0.00	0.57	0.22
综合得分	0.27	0.33	0.66	0.81	0.23	0.40	0.76	0.80	0.16	0.36	0.65	0.73
排名	10	9	5	1	11	7	3	2	12	8	6	4

三、小结

不同金银花枝条比例、甲酸添加量对苜蓿青贮的营养指标 DM、NDF、ADF、CP、WSC 含量存在显著影响，且两者对 NDF、ADF、WSC 含量存在显著交互作用（$P<0.05$）。与对照相比，添加甲酸可显著降低苜蓿青贮的 NDF、ADF 含量（$P<0.05$），添加金银花枝条可显著提高苜蓿青贮的 NDF、ADF 含量（$P<0.05$），两者均可显著提高苜蓿青贮的 DM 和 WSC 含量（$P<0.05$）。随甲酸添加量增加，苜蓿青贮的 NDF、ADF 含量呈下降趋势，WSC 含量呈上升趋势，DM 和 CP 含量变化趋势相反。随金银花枝条比例增加，苜蓿青贮的 CP 含量呈降低趋势，NDF、ADF 和 WSC 含量变化与之相反，DM 含量呈先升高后降低趋势。

不同金银花枝条比例、甲酸添加量对苜蓿青贮的发酵指标 pH 值、AA、BA、LA/AA、AN 含量均存在显著影响，且两者对 LA、AN 含量存在显著交互作用（$P<0.05$）。与对照相比，添加甲酸、金银花枝条均可以显著降低苜

苜蓿青贮的pH值、AA、BA含量，提高LA含量（$P<0.05$）。

随甲酸添加量增加，苜蓿青贮的pH值呈先降低后升高趋势；AA、BA、AN含量呈降低趋势，LA含量呈升高趋势。随金银花枝条比例增加，各处理组pH值呈降低趋势，AN含量反呈升高趋势，LA含量呈先升高后下降趋势，AA含量与LA含量变化趋势相反。

添加金银花枝条和甲酸对苜蓿青贮品质具有显著交互作用，适量的甲酸和金银花枝条能够改善苜蓿青贮饲料的品质。主成分及隶属函数分析综合评定以金银花枝条10%、甲酸10mL/kg处理苜蓿青贮效果最佳，其次为金银花枝条15%、甲酸10mL/kg处理苜蓿青贮。

第三节 单宁酸添加量和金银花枝条比例对苜蓿青贮品质的影响

单宁酸（Tannic acid，TA）是具有还原性和抗氧化性的有机酸，具有杀菌、防腐、凝固蛋白质的作用。紫花苜蓿青贮过程中易发生蛋白质降解现象。因此，在青贮饲料中添加单宁酸可迅速降低青贮饲料pH值，抑制杂菌的繁殖，降低铵态氮和总酸的含量，从而防止粗蛋白质降解，延长青贮保存时间，改善青贮饲料的品质。单宁酸在动物消化道内部可与植物蛋白形成复合物，提高反刍动物过瘤胃蛋白，从而提高饲料中养分的可利用率。袁英良等（2018）研究表明，在苜蓿草粉中添加单宁酸可显著提高反刍动物小肠消化率，有效保护过瘤胃蛋白。丁学智等（2006）研究发现，单宁酸可抑制瘤胃甲烷产气量，单宁酸添加浓度越高，抑制程度越好。Avijit等（2014）研究发现，通过饲喂奶牛添加1.5%缩合单宁的孟加拉榕树叶可显著提高奶牛乳产量。杨冬梅等（2012）将3%和4%单宁酸添加在青绿葛藤茎叶中，青贮60d后添加单宁酸的葛藤茎叶青贮饲料质地松散完整，具有酸香味，干物质损失率显著降低；可溶性碳水化合物和中性洗涤纤维含量显著增加。同时，诸多研究也表明，单宁酸能抑制小白鼠表皮与大肠多环芳香烃的诱变作用和肿瘤增生的作用，降低血脂清除自由基，将其应用于青贮过程中，以替代对人体健康具有潜在威胁的CH_2O和CH_2O_2有助于生产绿色健康的有机畜产品（Shimada，2006）。

单宁酸被广泛应用于苜蓿青贮中，且取得了良好的青贮效果。金银花作为饲料添加剂也取得了一定的研究进展，但两者同时应用在苜蓿青贮中文献报道较少，因此，本试验拟通过添加不同量金银花枝条、单宁酸，探究金银花枝条与单宁酸交互作用对苜蓿青贮品质的影响，并结合主成分和隶属函数分析筛选适宜的金银花枝条比例和单宁酸添加量，以期为绿色、高效青贮添加剂的开发和利用提供理论依据。

一、材料与方法

1. 试验材料

本试验金银花枝条于2023年6月采自宁夏中卫市阳光沐场金银花生产基地（不含花），紫花苜蓿采自宁夏千叶青农业科技发展有限公司（2茬现蕾期）。两种原材料自然晾晒至含水量60%~70%，切至1~2cm备用。

单宁酸（Tannic acid），$C_{76}H_{52}O_{46}$，纯度≥75%，粗纤维≤2%，粗灰分≤2%，水分≤6%，可溶性糖≤15%。

2. 试验设计

采用双因素试验设计，一因素为金银花枝条比例，含3个水平，分别为10%、15%、20%；另一因素为单宁酸添加量，含4个水平，其中添加剂量为0mg/kg作为对照，其余3个水平分别为20mg/kg、40mg/kg和60mg/kg；总共12个处理，每处理3个重复，每个重复约750g，混合均匀后装入28cm×40cm的双层聚乙烯青贮袋中，用真空打包机抽真空密封，于室温下贮藏发酵45d，开袋取样分析。试验分组设计见表8-7。

表8-7 试验分组设计

单宁酸添加量/（mg/kg）	金银花枝条添加量/FM		
	10%	15%	20%
0	M1D0	M2D0	M3D0
20	M1D1	M2D1	M3D1
40	M1D2	M2D2	M3D2
60	M1D3	M2D3	M3D3

3. 试验仪器

烘箱、PHSJ-4F 型实验室 pH 计、FOSS 8400 全自动凯氏定氮仪、ANKOM 纤维仪、WFZ UV-2000 紫外可见光光度计（尤尼柯仪器有限公司，中国上海）、高效液相色谱仪（Agilent 1260 Pre），色谱柱为 Agilent Inc. C18 柱（4.6mm×250mm，5μm），NanoDrop 超微量分光光度计（Thermo），Qubit 3.0 荧光光度计检测仪（Invitrogen）。

4. 测定指标与方法

（1）营养成分。取青贮样品约 200g 于纸袋中，105℃ 杀青 30min，65℃ 继续烘干 48h，研磨粉碎，用于测定粗蛋白质（CP）、可溶性碳水化合物（WSC）、干物质（DM）、酸性洗涤纤维（ADF）和中性洗涤纤维（NDF），其中 DM、CP、NDF 和 ADF 含量采用张丽英的方法测定，WSC 含量采用蒽酮-硫酸比色法测定。

（2）发酵品质。取青贮样品约 10g，加入蒸馏水 90mL 搅拌均匀，于 4℃ 下浸提 24h 后过滤，浸提液用于 pH 值、乳酸（LA）、乙酸（AA）、丙酸（PA）、丁酸（BA）的测定。pH 值采用上海佑科 pH-3C 酸度计测定；铵态氮（AN）含量采用苯酚-次氯酸钠比色法测定。

（3）隶属函数分析。采用隶属函数法对各处理营养品质及发酵指标进行综合评价，其中 CP、WSC、LA、LA/AA 为正向指标，pH 值、ADF、BA、AN 为负向指标。根据总隶属度进行排序，计算公式为：

$$U_x(+) = \frac{X_i - X_{\min}}{X_{\max} - X_{\min}} \tag{8.3}$$

$$U_x(-) = 1 - \frac{X_i - X_{\min}}{X_{\max} - X_{\min}} \tag{8.4}$$

式中，U_x 表示总隶属值；X_i 表示第 i 个因子的得分值；$X_{\min}$ 表示第 i 个因子得分的最小值；$X_{\max}$ 表示第 i 个因子得分的最大值。

5. 数据统计与分析

试验数据先用 Excel 初步整理，后用 SPSS 26.0 软件进行主成分分析和方差分析，并用 Duncan 氏法进行多重比较分析，结果以平均值±标准差表示，$P<0.05$ 表示差异显著，$P>0.05$ 表示差异不显著。

二、结果与分析

1. 金银花枝条比例与单宁酸添加量对苜蓿青贮营养成分的影响

（1）对干物质含量的影响。不同单宁酸及金银花枝条添加量对苜蓿青贮营养成分的影响见表8-8、图8-3A。可以看出，添加单宁酸和金银花枝条对干物质DM的含量具有显著影响，但不具有显著交互作用（$P<0.05$）。与CK对照发现，随单宁酸添加量增加，各处理组干物质含量呈先升高后降低趋势，D2组干物质含量显著高于D0、D1、D3组（$P<0.05$）。金银花枝条处理对干物质含量的影响，其同单宁酸组处理变化趋势相同，其中M3处理组干物质含量显著高于M1、M2处理组，以M3D2组合干物质含量最高。

表8-8　单宁酸及金银花枝条对苜蓿青贮营养品质的影响

金银花枝条	单宁酸	干物质（DM）/%	中性洗涤纤维（NDF）/（g/100g）	酸性洗涤纤维（ADF）/（g/100g）	粗蛋白质（CP）/（g/100g）	可溶性碳水化合物（WSC）/（g/kg）
M1（10%）	D0	40.05±0.78^a	39.00±0.00^{bc}	34.95±0.07^{ab}	18.73±0.39^d	8.09±0.57^a
	D1	40.80±0.28^{ab}	39.10±0.00^{bc}	35.00±0.28^{ab}	18.75±0.43^d	10.78±1.07^{bc}
	D2	42.60±0.71^{cde}	38.70±0.71^b	35.05±0.35^{ab}	17.94±0.45^{bcd}	11.30±0.01^{bc}
	D3	41.85±0.49^{bc}	39.00±0.99^{bc}	34.50±0.42^a	18.74±0.21^d	13.76±1.11^{de}
M2（15%）	D0	42.00±0.14^{bcd}	40.35±1.06^{bcd}	37.35±0.64^d	18.48±0.3^{cd}	9.83±0.40^b
	D1	41.95±0.07^{bcd}	40.90±1.41^{cd}	36.75±1.48^{cd}	18.19±0.45^{bcd}	12.27±1.82^{cd}
	D2	43.10±0.42^{de}	40.40±0.57^{bcd}	38.70±0.00^e	17.04±0.56^{ab}	12.65±0.43^{cd}
	D3	42.35±0.35^{cd}	40.20±1.41^{bcd}	35.75±0.49^{abc}	16.99±0.51^{ab}	14.52±0.95^e
M3（20%）	D0	41.70±0.99^{bc}	41.50±0.71^d	39.15±0.49^e	17.37±0.28^{abc}	11.24±0.42^{bc}
	D1	42.70±0.28^{cde}	41.25±0.49^d	38.95±0.07^e	16.94±0.08^a	11.72±0.23^c
	D2	43.60±0.14^e	40.30±0.57^{bcd}	35.90±0.00^{bc}	17.47±0.49^{abc}	14.58±0.07^e
	D3	42.35±0.49^{cd}	35.30±0.42^a	34.45±0.78^a	17.02±1.10^{ab}	14.09±0.18^{de}
主效应						
单宁酸/（mg/kg）						
	D0	41.25±1.10^a	40.28±1.26^a	37.15±1.92^a	18.19±0.69	9.72±1.46^a
	D1	41.82±0.88^{ab}	40.42±1.23^a	36.90±1.90^a	17.96±0.88	11.59±1.16^b

(续表)

金银花枝条	单宁酸	干物质(DM)/%	中性洗涤纤维(NDF)/(g/100g)	酸性洗涤纤维(ADF)/(g/100g)	粗蛋白质(CP)/(g/100g)	可溶性碳水化合物(WSC)/(g/kg)
D2		43.10±0.58^c	39.80±0.98^a	36.55±1.72^a	17.48±0.56	12.84±1.49^c
D3		42.18±0.44^b	38.17±2.42^b	34.90±0.80^b	17.58±1.05	14.12±0.74^d
金银花枝条/FM						
M1		41.33±1.14^a	38.95±0.49^a	34.88±0.33^a	18.54±0.47^a	10.98±2.24^a
M2		42.35±0.54^b	40.46±0.93^a	37.14±1.31^b	17.67±0.80^b	12.31±1.96^b
M3		42.59±0.85^b	39.59±2.72^{ab}	37.11±2.17^b	17.20±0.53^b	12.91±1.56^b
P 值						
单宁酸		0.000	0.002	0.000	0.096	0.000
金银花枝条		0.001	0.011	0.000	0.001	0.001
单宁酸×金银花枝条		0.281	0.001	0.000	0.144	0.121

注：同列数据肩标含有不同小写字母表示差异显著（$P<0.05$），含相同字母或无字母表示差异不显著（$P>0.05$）。

（2）对中性洗涤纤维含量的影响。不同单宁酸及金银花枝条添加量对苜蓿青贮营养成分的影响见表8-8、图8-3B。可以看出，添加单宁酸和金银花枝条对中性洗涤纤维的含量具有显著影响，且具有显著交互作用（$P<0.05$）。M0、M1处理组其中性洗涤纤维含量变化趋势相同，随金银花枝条添加量呈升高趋势，但随单宁酸添加量变化，除金银花枝条20%处理呈降低趋势外，其余两组均呈升高趋势，但变化幅度不大。M2较M0处理组，金银花枝条10%、20%处理样品中性洗涤纤维含量均降低。

（3）对酸性洗涤纤维含量的影响。不同单宁酸及金银花枝条添加量对苜蓿青贮营养成分的影响见表8-8、图8-3C。可以看出，添加单宁酸和金银花枝条对酸性洗涤纤维的含量具有显著影响，且具有显著交互作用（$P<0.05$）。与CK对照发现，金银花添加量不同，各处理样品酸性洗涤纤维含量随单宁酸添加量变化不同。金银花枝条10%时，M1处理组样品酸性洗涤纤维含量呈先升高后降低趋势；金银花枝条15%时，M2处理组样品酸性洗涤纤维含量呈先降低后升高再降低趋势；金银花枝条20%时，M3处理组样品酸性洗涤纤维含量呈降低趋势。

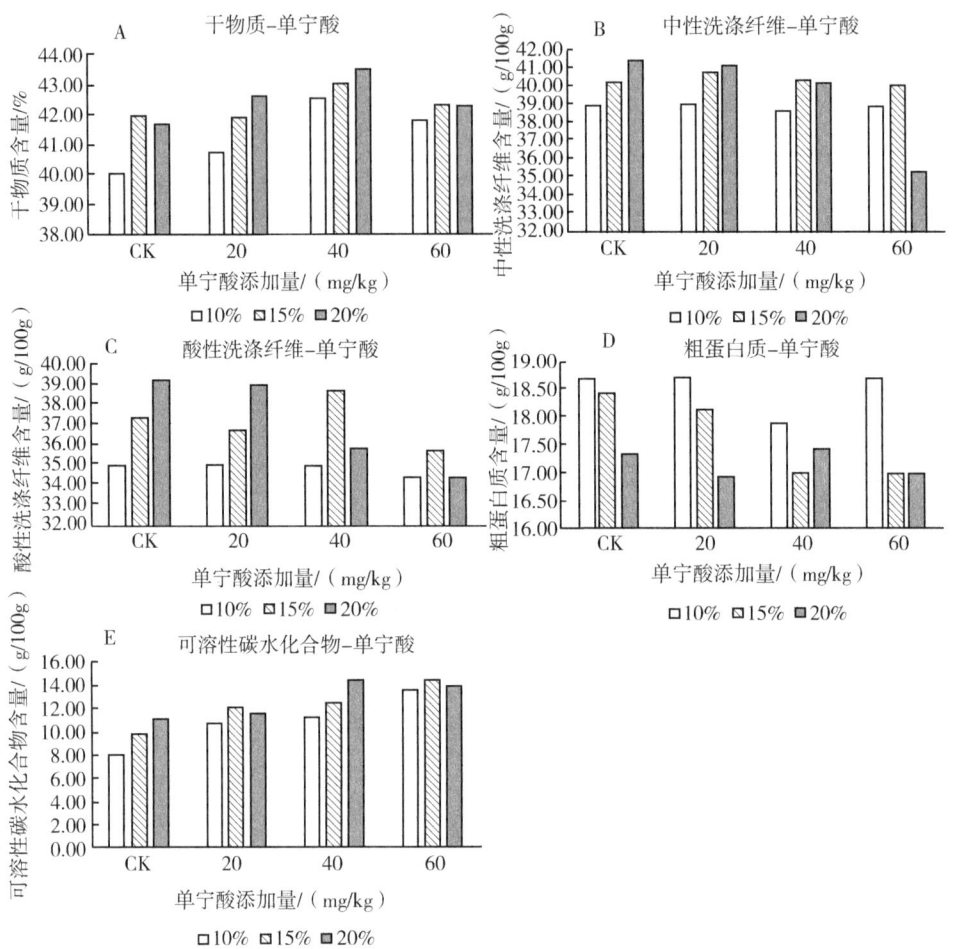

图 8-3　金银花枝条和单宁酸对苜蓿青贮营养品质影响结果

注：10%、15%、20%表示金银花枝条的添加量。

另与CK对照发现，单宁酸添加量不同，各处理组样品酸性洗涤纤维含量随金银花枝条添加量变化不同。M0、M1处理组随金银花枝条添加量呈升高趋势，以金银花枝条20%处理含量最高，金银枝条10%处理最低。但随单宁酸添加量进一步增加，M2、M3处理组均以金银花枝条15%处理样品酸性洗涤纤维含量居高，且M2处理组高于M3处理组。

（4）对粗蛋白质含量的影响。不同单宁酸及金银花枝条添加量对苜蓿青贮营养成分的影响见表8-8、图8-3D。可以看出，添加单宁酸对各处理粗

第八章 添加剂对金银花枝条与苜蓿混合青贮发酵品质及微生物差异性研究

蛋白质含量不具有显著影响（$P<0.05$）；添加金银花枝条对各处理粗蛋白质含量具有显著影响（$P<0.05$），两者也不具有显著交互作用（$P<0.05$）。

与 CK 对照发现，金银花添加量不同，各处理样品粗蛋白质含量随单宁酸添加量变化不同。随单宁酸添加量增大，M1 组样品粗蛋白质含量呈先升高后降低再升高趋势，但整体变化幅度不大；M2 组样品粗蛋白质含量呈降低趋势。M3 组与 M1 组变化趋势相反。

另与 CK 对照发现，单宁酸添加量不同，各处理组样品粗蛋白质含量随金银花枝条添加量变化不同。随金银花枝条添加量增大，M0、M1 组粗蛋白质含量呈降低趋势，M2 与 M3 粗蛋白质含量变化趋势相同，呈先降低后升高趋势，其中金银花枝条 10% 样品粗蛋白质含量居高。

（5）对可溶性碳水化合物含量的影响。不同单宁酸及金银花枝条添加量对苜蓿青贮营养成分的影响见表 8-8、图 8-3E。可以看出，添加单宁酸和金银花枝条对各处理可溶性碳水化合物含量具有显著影响，但不具有显著交互作用（$P<0.05$）。

与 CK 对照发现，金银花添加量不同，各处理样品可溶性碳水化合物含量随单宁酸添加量变化趋势相同。均随金银花枝条比例增加呈上升趋势。另与 CK 对照发现，随单宁酸添加量增加，不同比例金银花枝条处理组可溶性碳水化合物含量呈上升趋势。以 M3D2 处理可溶性碳水化合物含量最高，为 14.58mg/kg。

2. 金银花枝条比例与单宁酸添加量对苜蓿青贮发酵品质的影响

添加单宁酸及金银花枝条对苜蓿青贮发酵品质的影响结果见表 8-9、图 8-4。可以看出，添加甲酸和金银花枝条对 pH 值具有显著影响，但不具有显著交互作用（$P<0.05$）。与 CK 对照发现，添加金银花枝条可显著降低苜蓿青贮 pH 值（$P<0.05$），随金银花枝条比例增加，pH 值呈降低趋势，单宁酸添加量对 pH 值作用不明显。

表 8-9 单宁酸及金银花枝条对苜蓿青贮发酵品质的影响

金银花枝条	单宁酸	pH 值	乳酸（LA）/（mg/g）	乙酸（AA）/（mg/g）	丙酸（BA）/（mg/g）	乳酸/乙酸	铵态氮/（mg/kg）
M1（10%）	D0	5.52 ± 0.04^{cd}	27.55 ± 0.62^{e}	6.15 ± 0.09^{de}	0.38 ± 0.10^{c}	4.48 ± 0.03^{bc}	22.31 ± 1.20^{a}
	D1	5.52 ± 0.04^{cd}	24.73 ± 0.75^{bc}	5.79 ± 0.08^{bcd}	0.09 ± 0.01^{a}	4.28 ± 0.07^{ab}	25.50 ± 0.39^{a}
	D2	5.63 ± 0.09^{d}	25.17 ± 0.30^{c}	5.91 ± 0.04^{bcd}	0	4.27 ± 0.02^{ab}	24.33 ± 0.16^{a}
	D3	5.48 ± 0.01^{bc}	23.08 ± 0.25^{a}	5.74 ± 0.01^{bcd}	0	4.03 ± 0.04^{a}	48.52 ± 2.37^{f}

（续表）

金银花枝条	单宁酸	pH 值	乳酸（LA）/(mg/g)	乙酸（AA）/(mg/g)	丙酸（BA）/(mg/g)	乳酸/乙酸	铵态氮/(mg/kg)
M2 (15%)	D0	5.49±0.08[bc]	27.16±0.10[de]	6.09±0.28[de]	0.33±0.06[c]	4.47±0.22[bc]	24.65±0.66[a]
	D1	5.43±0.04[abc]	26.27±0.37[d]	5.83±0.25[bcd]	0.06±0.01[a]	4.52±0.25[bc]	33.43±0.20[b]
	D2	5.45±0.06[abc]	25.06±0.01[c]	5.55±0.04[abc]	0	4.52±0.03[bc]	33.96±0.57[b]
	D3	5.39±0.01[ab]	24.37±0.33[bc]	5.92±0.33[cd]		4.13±0.18[a]	45.49±1.55[ef]
M3 (20%)	D0	5.39±0.06[ab]	27.19±0.28[de]	6.45±0.30[e]	0.24±0.00[b]	4.22±0.16[ab]	33.36±1.41[b]
	D1	5.35±0.01[a]	23.99±0.33[b]	5.29±0.18[a]	0.06±0.00[a]	4.55±0.22[bc]	42.91±5.00[de]
	D2	5.46±0.01[abc]	24.96±0.66[c]	5.47±0.09[ab]	0	4.57±0.05[bc]	39.30±4.01[cd]
	D3	5.43±0.04[abc]	24.25±0.11[bc]	5.25±0.11[a]	0	4.62±0.12[c]	36.97±0.97[bc]
主效应							
单宁酸添加量/(mg/kg)							
D0		5.47±0.08[ab]	27.30±0.36[c]	6.23±0.26[a]	0.32±0.08[a]	4.39±0.18	26.77±5.28[a]
D1		5.43±0.08[b]	25.00±1.11[b]	5.63±0.30[b]	0.07±0.02[b]	4.45±0.20	33.94±8.11[b]
D2		5.51±0.10[a]	25.06±0.34[b]	5.64±0.21[b]	0	4.45±0.15	32.53±7.02[b]
D3		5.43±0.04[b]	23.90±0.66[a]	5.64±0.35[b]	0	4.26±0.30	43.66±5.52[c]
金银花枝条/FM							
M1		5.53±0.07[a]	25.13±1.75[a]	5.89±0.17	0.23±0.18	4.26±0.18[a]	30.16±11.44[a]
M2		5.44±0.06[b]	25.71±1.17[c]	5.84±0.28	0.19±0.16	4.41±0.23[ab]	34.38±7.94[b]
M3		5.40±0.05[b]	25.10±1.38[a]	5.61±0.54	0.15±0.10	4.49±0.20[b]	38.13±4.48[c]
P 值							
单宁酸		0.048	0.000	0.000	0.000	0.108	0.000
金银花枝条		0.001	0.018	0.022	0.118	0.024	0.000
单宁酸×金银花枝条		0.237	0.005	0.017	0.255	0.021	0.000

注：同列数据肩标含有不同小写字母表示差异显著（$P<0.05$），含相同字母或无字母表示差异不显著（$P>0.05$）。

添加单宁酸和金银花枝条对乳酸 LA 含量具有显著影响，且具有显著交互作用（$P<0.05$）。与 CK 对照发现，添加单宁酸可显著降低苜蓿青贮乳酸 LA 含量（$P<0.05$），随单宁酸添加量增加，乳酸含量呈下降趋势，金银花枝条可改善乳酸含量，随金银花枝条比例增加，呈先升高后降低趋势。

添加单宁酸和金银花枝条对乙酸 AA 含量具有显著影响，且具有显著交

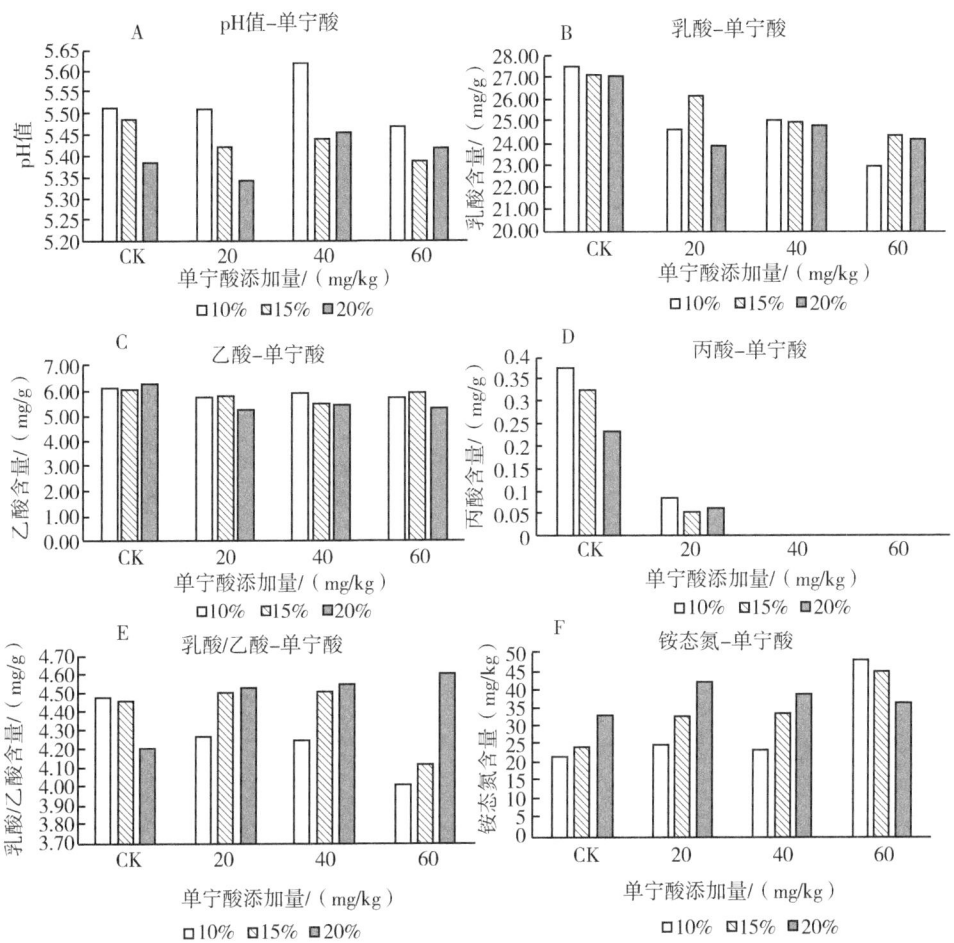

图 8-4　金银花枝条与单宁酸对苜蓿青贮发酵品质的影响结果

注：10%、15%、20%表示金银花枝条的添加量。

互作用（$P<0.05$）。与 CK 对照发现，单宁酸和金银花枝条均可使苜蓿青贮的乙酸含量显著降低。

添加单宁酸对丙酸含量具有显著影响，金银花枝条对丙酸含量影响不显著，且两者不具有显著交互作用（$P<0.05$）。与 CK 对照发现，添加单宁酸和金银花枝条均可降低苜蓿青贮的丙酸含量。

添加单宁酸和金银花枝条对铵态氮含量具有显著影响，且具有显著交互作用（$P<0.05$）。

与 CK 对照发现，添加单宁酸和金银花枝条可显著提高苜蓿青贮铵态氮含量（$P<0.05$）。

3. 不同处理下的苜蓿青贮饲料的主成分分析

采用 SPSS 26.0 软件，将各处理的营养品质 DM、NDF、ADF、CP、WSC 及发酵品质 pH 值、LA、AA、BA、LA/AA、NH_3-N 共 11 个指标标准化处理，进行 KMO 和 Bartlett 检验，其结果如表 8-10 所示。由表 8-10 可知，KMO 值为 0.557，显著性数值为 0.000，说明该数据适合进行主成分分析。

表 8-10 KMO 和 Bartlett 的检验结果

KMO 取样足够度的度量	Bartlett 球形度检验		
	近似方卡	自由度	显著性
0.557	315.410	66	0.000

对 11 个处理的苜蓿青贮饲料进行主成分分析，基于特征值>1 标准，可筛选出 3 个主成分，其结果见表 8-11、表 8-12。由结果可以看出，第 1 主成分的特征值为 4.473，贡献率为 37.277%，其对应特征向量中绝对值较大的指标依次为可溶性碳水化合物（WSC）、乳酸（LA）、丙酸（BA）、铵态氮（AN）；第 2 主成分的特征值为 2.948，贡献率为 24.570%，其对应特征向量中绝对值较大的指标为酸性洗涤纤维（ADF）、中性洗涤纤维（NDF）、pH 值；第 3 主成分的特征值为 1.927，贡献率为 16.057%，其对应特征向量中绝对值较大的指标为乙酸（AA）、乳酸/乙酸（LA/AA）；3 个主成分的累积贡献率为 77.903%，意味着保留了原来 11 个指标的 77.903% 的信息。

表 8-11 相关指标的特征值及方差贡献率分析表

成分	初始特征值			旋转平方和载入		
	合计	方差的占比/%	累积占比/%	合计	方差的占比/%	累积占比/%
1	4.796	39.963	39.963	4.473	37.277	37.277
2	2.808	23.401	63.364	2.948	24.570	61.847
3	1.745	14.539	77.903	1.927	16.057	77.903

表8-12 相关指标主成分分析的旋转成分矩阵

评价指标	主成分因子		
	1	2	3
干物质（DM）/%	−0.622	0.351	0.348
中性洗涤纤维（NDF）/（g/100g）	0.209	0.718	−0.302
酸性洗涤纤维（ADF）/（g/100g）	0.162	0.881	0.075
粗蛋白质（CP）/（g/100g）	0.477	−0.540	−0.362
可溶性碳水化合物（WSC）/（g/kg）	−0.900	0.109	−0.014
pH值	0.320	−0.736	0.044
乳酸（LA）/（mg/g）	0.899	0.232	0.125
乙酸（AA）/（mg/g）	0.679	0.167	−0.607
丙酸（BA）/（mg/g）	0.905	0.105	−0.007
乳酸/乙酸	0.115	0.074	0.944
铵态氮/（mg/kg）	0.827	0.299	−0.259

4. 各指标综合得分及其排名

根据主成分分析结果，在筛选出的3个主成分中分别选择可溶性碳水化合物（WSC）、乳酸（LA）、丙酸（BA）、铵态氮（AN）、酸性洗涤纤维（ADF）、中性洗涤纤维（NDF）、pH值、乳酸/乙酸（LA/AA）8个指标代替其余指标进行模糊隶属函数分析并进行排名，结果如表8-13所示。可以看出，以金银花枝条比例20%系列中、单宁酸添加量40mg/kg处理隶属值最高，平均隶属值0.79，其次是单宁酸添加量40mg/kg，平均隶属值0.65。此外，在不同比例金银花枝条处理组中，添加单宁酸处理苜蓿青贮其隶属值均大于对照。

表8-13 各指标隶属值、综合得分及排名

金银花枝条比例	单宁酸/（mg/kg）	中性洗涤纤维/（NDF）/（g/100）	酸性洗涤纤维/（ADF）/（g/100）	可溶性碳水化合物/（WSC）/（g/kg）	乳酸（LA）/（mg/g）	丙酸（BA）/（mg/g）	铵态氮/（NH$_3$-N）/（mg/kg）	pH值	乳酸/乙酸（LA/AA）	得分/分	排名
10%	0	0.40	0.89	0.00	1.00	0.00	1.00	0.38	0.77	0.56	6
	20	0.39	0.88	0.41	0.37	0.78	0.88	0.39	0.43	0.57	5
	40	0.45	0.87	0.49	0.47	1.00	0.92	0.00	0.41	0.58	4
	60	0.40	0.99	0.87	0.00	1.00	0.00	0.54	0.00	0.48	9

（续表）

金银花枝条比例	单宁酸/(mg/kg)	中性洗涤纤维/(NDF)/(g/100)	酸性洗涤纤维/(ADF)/(g/100)	可溶性碳水化合物(WSC)/(g/kg)	乳酸(LA)/(mg/g)	丙酸(BA)/(mg/g)	铵态氮(NH$_3$-N)/(mg/kg)	pH值	乳酸/乙酸(LA/AA)	得分/分	排名
15%	0	0.19	0.38	0.27	0.91	0.13	0.91	0.48	0.75	0.50	8
	20	0.10	0.51	0.64	0.71	0.86	0.58	0.71	0.83	0.62	3
	40	0.18	0.10	0.70	0.44	1.00	0.56	0.64	0.84	0.56	6
	60	0.21	0.72	0.99	0.29	1.00	0.12	0.84	0.17	0.54	7
20%	0	0.00	0.00	0.48	0.92	0.37	0.58	0.86	0.33	0.44	11
	20	0.04	0.04	0.56	0.20	0.84	0.21	1.00	0.88	0.47	10
	40	0.19	0.69	1.00	0.42	1.00	0.35	0.59	0.92	0.65	2
	60	1.00	1.00	0.92	0.26	1.00	0.44	0.71	1.00	0.79	1

三、小结

本试验研究了金银花枝条与单宁酸交互作用对苜蓿青贮品质的影响。采用双因素试验设计，以金银花枝条比例10%、15%、20%，单宁酸添加量0mg/kg、20mg/kg、40mg/kg、60mg/kg与苜蓿混合，厌氧发酵45d，结合主成分和隶属函数分析综合评价不同处理苜蓿青贮发酵品质，结果表明，不同金银花枝条比例、单宁酸添加量对苜蓿青贮的营养指标干物质、酸性洗涤纤维、可溶性碳水化合物和发酵指标pH值、乳酸、乙酸、铵态氮存在显著影响（$P<0.05$），对中性洗涤纤维、酸性洗涤纤维、乳酸、乳酸/乙酸、铵态氮含量存在显著交互作用（$P<0.05$）。随单宁酸添加量增加，各处理干物质、酸性洗涤纤维、粗蛋白质含量呈降低趋势，可溶性碳水化合物、铵态氮含量呈上升趋势，随金银花枝条比例增加，各处理干物质、酸性洗涤纤维、可溶性碳水化合物、乳酸/乙酸含量呈上升趋势，pH值、乙酸、丙酸含量等呈下降趋势。主成分和隶属函数综合评定以金银花枝条比例20%、单宁酸添加量60mg/kg处理苜蓿青贮效果最佳。

第四节 乳酸添加量和金银花枝条比例对苜蓿青贮品质的影响

紫花苜蓿是一种常见的青绿饲料，因为粗蛋白质含量高，且富含粗脂肪、粗纤维及维生素等营养成分，常被用于草食动物养殖中（杜书增，2021）。从实际情况看，如果把紫花苜蓿作为青绿饲料直接饲喂草食动物容易存在含水量高、营养价值低、保质期短等问题。通过青贮发酵的方式将紫花苜蓿转化为青贮饲料，不仅能改善营养价值，延长保质期，而且具有气味芬芳、适口性好、助消化吸收等优势（张红梅，2023）。紫花苜蓿青贮是一个厌氧发酵的过程，因为根茎叶中附着的微生物种类混杂，且数量稀少，所以饲料工业会通过添加外源剂的方式减少营养流失，促进发酵进程，切实提高青贮饲料的品质。

乳酸菌添加剂在世界大部分地区已成为主要的青贮添加剂，在许多国家已经有数十年的历史，乳酸菌适合在低氧或无氧条件下生长，产酸和耐酸能力较强（付志慧，2023）。自然条件下，青贮植物原料上附生的乳酸菌数量通常较少，不足以快速降低发酵体系 pH 值，导致有害微生物大量增殖，在青贮发酵中不易成为优势菌种。在青贮饲料中加入乳酸菌后，可以明显提高青贮饲料中乳酸菌的含量，同时降低中性洗涤纤维和半纤维素含量（冯骁骋，2014），因此利用青贮添加剂来提高青贮质量是一种非常有效的方法。

一、试验材料与方法

1. 试验设计

本试验采用双因素试验设计，以乳酸添加量和金银花枝条添加比例为试验因素进行双因素试验。乳酸添加水平为 0mg/kg、1mg/kg、5mg/kg、10mg/kg，分别设为 R0、R1、R2、R3，其中 R0 为对照组，金银花枝条添加比例为 10%、15%、20%，分别设为 M1、M2、M3，共 12 个处理，每个处理 3 个平行，于室温下发酵 45d，开袋取样分析。试验分组设计见表 8-14。

表 8-14　试验分组设计

乳酸/（mg/kg）	金银花枝条添加比例/FM		
	10%	15%	20%
0	R0M1	R0M2	R0M3
1	R1M1	R1M2	R1M3
5	R2M1	R2M2	R2M3
10	R3M1	R3M2	R3M3

2. 苜蓿青贮制备

2022 年 8 月刈割紫花苜蓿（现蕾期），将刈割的紫花苜蓿和金银花枝条晾晒至水分含量为 60% 左右，用铡草机切至 2~3cm 并混匀，按照试验设计将乳酸菌添加剂喷洒在原料表面（CK 组喷洒等量蒸馏水），充分混匀并揉搓，保证喷洒均匀，将处理好的苜蓿取 200g 装入聚乙烯袋，抽真空密封，第 45 天开袋检测青贮品质。

3. 营养成分含量

采用 105℃烘干法测定干物质（DM）含量；参照 GB/T 6432—2018 中方法测定粗蛋白质（CP）含量；使用 Ankom 2000 型纤维分析仪按照所附说明书测定酸性洗涤纤维（ADF）和中性洗涤纤维（NDF）含量；使用 VELP SER148/6 脂肪测试仪按照所附说明书测定粗脂肪（EE）含量；采用蒽酮-硫酸比色法测定可溶性碳水化合物（WSC）含量。

4. 发酵品质

采用四分法取 10g 青贮样品，与 90mL 无菌水混合，利用医用纱布和滤纸过滤后立即用 pH 计测定 pH 值，然后使用高效液相色谱仪测定有机酸含量，采用苯酚-次氯酸比色法测定铵态氮（NH_3-N）含量。

二、结果与分析

1. 乳酸菌添加量和金银花枝条比例对苜蓿青贮营养成分的影响

（1）对干物质含量的影响。不同乳酸添加量、金银花枝条比例对苜蓿青贮营养成分的影响见表 8-15、图 8-5。可以看出，添加乳酸对干物质

第八章 添加剂对金银花枝条与苜蓿混合青贮发酵品质及微生物差异性研究

(DM)含量不具有显著影响($P>0.05$),添加金银花枝条对干物质(DM)含量具有显著影响($P<0.05$),两者对干物质(DM)含量不具有显著交互作用($P>0.05$)。与 CK 对照发现,随乳酸添加量增加,各处理组干物质含量呈先升高后降低趋势,R1 组干物质含量显著高于 R0、R2、R3 组($P<0.05$)。随金银花枝条比例增加,各处理干物质含量呈升高趋势,M3 处理组干物质含量显著高于 M1、M2 处理组($P<0.05$)。

表 8-15 金银花枝条和乳酸菌对苜蓿青贮营养品质的影响

金银花枝条/FM	乳酸菌/(mg/kg)	干物质(DM)/%	中性洗涤纤维(NDF)/(g/100g)	酸性洗涤纤维(ADF)/(g/100g)	粗蛋白质(CP)/(g/100g)	可溶性碳水化合物(WSC)/(g/kg)
10%	0	40.05±0.78	39.00±0.00	34.95±0.07[bc]	18.73±0.39	8.09±0.57
	1	41.65±0.92	39.60±1.13	34.35±0.21[bc]	17.89±0.13	9.56±0.07
	5	41.60±0.14	37.80±0.28	34.15±0.64[b]	18.28±0.30	8.14±0.16
	10	40.85±0.07	36.20±0.57	34.25±1.20[b]	18.13±0.33	8.39±0.46
15%	0	42.00±0.14	40.35±1.06	37.35±0.64[d]	18.48±0.31	9.83±0.40
	1	42.40±0.85	38.25±1.48	31.20±1.13[a]	18.15±0.52	9.50±0.35
	5	42.65±1.77	39.50±0.00	35.20±0.71[bc]	17.75±0.01	8.77±0.40
	10	41.70±0.00	39.05±1.34	35.80±0.14[bcd]	17.44±0.42	9.27±0.18
10%	0	41.70±0.99	41.50±0.71	39.15±0.49[e]	17.37±0.28	11.24±0.42
	1	43.40±0.99	39.60±1.41	36.00±0.99[cd]	17.74±0.25	9.56±0.31
	5	42.50±0.28	38.80±0.71	36.85±0.64[d]	17.63±0.52	9.03±1.34
	10	42.15±0.49	38.45±0.21	35.10±0.00[bc]	17.03±0.01	9.72±0.94
主效应						
乳酸菌/(mg/kg)						
0		41.25±1.10	40.28±1.26[c]	37.15±1.92[c]	18.19±0.69[a]	9.72±1.46[a]
1		42.48±1.06	39.15±1.26[bc]	33.85±2.28[a]	17.92±0.33[ab]	9.54±0.21[a]
5		42.25±0.95	38.70±0.84[ab]	35.40±1.32[b]	17.89±0.41[ab]	8.65±0.75[b]
10		41.57±0.63	37.90±1.50[a]	35.05±0.88[b]	17.53±0.55[b]	9.12±0.77[ab]
金银花枝条						
10%		41.04±0.83[a]	38.15±1.47[a]	34.43±0.62[a]	18.26±0.40[a]	8.54±0.70[a]
15%		42.19±0.84[b]	39.29±1.18[b]	34.89±2.49[a]	17.95±0.51[a]	9.34±0.49[b]
20%		42.44±0.88[b]	39.59±1.42[b]	36.78±1.68[b]	17.44±0.38[b]	9.89±1.09[b]

（续表）

金银花枝条/FM	乳酸菌/（mg/kg）	干物质（DM）/%	中性洗涤纤维（NDF）/（g/100g）	酸性洗涤纤维（ADF）/（g/100g）	粗蛋白质（CP）/（g/100g）	可溶性碳水化合物（WSC）/（g/kg）
P 值						
乳酸菌		0.066	0.005	0.000	0.034	0.033
金银花枝条		0.010	0.019	0.000	0.001	0.002
乳酸×金银花枝条		0.851	0.101	0.001	0.157	0.070

注：同列数据肩标含有不同小写字母表示差异显著（$P<0.05$），含相同字母或无字母表示差异不显著（$P>0.05$）。

（2）对粗蛋白质含量的影响。添加乳酸、金银花枝条对粗蛋白质（CP）含量均具有显著影响（$P<0.05$），但两者对 CP 不具有显著交互作用（$P>0.05$）。与 CK 对照发现，随乳酸添加量、金银花枝条比例增加，各处理粗蛋白质（CP）含量呈降低趋势，其中 R3M3 处理粗蛋白质含量最低。

（3）对中性洗涤纤维含量的影响。添加乳酸、金银花枝条对中性洗涤纤维（NDF）含量均具有显著影响（$P<0.05$），但两者对中性洗涤纤维（NDF）不具有显著交互作用（$P>0.05$）。与 CK 对照发现，随乳酸菌添加量增加，中性洗涤纤维（NDF）含量呈降低趋势，R3 组较其他处理中性洗涤纤维含量最低。随着金银花枝条比例增加，中性洗涤纤维（NDF）含量呈升高趋势，R2 和 R3 处理组中，均以 M3 处理中性洗涤纤维含量最低。

（4）对酸性洗涤纤维含量的影响。添加乳酸、金银花枝条对酸性洗涤纤维（ADF）含量均具有显著影响（$P<0.05$），且两者对酸性洗涤纤维（ADF）具有显著交互作用（$P<0.05$）。与 CK 对照发现，随着乳酸菌添加量增加，酸性洗涤纤维（ADF）含量呈先降低后升高趋势，R1 处理组酸性洗涤纤维含量显著低于 R0、R2 和 R3 处理组。随金银花枝条比例增加，酸性洗涤纤维（ADF）含量呈升高趋势，M3 处理组酸性洗涤纤维含量显著高于 M1 和 M2 处理组，R1M2 处理酸性洗涤纤维含量最低。

（5）对可溶性碳水化合物含量的影响。添加乳酸、金银花枝条对可溶性碳水化合物（WSC）含量均具有显著影响，但两者对可溶性碳水化合物（WSC）不具有显著交互作用（$P<0.05$）。与 CK 对照发现，可溶性碳水化合物含量先降低后升高趋势，R1 处理组中以 M1 组合可溶性碳水化合物含量

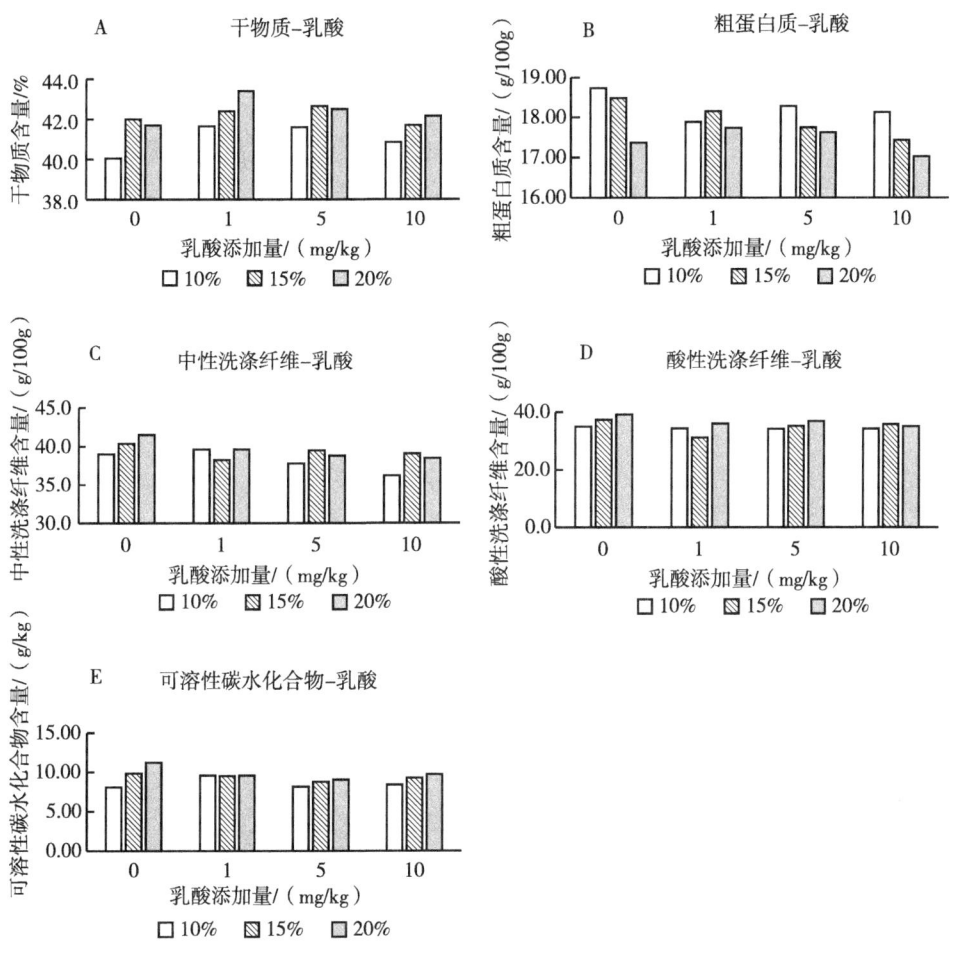

图 8-5 金银花枝条和乳酸菌对苜蓿青贮营养品质的影响

注：10%、15%、20%表示金银花枝条的添加量。

增长较为迅速，随乳酸菌添加量增加，R2、R3 处理组中以 M3 组合的可溶性碳水化合物含量最高，M1 处理组可溶性碳水化合物含量反而下降。随金银花枝条比例增加，可溶性碳水化合物含量呈上升趋势，M1 处理组中与 R1 组合可溶性碳水化合物含量最高，M2、M3 处理组中均与 R0 组合可溶性碳水化合物含量最高。

2. 乳酸菌添加量和金银花枝条比例对苜蓿青贮发酵品质的影响

（1）对 pH 值的影响。不同乳酸菌添加量、金银花枝条比例对苜蓿青贮发酵品质的影响结果见表 8-16、图 8-6。可以看出，添加乳酸菌、金银花枝条对 pH 值均具有显著影响（$P<0.05$），但两者对 pH 值不具有显著交互作用（$P>0.05$）。随着乳酸菌添加量增加，pH 值呈上升趋势，除 R3 处理组外，其余 R 组处理中均以 M3 组合处理具有较低的 pH 值。随着金银花枝条比例增加，pH 值呈显著降低趋势。

表 8-16 不同乳酸菌添加量、金银花枝条比例对苜蓿青贮发酵品质影响结果

金银花枝条/FM	乳酸菌/(mg/kg)	pH 值	乳酸（LA）/(mg/g)	乙酸（AA）/(mg/g)	丙酸（BA）/(mg/g)	乳酸/乙酸	铵态氮（AN）/(mg/kg)
10%	0	5.52±0.01[cd]	27.55±0.62[c]	6.15±0.09[abcd]	0.38±0.10[f]	4.48±0.03[bc]	22.31±1.20[abc]
	1	5.56±0.01[cde]	23.94±4.80[abc]	5.62±1.27[ab]	0.36±0.11[e]	4.28±0.11[bc]	19.95±2.18[a]
	5	5.59±0.02[ef]	27.47±0.03[c]	6.60±0.08[bcd]	0.40±0.00[f]	4.17±0.05[b]	19.97±0.23[a]
	10	5.63±0.04[f]	22.52±0.85[a]	7.13±0.09[bcd]	0.35±0.03[de]	3.17±0.16[a]	21.11±0.47[ab]
15%	0	5.49±0.08[bc]	27.16±0.10[c]	6.09±0.28[abc]	0.33±0.06[d]	4.47±0.22[bc]	24.65±0.66[bc]
	1	5.53±0.01[cd]	27.28±0.54[c]	6.42±0.16[abcd]	0.36±0.01[e]	4.26±0.02[bc]	22.47±0.47[abc]
	5	5.49±0.01[bc]	25.18±2.84[abc]	5.51±0.44[a]	0.25±0.03[ab]	4.57±0.15[c]	26.59±2.90[c]
	10	5.47±0.01[abc]	26.58±0.65[bc]	6.02±0.33[ab]	0.32±0.01[bcd]	4.43±0.13[bc]	24.83±2.86[bc]
10%	0	5.39±0.06[a]	27.19±0.28[c]	6.45±0.30[abcd]	0.24±0.00[abc]	4.22±0.16[bc]	33.36±1.41[de]
	1	5.43±0.01[bc]	26.30±0.30[abc]	5.83±0.37[ab]	0.21±0.01[a]	4.53±0.35[bc]	35.87±3.55[f]
	5	5.41±0.04[bc]	27.77±0.05[c]	6.21±0.21[abcd]	0.24±0.01[a]	4.48±0.16[bc]	25.46±1.42[bc]
	10	5.53±0.04[cd]	22.80±0.24[ab]	7.18±0.08[d]	0.19±0.01[a]	3.18±0.00[a]	31.32±0.38[d]
主效应							
乳酸菌/(mg/kg)							
	0	5.47±0.08[a]	27.30±0.36[b]	6.23±0.26[ab]	0.32±0.08	4.39±0.18[a]	26.77±5.28
	1	5.50±0.06[ab]	25.84±2.66[ab]	5.95±0.70[a]	0.31±0.09	4.35±0.21[a]	26.09±7.88
	5	5.49±0.08[ab]	26.80±1.79[b]	6.11±0.54[a]	0.30±0.08	4.40±0.21[a]	24.01±3.48
	10	5.54±0.08[b]	23.97±2.09[a]	6.77±0.61[b]	0.29±0.08	3.59±0.65[b]	25.75±4.80
金银花枝条/FM							
	10%	5.57±0.05[a]	25.37±3.00	6.37±0.77	0.37±0.06[a]	4.02±0.55[a]	20.83±1.42[a]
	15%	5.49±0.04[b]	26.55±1.43	6.01±0.42	0.31±0.05[b]	4.43±0.16[b]	24.63±2.22[b]
	20%	5.44±0.07[c]	26.01±2.07	6.42±0.56	0.22±0.02[c]	4.10±0.60[b]	31.50±4.39[c]
P 值							
乳酸		0.041	0.022	0.035	0.678	0.000	0.112

(续表)

金银花枝条/FM	乳酸菌/(mg/kg)	pH值	乳酸(LA)/(mg/g)	乙酸(AA)/(mg/g)	丙酸(BA)/(mg/g)	乳酸/乙酸	铵态氮(AN)/(mg/kg)
金银花枝条		0.000	0.392	0.165	0.000	0.001	0.000
乳酸×金银花枝条		0.075	0.127	0.077	0.395	0.000	0.005

注：同列数据肩标含有不同小写字母表示差异显著（$P<0.05$），含相同字母或无字母表示差异不显著（$P>0.05$）。

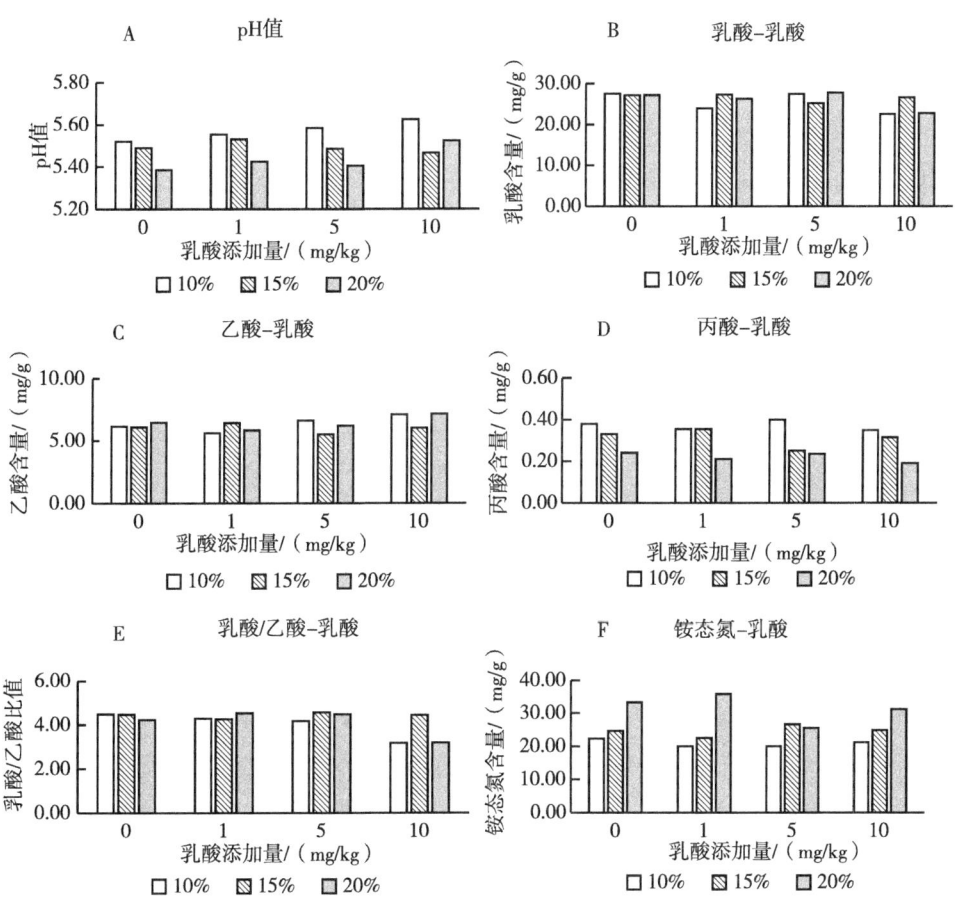

图 8-6　不同乳酸菌添加量、金银花枝条比例对苜蓿青贮发酵品质影响结果

注：10%、15%、20%表示金银花枝条的添加量。

（2）对乳酸含量的影响。添加乳酸菌对乳酸含量具有显著影响（$P<$

0.05），添加金银花枝条对乳酸含量不具有显著影响，且两者对乳酸含量不具有交互作用（$P>0.05$）。随着乳酸菌添加量增加，与 CK 对照发现，M1、M2 处理组乳酸含量呈先降低后升高再降低趋势，M3 与两者变化趋势相反，随着金银花枝条比例增加，R0 处理组乳酸含量差异不大，以金银花枝条比例 10%乳酸含量最高，R1、R3 处理组以金银花枝条比例 15%乳酸含量最高，所有处理中以 M3R2 处理乳酸含量最高。

（3）对乙酸含量的影响。添加乳酸菌对乙酸含量具有显著影响（$P<0.05$），添加金银花枝条对乙酸含量不具有显著影响（$P>0.05$），且两者对乙酸含量不具有交互作用（$P>0.05$）。与 CK 对照发现，随着乳酸菌添加量增加，M1、M3 处理组乙酸含量呈先降低后升高趋势，M2 与两者变化趋势相反；随着金银花枝条比例增加，R0 处理组以金银花枝条比例 20%具有较高的乙酸含量，R2、R3 处理组中均以金银花比例 10%具有较高的乙酸含量，所有处理中以 M3R3 处理乙酸含量最高。

（4）对丙酸含量的影响。添加乳酸菌对乙酸含量不具有显著影响，添加金银花枝条对乙酸含量具有显著影响（$P<0.05$），且两者对乙酸含量不具有交互作用（$P>0.05$）。与 CK 对照发现，随乳酸菌添加量增加，M1 和 M3 处理组丙酸含量变化趋势相同，M2 与两者变化趋势相反，随着金银花枝条比例增加，R0~R3 处理组丙酸含量均呈降低趋势，以金银花枝条比例 20%具有较低的丙酸含量，R3 处理组整体具有较低的丙酸含量，所有处理中以 M3R3 处理丙酸含量最低。

（5）对乳酸/乙酸的影响。添加乳酸菌、金银花枝条对乳酸/乙酸具有显著影响（$P<0.05$），且两者对乳酸/乙酸具有显著交互作用（$P<0.05$）。与 CK 对照发现，随着乳酸菌添加量增加，M1 处理组乳酸/乙酸呈降低趋势，M2 处理组乳酸/乙酸先降低后升高再降低趋势，M3 与之相反；随着金银花枝条比例增加，R2 和 R3 处理组均以金银花枝条 15%具有较高的乳酸/乙酸，R3 处理组较其余 R 处理组具有较低的乳酸/乙酸，所有处理中，以 M2R2 处理乳酸/乙酸最高。

（6）对铵态氮含量的影响。添加乳酸菌对各处理铵态氮含量不具有显著影响（$P>0.05$），添加金银花枝条对铵态氮含量具有显著影响（$P<0.05$），且两者对铵态氮含量具有显著交互作用（$P<0.05$）。与 CK 对照发现，随着乳酸

菌含量增加，M3、M2 处理组铵态氮含量呈先升高后降低再升高趋势，且铵态氮含量显著高于 M2、M1 处理组，随着金银花枝条比例增加，除 R2 处理组外，其余 R 处理组中均以金银花枝条 20%处理具有较高的铵态氮含量。

3. 不同处理下的苜蓿青贮饲料的主成分分析

采用 SPSS 26.0 软件，将各处理的干物质（DM）、中性洗涤纤维（NDF）、酸性洗涤纤维（ADF）、粗蛋白质（CP）、可溶性碳水化合物（WSC）、pH 值、乳酸（LA）、乙酸（AA）、丙酸（BA）、乳酸/乙酸、铵态氮 11 个指标标准化处理，进行 KMO 和 Bartlett 检验，其结果如表 8-17 所示。从结果发现，KMO 值为 0.606，显著性数值为 0.000，说明该数据适合进行主成分分析。

表 8-17 KMO 和 Bartlett 的检验结果

KMO 取样足够度的度量	Bartlett 球形度检验		
	近似方卡	自由度	显著性
0.606	258.465	55	0.000

对各处理的 1 指标进行主成分分析，基于特征值>1 标准，可筛选出 3 个主成分，其结果见表 8-18。结果显示，第 1 主成分的特征值为 4.563，贡献率为 41.484%，其对应特征向量中绝对值较大的指标依次为 NDF、ADF、CP、WSC、pH 值、BA、铵态氮；第 2 主成分的特征值为 2.505，贡献率为 22.768%，其对应特征向量中绝对值较大的指标为 LA、LA/AA；第 3 主成分的特征值为 1.474，贡献率为 13.396%，其对应特征向量中绝对值较大的指标为 DM、AA；3 个主成分的累积贡献率为 77.648%，意味着保留了原来 11 个指标的 77.648%的信息。

表 8-18 相关指标的特征值及方差贡献率分析表

成分	初始特征值			提取平方和载入		
	合计	方差的占比/%	累积占比/%	合计	方差的占比/%	累积占比/%
1	4.563	41.484	41.484	4.563	41.484	41.484
2	2.505	22.768	64.252	2.505	22.768	64.252
3	1.474	13.396	77.648	1.474	13.396	77.648

4. 各指标综合得分及其排名

根据主成分分析结果,在筛选出的3个主成分中分别选择可溶性碳水化合物(WSC)、乳酸(LA)、丙酸(BA)、铵态氮(AN)、酸性洗涤纤维(ADF)、中性洗涤纤维(NDF)、pH值、乳酸/乙酸(LA/AA)等11个指标代替其余指标进行模糊隶属函数分析并进行排名,结果如表8-19、表8-20所示。可以看出,以金银花枝条比例15%、乳酸菌添加量1mg/kg处理隶属值最高,平均隶属值0.64,其次是金银花枝条比例20%、乳酸菌添加量5mg/kg,平均隶属值0.62。

表8-19 主成分分析的成分矩阵

评价指标	主成分因子		
	1	2	3
干物质(DM)/%	0.557	-0.110	-0.624
中性洗涤纤维(NDF)/(g/100g)	0.773	0.382	0.234
酸性洗涤纤维(ADF)/(g/100g)	0.732	0.062	0.293
粗蛋白质(CP)/(g/100g)	-0.601	0.569	0.109
可溶性碳水化合物(WSC)/(g/kg)	0.710	-0.131	0.284
pH值	-0.893	-0.205	-0.166
乳酸(LA)/(mg/g)	0.140	0.752	0.431
乙酸(AA)/(mg/g)	-0.319	-0.538	0.704
丙酸(BA)/(mg/g)	-0.766	0.479	0.219
乳酸/乙酸	0.341	0.885	-0.281
铵态氮/(mg/kg)	0.795	-0.301	0.121

三、小结

本试验研究了金银花枝条与乳酸菌交互作用对苜蓿青贮品质的影响。采用双因素试验设计,以金银花枝条比例10%、15%、20%,单宁酸添加量0mg/kg、1mg/kg、5mg/kg、10mg/kg与苜蓿混合,厌氧发酵45d,结合主成分和隶属函数分析综合评价不同处理苜蓿青贮发酵品质,结果表明,不同金

第八章 添加剂对金银花枝条与苜蓿混合青贮发酵品质及微生物差异性研究

表 8-20 各指标隶属值、综合得分及排名

金银花枝条/FM	乳酸菌/(mg/kg)	中性洗涤纤维(NDF)/(g/100g)	酸性洗涤纤维(ADF)/(g/100g)	粗蛋白质(CP)/(g/100g)	可溶性碳水化合物(WSC)/(g/kg)	乳酸(LA)/(mg/g)	丙酸(BA)/(mg/g)	铵态氮/(mg/kg)	pH值	乳酸/乙酸(LA/AA)	乙酸(LA)/(mg/g)	得分	排名
10%	0	0.47	0.53	1.00	0.00	0.96	0.10	0.85	0.44	0.94	0.38	0.57	3
	1	0.36	0.60	0.50	0.47	0.27	0.21	1.00	0.29	0.80	0.06	0.46	7
	5	0.70	0.63	0.74	0.02	0.94	0.00	1.00	0.17	0.71	0.65	0.56	4
	10	1.00	0.62	0.65	0.10	0.00	0.24	0.93	0.00	0.00	0.97	0.45	9
15%	0	0.22	0.23	0.86	0.55	0.88	0.33	0.70	0.56	0.93	0.35	0.56	4
	1	0.61	1.00	0.66	0.45	0.91	0.21	0.84	0.40	0.78	0.54	0.64	1
	5	0.38	0.50	0.42	0.22	0.51	0.71	0.58	0.58	1.00	0.00	0.49	8
	10	0.46	0.42	0.24	0.37	0.77	0.40	0.69	0.67	0.90	0.30	0.52	6
20%	0	0.00	0.00	0.20	1.00	0.89	0.76	0.16	1.00	0.75	0.56	0.53	5
	1	0.36	0.40	0.42	0.47	0.72	0.90	0.00	0.83	0.97	0.19	0.53	5
	5	0.51	0.29	0.35	0.30	1.00	0.79	0.65	0.92	0.94	0.42	0.62	2
	10	0.58	0.51	0.00	0.52	0.05	1.00	0.29	0.42	0.01	1.00	0.44	10

银花枝条比例、乳酸菌添加量对苜蓿青贮的营养指标中性洗涤纤维、酸性洗涤纤维、粗蛋白质、可溶性碳水化合物和发酵指标 pH 值、乳酸、乙酸、铵态氮存在显著影响（$P<0.05$），对中性洗涤纤维、酸性洗涤纤维、乳酸、乳酸/乙酸存在显著交互作用（$P<0.05$）。随着乳酸菌添加量增加，各处理粗蛋白质、酸性洗涤纤维、可溶性碳水化合物含量呈降低趋势，干物质、铵态氮含量呈上升趋势；随着金银花枝条比例增加，各处理干物质、中性洗涤纤维、酸性洗涤纤维、可溶性碳水化合物、铵态氮呈上升趋势，粗蛋白质、pH 值、丙酸含量等呈下降趋势。主成分和隶属函数综合评定以金银花枝条比例 15%、乳酸菌添加量 1mg/kg 处理苜蓿青贮效果最佳。

第九章　青贮玉米与苜蓿混合青贮营养品质的研究

近年来，随着经济的快速发展，人们对食品质量的需求大大提高。高品质的肉类和乳制品受到公众的青睐，而高品质的肉类和乳制品不能从优质的饲料中分离出来。中国北方牧草的生长具有明显的季节性。在饲料生长季节，牲畜的消耗将低于饲料的产量，导致过量饲料造成严重的腐烂和浪费。大多数农民只能使用作物秸秆、绿干草等粗饲料饲养牲畜，不利于牧草的充分利用和牲畜的消化吸收。牧草青贮不仅提高牧草利用价值，而且有效解决了牲畜饲料缺乏的问题（Santos et al.，2016）。

尽管青贮原料选择性较多，但是单独青贮营养价值单一，养分不均衡，混合青贮或配合青贮可以根据饲养禽畜对营养物质的特定需求，进行选择搭配，创造良好的发酵环境，达到营养全面，适口性好的效果。通常情况下，豆科牧草可溶性糖含量相对来说比较低，而禾本科植物含糖相对于豆科牧草来说比较高，但是作为粗饲料，它的适口性差、消化率低，将秸秆类饲料和豆科饲料混合青贮能够调整青贮原料的含水量，创造适宜的条件，通过不断增强秸秆的饲用价值，并且调整苜蓿青贮的质量，可有效解决单一青贮的问题，能够取得较好的青贮效果（王坚，2014）。

截至目前，苜蓿和其他青贮饲料的混合青贮，研究重点主要在施加什么添加剂和添加剂使用量的问题上。薛艳林等（2014）研究表明，和单一青贮相比，玉米秸秆和新鲜苜蓿草渣以 3.5∶6.5 的比例混合青贮显著降低了 pH 值，提高了乳酸含量，从而提高了青贮品质，也有研究得出了不同的结论，认为玉米秸秆和苜蓿以 2∶8 的比例混合能够改善青贮品质，提高纤维素酶活性和乳酸菌含量。甘家付（2011）研究表明燕麦秸秆和多年生黑麦草混合青贮的饲草pH值降低，遏制有害微生物发展，铵态氮含量较低，粗蛋白质得到充足保护，乳酸含量大大提高。刘昭明等（2010）用玉米和扁豆（高值）进行混合青贮，结果表明，扁豆（高值）和玉米混合青贮可以非常有效地提高饲草料的营养价值，从而获得高品质的饲草料。庄益芬等（2010）将玉米秸秆和水葫芦进行混合青贮，制备出的饲草料营养价值高，提升了饲草的品质。Kalač（2011）指出，评价青贮品质的关键指标之一是氨氮含量，氨氮含量不仅受不同种类饲料的化学成分含量的影响，还和青贮饲料的发酵过程有关。紫花苜蓿蛋白质含量高，难降解，极易产生铵态氮，而适宜的可溶性糖含量能够降低氨氮的生成量和速率，所以，增加紫花苜蓿青贮料中的碳水化合物含量能有效提高青贮质量和青贮效益。李向林和万里强（2005）研究表明，通过不断提高紫花苜蓿的含量，将紫花苜蓿和饲用玉米混合青贮，可以显著降低碳水化合物的量，提升粗蛋白质含量，说明这两种青贮饲料能够完美搭配，提升营养价值。降低饲草中中性洗涤纤维含量，能够提高饲草的消化率，饲用价值也就越大（柳茜，2016）。如今，研究玉米和其他饲草料混合青贮的研究项目如雨后春笋，如全株玉米与高粱混合青贮研究（柳茜，2017）、全株玉米与饲用苎麻混合青贮研究（王满生，2018）、青饲玉米和青稞秸秆混合青贮研究（李龙兴，2015）、荞麦与玉米混合青贮研究等（商振达，2019），都发现不同类型的混合青贮饲草料能在一定程度上显著提高饲草料的营养价值。

紫花苜蓿是优质豆科牧草之一，发展苜蓿种植产业对提高畜禽生长性能具有良好的促进作用。它也是我国栽培面积最大的豆科牧草。紫花苜蓿干物质中粗蛋白质含量一般可以占到15%~22%，叶部含量最高，甚至可达36.50%，此值是全株玉米的4.3倍，而新鲜苜蓿叶中的蛋白含量甚至超过国产鱼粉及大豆粕中的蛋白含量。此时的每百克全株玉米粗蛋白质含量在8.5~9.0g，中性洗涤纤维含量在45%~48%，消化率可达80%。玉米作为世界上总产量最高的农作物之一，富含能量和中性洗涤纤维，但在蛋白质和矿物质含量上有所匮乏，尤其是其氨基酸比例很不协调和理想蛋白相去甚远，但全株玉米拥有适宜青贮的特性，青贮玉米蛋白含量低，与豆科作物套种能显著提高混合青贮饲料的粗蛋白质含量。正是这二者彼此不同，但又恰好互补的特性，使得紫花苜蓿与全株玉米的混合青贮进入了人们视野。

就目前国内外的研究成果来看，青贮饲料的质量不仅受青贮原料中水分、糖分、收获期的影响，还与密闭性程度、原料破碎程度、青贮时所处的温度、设备内含氧量及添加剂的施加是否均匀等许多因素有着千丝万缕的联系（王洋，2005）。混合青贮是将 2 种及 2 种以上原料混合后进行青贮发酵的调制方法，能够实现青贮原料间营养互补，提高青贮饲料营养和发酵品质。研究发现，将全株玉米与籽粒苋、稻秸进行混合青贮，结果表明混贮饲料 pH 值、铵态氮含量、中性洗涤纤维和酸性洗涤纤维含量显著降低，青贮品质得到有效提升（李文麒，2021）。如王凤欣（2019）将全株玉米与紫花苜蓿混合青贮，饲料品质随着全株玉米比例的提高逐步改善。至于紫花苜蓿和全株玉米的混合青贮，在赵苗苗（2015）研究中可见此观点，即认为可以通过比对铵态氮含量和总氮含量的比值高低，作为衡量青贮饲料品质好坏的标准。如果比值越大，则说明蛋白质和氨基酸分解量越多，青贮的质量自然也就越差。混合青贮通过引入紫花苜蓿丰富的可溶性糖含量，使得有效抑制蛋白质分解成为可能，进而使混合青贮饲料的铵态氮含量显著降低，提高青贮品质（陈杰，2012）。

目前，对青贮饲料的研究主要集中在优质原料或混合青贮饲料的质量上。从不同收获时间选择品质最好的青贮玉米和苜蓿并按不同比例混合的研究较少。然而，农场和农民生产的青贮饲料大多是根据经验和随机自行发酵的青贮饲料。不同的收获时间和混合比对青贮饲料的营养价值有很大的影响。因此，揭示从原料收获到青贮饲料混合发酵的营养成分变化规律具有重要的现实意义。本试验在乳熟期和蜡熟期收获青贮玉米，同年同时收获现蕾期、初花期和盛花期苜蓿，比较不同收获阶段对青贮玉米和苜蓿营养品质的影响，选择最佳收获阶段收获的青贮玉米和苜蓿，将全株青贮玉米和苜蓿按不同比例混合，测定了青贮发酵 60d 后的营养品质和发酵品质。研究表明，瘤胃是一个复杂的微生态系统，是反刍动物消化吸收的主要场所（Zhao et al.，2021）。体外模拟瘤胃发酵是探索瘤胃微生物底物发酵特性的主要手段（Zhao et al.，2021）。青贮发酵过程是 CO_2 和甲烷排放的一个重要来源，对空气质量和公共健康有潜在影响（Zhao et al.，2021）。因此，本试验旨在确定青贮玉米的最佳收获时间和苜蓿的最佳切割时间，并找到混合青贮玉米的最佳比例。这为青贮玉米和苜蓿的大规模生产提供了一定的理论依据。

一、材料和方法

1. 试验材料

紫花苜蓿于2021年3月20日选择播种，行距15cm，播种量20kg/hm²。青贮玉米品种为宁丹46，于2021年4月15日人工种植。播种方法为按需挖孔，按需播种，种植密度为75 000株/hm²。2021年，年降水量为505.8mm，测试土壤pH值（10~20cm层）是8.5。

2. 试验设计

（1）不同收获时间对青贮玉米和苜蓿营养品质的影响。在青贮玉米和苜蓿试验田进行，每个小区20m²，3个重复。青贮玉米分别在乳熟期、1/2乳线期、2/3乳线期和3/4乳线期（Jing et al., 2019）末收获，每个收获期随机选择40株。苜蓿收获三个阶段为现蕾期、初花期、盛花期，留茬约5cm，120株植物随机收获。样品被密封在厌氧发酵袋中，并立即送往实验室。同时，测定了青贮饲料原料的干物质和营养物质组成。部分样品在65℃下烘箱干燥72h，然后通过1mm或3mm的筛网碾碎，以测定常规营养成分。另一部分保存在-20℃下，以测定发酵相关指标。

（2）不同比例玉米和苜蓿混合青贮试验。选择乳熟后期青贮玉米，自然晾晒后粉碎至约2cm（约含60%水分）。同时，选择了现蕾期的苜蓿样品。自然晾晒后（约15%水分），将样品切碎至1~2cm。称重，青贮玉米和苜蓿分别为10:0（Z1组）、8:2（Z2组）、6:4（Z3组）、5:5（Z4组）、4:6（Z5组）、2:8（Z6组）和0:10（Z7组）均匀混合，设3个重复。填料体积为0.5L，直径为10cm，高度为12cm，壁厚为0.3cm。放在塑料罐子里，用木槌压紧。密封时，先盖内盖，用保鲜膜包裹几次，再盖外盖，再用保鲜膜进行二次密封，防止空气进入，生产过程中的质量和外观尽可能一致。

发酵是青贮饲料生产过程中的关键。青贮发酵60d后，打开样品取样，首先进行现场评价，并根据德国农业协会青贮质量感官评分标准（Jin et al., 2016）进行评分。取20g青贮饲料，加入180mL蒸馏水，放在榨汁机（JYL-C23）榨汁，挤1min，停止30s，挤压1min，然后提取在4℃冰箱里

24h，使用2层纱布和定性滤纸用于过滤青贮样品，获得提取液存储在-20℃冰箱用于pH值和乳酸（LA）含量测定（Wang，2022）；采用高效液相色谱法测定有机酸（Wang et al.，2021），另取100g青贮105℃干燥15min，65℃干燥至恒重，用粉碎机粉碎样品，通过40目筛，制作风干样品保存，以测定干物质（DM）、粗蛋白质（CP）、中性洗涤纤维（NDF）、酸性洗涤纤维（ADF）。

（3）体外发酵试验。在试验当天凌晨3点从阉牛左腹腔收集瘤胃。取出瘤胃后，切开，用四层纱布过滤得到瘤胃液，迅速放入预热至39℃的保温杯中，拉紧盖子立即返回。在实验室期间，通过保温瓶的口部不断地注入二氧化碳（Cheng et al.，2021）。用不同的混合比例准确地称重0.200 0g的发酵底物，然后用纸壳将其转移到注射器的密封端。我们将凡士林均匀地涂抹在注射芯上，然后将其放置在注射器中，以防止漏气。注射器充满不同样品后，在每个注射器中加入30mL制备的混合瘤胃培养液，耗尽玻璃注射器中的空气，置于39℃的摇床上连续培养72h（Sha et al.，2013）。每个样本3个重复，3个空白。记录培养0h、2h、4h、6h、8h、12h、24h、36h、48h、72h时的注射器活塞刻度。

3. 测量和方法

（1）常规指标的测定。pH值用pH计（托莱多增量320）直接测定；干物质（DM）含量在室温下直接干燥；水溶性碳水化合物（WSC）含量用蒽酮-硫酸比色法测定（Sun et al.，2013）；粗蛋白质（CP）采用克氏钠法（AOAC，1990），采用克氏自动分析仪（FOSS 2300）、氨氮（AN）、总氮（TN）采用次氯酸钠比色法测定（1980），计算氨氮/氨氮（ANTN）；中性洗涤纤维（NDF）和酸性洗涤纤维（ADF）采用Van Soest（Van et al.，1991）；相对进料值（RFV）计算公式：RFV=［（88.9-0.779ADF）×120/NDF］/1.29（亚砂等，2010）。

（2）数据统计分析。采用Excel 2019软件对基础数据进行分析和组织，SPSS 23.0方差分析，邓肯法多重比较，起源2021分析，PCA分析的目标是利用方差测量数据的差异，将差异较大的高维数据投影到低维空间表示，至少需要85%的信息反映在综合评价结果中，使评价结果科学可靠（Fugaban et al.，2022）。结果以"平均值±标准误差"的形式呈现，$P<0.05$

表示有显著性差异。所有的数值均用平均值和标准误差表示。

二、结果

1. 收获期对青贮玉米和苜蓿的影响

表 9-1 为不同收获期青贮玉米营养品质一览表。可以看出,青贮玉米的 DM 含量和 CP 含量在四个收获阶段显著不同($P<0.05$),青贮玉米 DM 含量在 3/4 乳线期时最高,为 31.8%,CP 含量以 1/4 乳线期时最高,为 8.72%。1/4 乳线期和 1/2 乳线期 NDF 含量无显著差异($P>0.05$),但 1/4 乳线期与 3/4 乳线期 NDF 和 ADF 含量有显著差异($P<0.05$)。随着收获时间延迟,青贮玉米中 NDF 和 ADF 的含量也相应增加。前 3 个收获期 WSC 含量差异显著($P<0.05$),乳熟期 WSC 含量最高,为 9.61%DM。不同收获阶段青贮玉米的 RFV 排名如下:乳熟期、1/4 乳线期、1/2 乳线期、3/4 乳线期,其中乳熟期收获的青贮玉米 RFV>151,可判定为优秀级别。

表 9-1 不同收获时期对青贮玉米营养价值的影响

收获期	干物质(DM)/%	粗蛋白质(CP)/%	中性洗涤纤维(NDF)/%	酸性洗涤纤维(ADF)/%	可溶性碳水化合物(WSC)/%	相对饲喂价值(RFV)
乳熟期	24.87±0.21^d	8.30±0.12^b	40.70±1.17^c	28.07±0.21^b	9.61±0.23^a	153.20
1/4 乳线期	26.48±0.38^c	8.72±0.05^a	42.58±0.49^b	28.58±0.60^b	8.93±0.23^b	145.59
1/2 乳线期	27.41±0.33^b	7.96±0.25^c	43.95±0.57^b	29.61±1.10^b	8.29±0.25^c	139.33
3/4 乳线期	31.80±0.42^a	5.26±0.14^d	52.15±0.94^a	42.74±1.36^a	7.81±0.32^c	99.19

注:同列数据肩标含有不同小写字母表示差异显著($P<0.05$),含相同字母或无字母表示差异不显著($P>0.05$)。

表 9-2 为不同收获期苜蓿营养品质一览表。可以看出,苜蓿盛花期 DM 含量与初花期无显著差异($P>0.05$),但与现蕾期有显著差异($P<0.05$);现蕾期 CP 含量与初花期无显著差异($P>0.05$),但与盛花期有显著差异($P<0.05$),不同收获时间,现蕾期苜蓿 CP 含量最高;NDF 和 ADF 含量初花期与盛花期有显著差异($P<0.05$),现蕾期其含量最低,三个收获阶段的灰分含量无显著差异($P>0.05$),在初花期含量最低。不同收获阶段苜蓿的

RFV 值排序为：现蕾期>初花期>盛花期，且均>151。

表 9-2 不同刈割时期对苜蓿营养价值的影响

收获期	干物质（DM）/%	粗蛋白质（CP）/%	中性洗涤纤维（NDF）/%	酸性洗涤纤维（ADF）/%	粗灰分（Ash）/%	相对饲喂价值（RFV）
现蕾期	22.53±0.21^b	22.70±0.54^a	36.81±0.47^b	30.58±0.64^b	11.57±0.30^a	164.44
初花期	24.95±0.29^a	22.06±0.27^a	37.68±0.74^{ab}	30.89±0.11^b	11.01±0.30^a	160.08
盛花期	25.13±0.24^a	19.17±0.50^b	38.06±0.38^a	33.59±0.41^a	11.53±0.23^a	153.32

注：同列数据肩标含有不同小写字母表示差异显著（$P<0.05$），含相同字母或无字母表示差异不显著（$P>0.05$）。

2. 青贮玉米和苜蓿混合比例对感官评价的影响

从表 9-3 可以看出，Z1 组青贮后略有酸味，香气弱，茎叶结构保持正常，颜色为棕色，青贮等级优良，颜色、气味、质地均优于苜蓿青贮；丁酸气味重，茎叶结构保留差，颜色略白，淡褐色，青贮效果为中等；青贮后，酸味弱，茎叶结构保持良好，颜色浅棕色，青贮等级好；青贮后，Z3 组无丁酸气味，但有芳香气味，茎叶结构保持较差，颜色为棕色。它是得分最高的一组，青贮饲料等级优良。Z2、Z3、Z4、Z6 均达到青贮感官评价优良等级，但 Z2、Z4、Z6 的气味比 Z3 差，颜色较差。

表 9-3 混合青贮感官评价 单位：分

处理	气味	水	颜色	得分	等级
Z1	10	4	1	15	好
Z2	14	2	2	18	优秀
Z3	14	4	2	20	优秀
Z4	10	4	2	16	优秀
Z5	10	2	2	14	好
Z6	10	4	2	16	优秀
Z7	4	2	1	7	中等

注：总分为 16~20 分为优秀，10~15 分为好，5~9 分为中等，0~4 分为差。

3. 青贮玉米和苜蓿混合比例对饲料营养品质的影响

从表 9-4 可以看出，与青贮玉米单贮组相比，苜蓿和青贮玉米混合青贮组的 DM 和 CP 含量增加，NDF、ADF 和 WSC 含量下降。混合青贮组 DM 显著高于青贮玉米单贮组，Z1、Z2、Z3、Z6 组 DM 含量有显著差异（$P<0.05$）。Z4 组与 Z7 组间 DM 含量无显著差异性（$P>0.05$）。各处理组粗蛋白质含量差异显著（$P<0.05$），CP 含量随苜蓿比值的增加而增加。混合青贮组 CP 含量显著高于 Z1 组，其中 Z7 组 CP 含量最高（$P<0.05$）。随着苜蓿含量的增加，NDF 和 ADF 含量先呈下降趋势，后呈上升趋势。Z2 组与 Z6 组 NDF 含量无显著差异性（$P>0.05$），Z5 组与 Z2 组、Z4 组 ADF 含量无显著差异性（$P>0.05$）。随着青贮玉米含量的增加，WSC 含量增加，Z1、Z2、Z3、Z4 组的 WSC 含量有显著差异（$P<0.05$），而 Z5、Z6、Z7 组的 WSC 含量无显著差异（$P>0.05$）。Z3 组的 RFV 值大于 151，饲料质量较好。

表 9-4　不同比例的苜蓿和青贮玉米混合青贮 60d 的营养价值

处理	DM/%	CP (DM)/%	NDF (DM)/%	ADF (DM)/%	WSC (DM)/%	RFV
Z1	24.69 ± 0.37^d	8.63 ± 0.01^g	50.26 ± 0.03^a	35.79 ± 0.35^a	3.08 ± 0.10^a	112.94
Z2	27.03 ± 0.19^c	14.32 ± 0.27^f	46.31 ± 0.20^b	32.67 ± 0.14^c	2.81 ± 0.07^b	127.45
Z3	29.81 ± 0.71^b	17.50 ± 0.12^e	38.32 ± 0.61^f	31.79 ± 0.37^e	2.45 ± 0.12^c	155.69
Z4	30.50 ± 0.34^{ab}	18.12 ± 0.09^d	40.91 ± 0.45^e	31.85 ± 0.08^d	1.99 ± 0.29^d	145.73
Z5	30.79 ± 0.47^b	18.93 ± 0.15^c	44.42 ± 0.03^c	32.33 ± 0.08^{cd}	1.74 ± 0.02^e	133.43
Z6	31.11 ± 1.20^a	19.51 ± 0.17^b	46.25 ± 0.10^b	33.11 ± 0.11^b	1.65 ± 0.10^e	126.93
Z7	30.13 ± 1.19^{ab}	20.50 ± 0.32^a	43.12 ± 0.48^d	32.46 ± 0.15^c	1.57 ± 0.05^e	137.23

注：同列数据肩标含有不同小写字母表示差异显著（$P<0.05$），含相同字母或无字母表示差异不显著（$P>0.05$）。

4. 青贮玉米和苜蓿混合青贮饲料不同比例对饲料发酵品质的影响

结果表明，青贮玉米和苜蓿按不同比例混合 60d 后，全株单贮藏 pH 值为 3.82，苜蓿单贮藏 pH 值为 4.71，两者 pH 值显著不同（$P<0.05$，图 9-1a）。5 种混合青贮处理的 pH 值分别为 3.97～4.58。如图 9-1b 所示，各处理组中氨氮占总氮的百分比均有显著性差异（$P<0.05$）。AN/TN 含量随苜蓿所占比例的增加而增加，其中苜蓿单贮组的 AN/TN 含量最高，为 11.25%。在图 9-1c，乳酸占总酸青贮玉米单贮组和苜蓿单贮组之间存在显著差异（$P<0.05$），和乳酸占总酸 5 混合青贮组之间没有显著差异（$P>0.05$）。如图 9-1d 所示，随着苜蓿比例的增加，乙酸在总酸中的比例也增

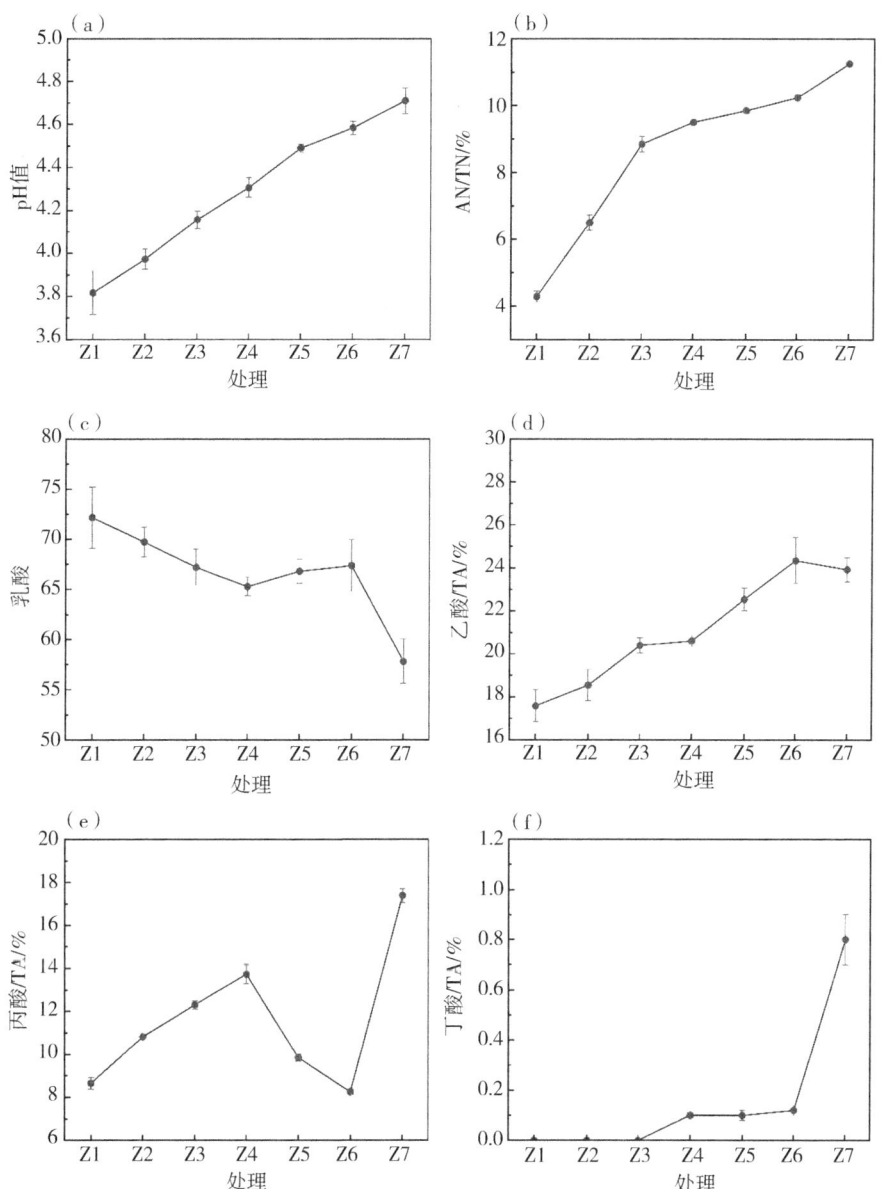

图9-1　不同比例的青贮玉米和苜蓿混合贮对饲料发酵品质的影响

加，Z1组与Z2组、Z3组、Z4组、Z6组乙酸占总酸的比例无显著差异（$P>0.05$）。各处理组中丙酸与总酸的百分比存在显著差异（$P<0.05$，图9-1e）。Z1、Z2、Z3组未检测到丁酸，但Z4、Z5、Z6、Z7组丁酸占总酸的

比例随着苜蓿含量的增加而增加（$P<0.05$，图 9-1f），丙酸占总酸的比例也有所增加。单贮组丁酸占总酸的百分比有显著差异（$P<0.05$）。

5. 青贮饲料混合比例对体外产气量的影响

结果表明，不同混合比例处理组下的体外产气量总量随着培养时间的增加呈增加趋势，产气量随着玉米含量的增加而增加，其中 Z1、Z2、Z3 组与其他组进行了比较，前 36h 差异显著（$P<0.05$，图 9-2），各处理组的产气率较高，后 36h 产气率增加缓慢，产气率较低。Z3 组从 36~72h 呈下降趋势，这可能与后期注射器密封性能降低有关。各处理组 72h 体外产气量分别为 Z1、Z3、Z2、Z4、Z5、Z6、Z7。

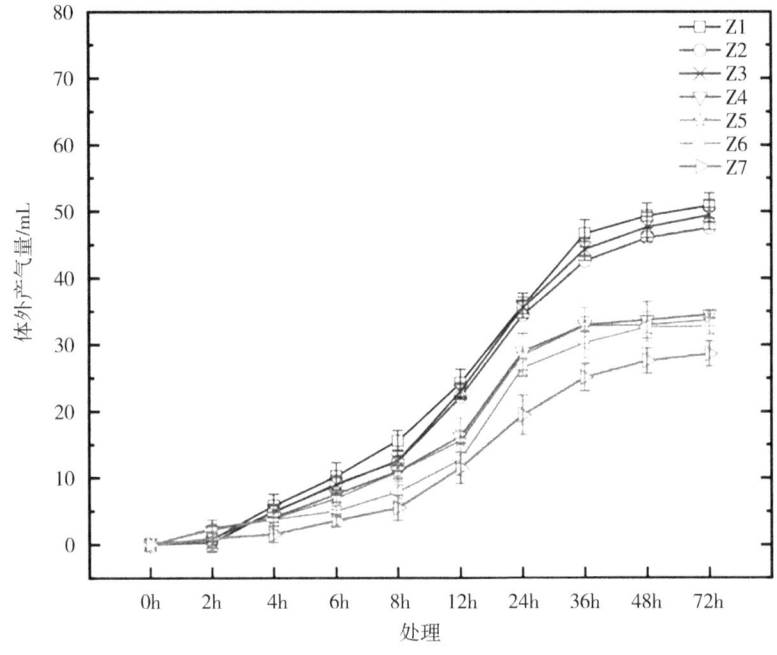

图 9-2　不同青贮混合比例对体外产气量的影响

6. 不同比例玉米和苜蓿混合青贮品质的主成分分析

主成分分析（PCA）可以充分反映青贮品质指标的综合特征。首先，我们检验了不同混合比例青贮的 10 个发酵品质指标（包括 DM、CP、NDF、ADF、WSC、pH 值、LA、ANTN、AA、PA）与不同混合比例青贮的间接计算 RFV 之间的相关性（图 9-3）。

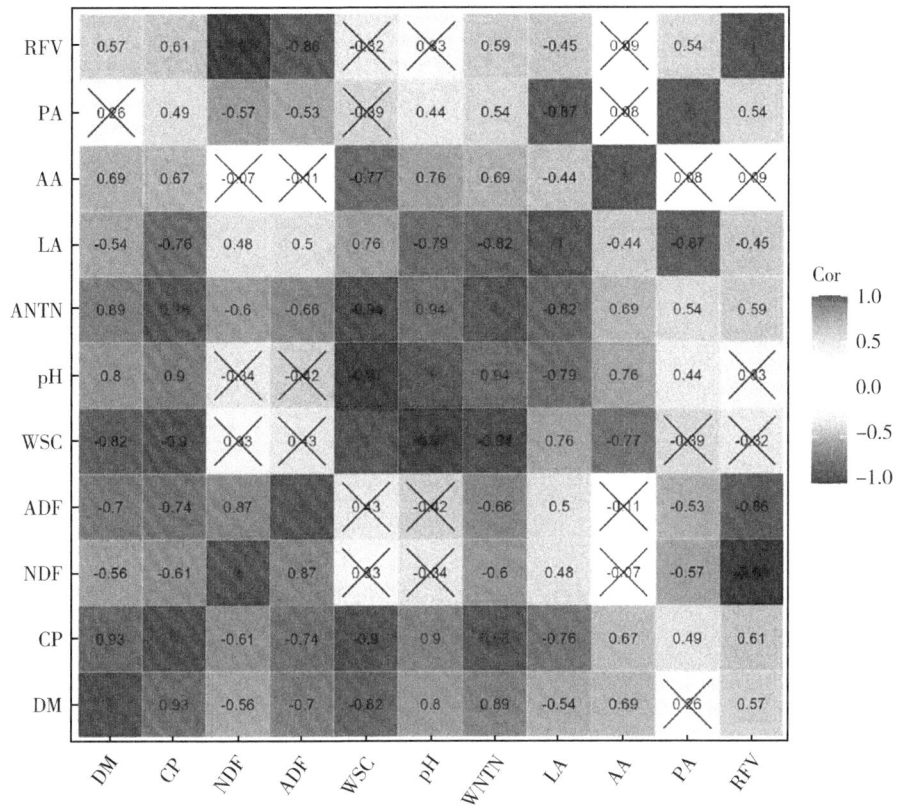

图 9-3　不同混合比例组主要青贮质量性状的相关性热图

结果显示，12 对指标无相关性（$P>0.05$，图 9-3），21 对指标呈显著正相关（$P<0.05$），22 对指标呈显著负相关（$P<0.05$）。为了消除信息重叠所产生的误导性影响，我们对不同混合青贮饲料的 10 个主要质量指标进行了主成分分析（表 9-5 和表 9-6）。PCA 结果显示，PC1 因子和 PC2 因子是两个主要主因子，其累积贡献率为 95.3%（表 9-5）。所选的 10 个参数对青贮饲料质量的影响不同，因此对主成分形成的贡献也不同。青贮发酵过程受到许多不同贡献率因素的影响，这共同决定了最终的品质。PCA 分析可以充分反映 7 个处理组下青贮指标中起主导作用的综合指标。结果显示，PC1 的特征值和贡献率分别为 7.448%、83.936%（表 9-5）。特征向量中值较大的指标分别为 ANTN（0.365）、CP（0.361）、DM（0.343）、WSC

（-0.342）、pH 值（0.341）、AA（0.323）和 LA（0.312）（表 9-5 和表 9-6）。PC2 的特征值和贡献率分别为 1.441% 和 11.364%（表 9-5 和表 9-6）。特征向量中值较大的指标分别为 NDF（0.550）、PA（-0.479）、ADF（0.380）和 AA（0.375）（表 9-5 和表 9-6）。

表 9-5　主成分分析结果表

主成分	特征值	贡献/%	累计贡献/%
PC1	7.448	83.936	83.936
PC2	1.441	11.364	95.300
PC2	0.853	2.526	97.826

表 9-6　特征向量

评价指标	PC1	PC2	PC3
DM	0.343	0.079	-0.335
CP	0.361	0.034	-0.138
NDF	-0.238	0.550	0.308
ADF	0.284	0.380	0.377
WSC	0.342	-0.279	-0.027
pH 值	0.341	0.281	0.136
ANTN	0.365	0.073	-0.030
LA	-0.312	0.117	-0.524
AA	0.323	0.375	0.0401
PA	0.215	-0.479	0.583

三、讨论

1. 不同收获时间对青贮玉米营养物质含量的影响

DM 含量是评价饲料利用效率的关键指标，DM 含量越高，可利用的营养物质就越多（He et al., 2017）。不同收获期对全玉米青贮饲料中 DM 含量影响的研究结果一致，且 DM 含量随收获期的延迟而显著增加（Jing et al., 2019；Wang et al., 2018；Wang et al., 2018；Bal et al., 1997；Li et al., 2015），这可能是由于进入籽粒形成阶段后糖含量快速转化为淀粉，DM 含量快速增加。因此，使用 DM 含量作为确定收获时间的方法是可行的。

在玉米生长成熟过程中，其营养物质不断沉积和转化，植物各部位的代谢会影响其营养物质。在本试验中，全玉米青贮饲料的 CP 含量在 1/4 乳线期达到最高水平。Zhu 等（2015）发现青贮玉米蜡熟期的 NDF 和 ADF 含量均低于乳熟期，但差异不显著。本试验中，1/4 乳线期和 1/2 乳线期玉米青贮 NDF 含量无显著差异（$P>0.05$），前 3 个收获期玉米青贮 ADF 含量无显著差异（$P>0.05$）。综上所述，通过分析青贮玉米营养成分和 RFV，青贮玉米的最佳收获时间为乳熟后期和 1/4 乳线期，即乳熟结束到蜡熟早期。

2. 不同收获期对苜蓿营养物质含量的影响

苜蓿收获期是影响苜蓿营养价值和再生性能的主要因素。研究表明，随着生长期的延迟，苜蓿营养质量呈下降趋势，特别是苜蓿粗蛋白质、粗脂肪、粗灰分含量逐渐下降，中性洗涤纤维和酸性洗涤纤维含量逐渐增加（Lamb et al., 2012；Wanget et al., 2004；Zhao et al., 2015；李等, 2012）。本研究结果表明，苜蓿的营养质量下降一般从现蕾期到初花期，然后到盛花期阶段，具体来说，粗蛋白质和灰分的含量减少，中性洗涤纤维和酸性洗涤纤维增加。这一现象可能是由于随着紫花苜蓿生长期的不断发展，紫花苜蓿细胞壁逐渐增厚，木质素等结构支撑物质的含量逐渐增加，细胞含量下降，最终导致苜蓿营养质量下降（Yu et al., 2010；Gao et al., 2017）。3 个时期的苜蓿 RFV 值均较好。通过对苜蓿不同收割期养分的分析，得出苜蓿的最佳切割期为现蕾期，这与历史研究一致（Zhao et al., 2007；Chang et al., 2013）。因此，本试验采用现蕾期收获苜蓿作为青贮材料，为后续与全株玉米混合青贮提供了保证。

3. 不同混合比对玉米和苜蓿混合青贮品质的影响

pH 值是衡量青贮饲料质量的重要指标之一。pH 值越低，青贮质量越好，pH 值越高，青贮质量越差。对于常规青贮饲料，pH 值低于 4.2 是最佳的（Zhao et al., 2015；Zhao et al., 2015）。pH 值也受到不同牧草和不同化学成分的影响。豆科植物的可溶性碳水化合物较少，发酵的底物较少。青贮过程中 pH 值下降速度不超过可溶性碳水化合物较高的草，即豆类牧草缓冲能较高，青贮过程中营养物质流失较多，青贮质量较差。在本试验中，随着青贮玉米占青贮玉米比例的增加，pH 值降低。pH 值优良的混合青贮饲料组分别为 Z2 组和 Z3 组，说明适当添加青贮玉米可以提高苜蓿青贮饲料的发酵品质。这与 Li 等（2019）和 Zhao 等（2018）的研究结果一致。

乳酸含量可以反映青贮发酵过程的质量，高品质青贮应含有较高的乳酸含量。可溶性碳水化合物是乳酸菌发酵的底物。铵态氮与总氮的比值反映了青贮饲料中蛋白质和氨基酸的分解程度。比值越大，质量就越差。在本试验中，苜蓿单贮组的可溶性碳水化合物含量最低，乳酸含量最低，铵态氮占总氮的比例最大，蛋白质分解程度最大，青贮品质最差。可溶性碳水化合物和乳酸的含量可以降低蛋白质和氨基酸的降解，提高苜蓿的发酵质量。其中，Z2 和 Z3 的可溶性碳水化合物含量较高，Z3 和 Z4 基团的乳酸含量较高，Z2 和 Z3 的铵态氮含量较高，总氮的比例较低。这与赵苗苗等（2015）、赵艳梅等（2015）、Wang 等（2011）的研究结果一致。

瘤胃发酵的产气量可以全面反映饲料的发酵程度，是预测反刍动物瘤胃饲料消化率的重要指标（Menke et al.，1979）。体外发酵的主要气体来源是碳水化合物和粗蛋白质的饲料，气体生产活动也受到瘤胃微生物活动影响，瘤胃微生物活性越高，相应的气体生产越多。（Getachew et al.，1998）。在本试验中，随着培养时间的推移，产气曲线呈随时间增加的趋势，在 36h 时产气曲线持平，因为早期的瘤胃微生物可以进行饲料中可分解的可溶性碳水化合物和纤维。当可降解物质的用量越来越少时，产气量就会逐渐减少。本试验中，各处理组 72h 体外产气量分别为 Z1、Z3、Z2、Z2、Z4、Z5、Z6、Z7。在混合青贮组中，Z3 组的体外产气量最高，说明 Z3 组的营养价值最高。这与 Bu 等（2006）和 Zhang 等（2020）的研究结果一致。

四、结论

青贮玉米在乳熟末期至蜡熟早期收获，苜蓿在开花早期收获，以提高混合青贮的品质。青贮玉米与苜蓿混合青贮可提高青贮的营养物质含量，提高青贮的发酵品质。添加 40%~60% 青贮玉米可以补充青贮玉米和苜蓿的优势，更好地应用于实际生产。青贮玉米的混合比越高，IVGP 值越高。本研究可为当地的实际生产提供一些理论指导。

第十章　宁夏地区青贮饲料质量安全现状评价研究

第一节　宁夏地区奶牛常规青贮饲料营养品质评价

青贮饲料作为奶牛养殖场常年普遍使用的饲料，其营养成分含量高低直接影响着奶牛的生产性能及奶产品质量。相关研究报道，优质的青贮饲料可以提供给家畜良好的营养，优质的青贮饲料是高产奶牛确保产奶量、减少疾病的基础（常玉萍，2009），霉变的饲料，可使家禽抵抗力、受精率、孵化率下降，还会造成免疫抑制、腹泻、流产等（金钺等，2003）。可见，青贮饲料的质量得不到改善，奶牛养殖就很难向高产、高效发展。

为了保障宁夏地区奶牛产业高质量发展，本研究对宁夏固原市、银川市、中卫市、吴忠市及石嘴山市青贮营养品质进行测定分析，综合评价了宁夏地区青贮饲料营养品质，以期为宁夏地区改善青贮饲料质量提供理论依据和数据支撑。

一、材料与方法

1. 试验材料

2022 年 3—9 月，在固原市、银川市、中卫市、吴忠市及石嘴山市大型养殖场采集青贮饲料样品 47 份，其中玉米青贮 40 份，占比 87%，苜蓿青贮 7 份，占比 13%。详见表 10-1。采集的青贮样品自然阴干，经粉碎机粉碎后装入密封袋中，贴好标签，放入低于 -18℃冰箱中保存待测。

表 10-1　青贮饲料样品采集地点及数量

	采样地点	采样数量/个	合计/个
固原市	固原、泾源、隆德、西吉	14	
银川市	农垦、平吉堡	6	
中卫市	中卫	3	47
吴忠市	孙家滩、青铜峡、盐池、同心	16	
石嘴山市	惠农、平罗、石嘴山	8	

2. 营养品质测定

粗蛋白质（CP）：GB/T 6432—2018；酸性洗涤纤维（ADF）：NY/T 1459—2007；粗脂肪（EE）：GB/T 6433—2006；干物质（DM）：GB/T 6435—2014；中性洗涤纤维（NDF）：GB/T 20806—2022；参考文献；（袁翠林等，2015；Rohweder et al.，1978；熊乙等，2018）评价青贮饲料干物质采食率（DDM）、干物质采食量（DMI）、粗饲料相对饲用价值（RFV）。

3. 数据分析

应用 Excel 软件对所有试验数据进行整理，采用 SPSS 17.0 软件完成试验数据的相关性分析和主成分分析。并利用隶属函数值进行不同地区青贮饲料的营养品质综合评价。运用到的主要公式如下（王芳等，2020；张朝阳等，2009）：

$$干物质采食量(DMI) = \frac{120}{NDF} \qquad (10.1)$$

$$干物质采食率(DDM) = 88.9 - 0.779 ADF \qquad (10.2)$$

$$相对饲喂价值(RFV) = DMI \times \frac{DDM}{1.29} \qquad (10.3)$$

$$隶属函数值\ U(x_i) = \frac{(x_i - x_{\min})}{(x_{\max} - x_{\min})} i = 1, 2, \cdots, n \qquad (10.4)$$

式中，x_i 表示第 i 个因子的得分值；$x_{\min}$ 表示第 i 个因子得分的最小值；$x_{\max}$ 表示第 i 个因子得分的最大值。

$$权重(W_i) = \frac{P_i}{\sum_{i=1}^{n} P_i} i = 1, 2, \cdots, n \qquad (10.5)$$

式中，W 表示第 i 个公因子在所有公因子中的重要程度；P_i 表示不同地区第 i 个公因子的贡献率。

$$综合评价值(D) = \sum_{i=1}^{n}[U(x_i) \times W_i] \quad i=1,2,\cdots,n \quad (10.6)$$

式中，D 值为不同地区青贮饲料利用综合指标评价所得的综合评价值。

二、结果与分析

1. 不同地区青贮饲料营养指标比较

不同地区青贮饲料粗蛋白质、中性洗涤纤维、酸性洗涤纤维、粗脂肪、干物质含量及差异性分析，结果如表 10-2 所示。结果显示，各地区青贮饲料的营养指标数值各异。CP 含量最大值 11.85%，最小值 7.13%，排序为中卫市>银川市>吴忠市>石嘴山市>固原市，NDF 含量最大值为 64.66%，最小值 54.62%，排序为石嘴山市>固原市>吴忠市>中卫市>银川市；ADF 含量最大值 44.73%，最小值 37.10%，排序为石嘴山市>中卫市>吴忠市>银川市>固原市，粗脂肪与干物质各地区青贮饲料含量相近。单因素方差分析表明，各地区青贮饲料不同营养指标之间无显著差异性（$P>0.05$）。

表 10-2 不同地区营养指标比较结果（$\bar{x} \pm s$） 单位：%

项目	NDF	ADF	CP	EE	DM
固原市	59.12±5.992	37.63±2.814	7.13±0.752	1.9±0.140	93.40±0.188
银川市	54.62±8.199	37.10±3.131	9.70±4.388	1.9±0.188	92.52±1.270
中卫市	57.43±3.506	42.73±5.532	11.85±6.838	2.0±0.201	93.02±0.998
吴忠市	58.17±4.800	38.00±2.870	8.76±0.639	2.0±0.097	92.89±0.223
石嘴山市	64.66±1.045	44.73±5.842	8.67±2.223	2.0±0.180	93.54±0.360
F	1.458	1.972	0.626	0.431	0.865
P	0.286	0.175	0.655	0.783	0.517

2. 不同地区青贮饲料 DMI、DDM、RFV 值比较

通过 ADF 和 NDF 含量，计算了不同地区青贮饲料 DMI、DDM、RFV 值及单因素方差分析，结果如表 10-3 所示。结果显示，以银川市青贮饲料具有较高的 DMI、DDM、RFV 值，单因素方差分析表明，不同地区 DMI、DDM、RFV 数值之间无显著差异（$P>0.05$）。

表 10-3　不同地区 DMI、DDM、RFV 值比较结果（$\bar{x} \pm s$）

项目	DMI/%	DDM/%	RFV
固原市	2.04±0.207	59.58±2.192	95±13.087
银川市	2.23±0.367	60.00±2.437	104±21.597
中卫市	2.10±0.131	55.63±4.310	90±2.207
吴忠市	2.07±0.165	59.30±2.235	95±10.895
石嘴山市	1.86±0.030	54.06±4.551	78±7.627
F	1.236	1.971	1.701
P	0.356	0.175	0.226

3. 不同地区青贮饲料营养指标相关性分析

对不同地区青贮饲料中 8 项指标进行 Pearson 相关性分析，得到相关系数矩阵，结果如表 10-4 所示。可以看出，不同地区青贮饲料的 8 个营养指标之间都存在不同程度的相关性，从而使得它们提供的信息发生重叠，相关性越高，说明重叠信息越多。

表 10-4　青贮饲料营养成分相关性矩阵

	NDF	ADF	CP	EE	DM	DMI	DDM	RFV
NDF	1							
ADF	0.505	1						
CP	−0.487	0.427	1					
EE	0.231	−0.031	−0.397	1				
DM	0.567	0.627	−0.029	−0.028	1			
DMI	−0.99	−0.491	0.516	−0.278	−0.611	1		
DDM	−0.506	−1	−0.427	0.031	−0.627	0.491	1	
RFV	−0.923	−0.778	0.185	−0.185	−0.722	0.928	0.778	1

4. 不同地区青贮饲料营养指标主成分分析

对不同地区的 8 个营养指标进行主成分分析，计算其特征值的方差贡献率和累计贡献率，结果如表 10-5、表 10-6 所示。结果显示，3 个特征值的不同地区青贮饲料 8 个营养指标中可提取 3 个主成分，累计贡献率为

93.9%，因此，采用这3个主成分作为评价不同地区青贮饲料综合品质的主要指标。

表10-5　青贮饲料营养成分贡献率和累计方差贡献率

成分	特征值	贡献率/%	累计方差贡献率/%
1	3.71	46.37	46.37
2	2.679	33.482	79.852
3	1.13	14.126	93.978
4	0.412	5.152	99.13
5	0.061	0.757	99.887
6	0.009	0.108	99.995
7	0	0.005	100
8	1.56E-07	1.95E-06	100

表10-6　不同地区青贮饲料旋转主成分表

变量	PC1	PC2	PC3
中性洗涤纤维（NDF）	-0.956	0.137	0.146
酸性洗涤纤维（ADF）	-0.39	0.913	-0.006
粗蛋白质（CP）	0.593	0.735	-0.276
粗脂肪（EE）	-0.129	-0.067	0.978
干物质（DM）	-0.665	0.452	-0.172
干物质随意采食量（DMI）	0.968	-0.124	-0.179
可消化干物质（DDM）	0.390	-0.913	0.007
相对饲喂价值（RFV）	0.863	-0.479	-0.12

注：PC1、PC2、PC3代表三种主成分。

从表10-6中可以看出，在第1主成分上，NDF、DMI、RFV在第一主成分上有较高载荷，说明第一主成分主要反映这3个指标与青贮饲料综合品质的关系。在第2主成分上，ADF、DDM在该成分上有较高载荷，说明第二主成分主要反映这2个指标与综合品质的关系；在第3主成分上，EE在该成分上有较高载荷，说明第3主成分主要反映这1个指标与综合品质的关系。

5. 不同地区青贮饲料营养指标隶属函数分析

采用隶属函数加权平均法就可以得到不同地区青贮饲料营养品质综合评价值 D，D 值通常是 0~1 闭区间上的纯数，因此也可根据 D 值大小准确评价各地青贮饲料的综合品质，D 值越高，青贮饲料的综合品质表现越好。从表 10-7 可以看出，不同地区青贮饲料综合评价值 D 以中卫市（0.92）最高，整体排序为中卫市>银川市>吴忠市>石嘴山市>固原市。

表 10-7　不同地区青贮饲料的公因子得分值 Z (x) 值、隶属函数 U (x) 及综合评价值

地区	Z1	Z2	Z3	U1	U2	U3	D	排序
固原市	-0.41	-0.70	-0.84	-0.10	-0.42	-0.32	-0.25	5
银川市	0.76	-0.38	-0.02	1.07	-0.10	0.50	0.57	2
中卫市	0.42	0.82	0.57	0.73	1.10	1.09	0.92	1
吴忠市	0.12	-0.34	0.24	0.43	-0.06	0.76	0.31	3
石嘴山市	-0.89	0.61	0.06	-0.58	0.89	0.58	0.12	4
权重				0.493	0.356	0.151		

三、讨论

1. 不同地区青贮饲料营养成分含量及相关性分析

在家畜生产中，青贮饲料中 CP、ADF、NDF 等营养指标，是评定青贮饲料质量品质的重要指标，也是作为评估奶牛日粮精粗比的科学指标（常玉萍，2009；余汝华等，2003）。于旭华等（2001）在研究中指出，对于不同的生长条件、不同品种、不同收获季节的全株玉米，其谷实与秸秆比例差异也很大，通过发酵的青贮饲料营养特性也会存在很大的差异。对宁夏 5 个市的 42 份青贮饲料营养指标进行测定，饲料中 CP 含量为 7.13%~11.85%，NDF 含量为 54.62%~64.66%，ADF 含量为 37.09%~44.73%，按照全株玉米青贮饲料质量分级标准（T/CAAA 005，2018），银川市、中卫市青贮饲料 NDF 属于三级，其余三市属于四级要求；宁夏全区 ADF 含量均高于四级要求，粗蛋白质等级要求该标准中暂未规定。RFV 是 DDM 和 DMI 的综合评价，可以预测饲料的摄入量和能量（何旭阳等，2019）。宁夏 5 个市青贮饲料 RFV 最大值 104，最小

值78，排序为银川市>吴忠市>固原市>中卫市>石嘴山市。综合8个指标之间的相关性分析，DM含量与ADF、NDF含量呈正相关，与RFV呈负相关。CP含量与ADF、RFV含量呈正相关，与NDF含量呈负相关。但仅以指标之间的相关性来评价不同地区的青贮饲料综合营养品质的并不客观，8个指标所反映的信息重叠会造成评价结果的不明确，相关文献（白婷等，2019；王彦花等，2019）也证实了这一点。因此，就需要对指标进行分类、综合，进而提高青贮饲料青贮品质综合评价结果的准确性。

2. 不同地区青贮饲料质量综合评价分析

近年来，利用主成分分析和隶属函数法在农作物和家畜饲料优良品质选择和综合性状评价方面应用较多（徐清宇等，2022；张梦潇等，2020；石永红等；2010）。本研究利用主成分分析法将不同地区青贮饲料的8个单项指标转化为3个综合指标，这3个综合指标反映了原始变量信息的93.9%，以此作为代表确定其权重，进一步利用隶属函数分析法求出各综合指标的评价值（D值），从而最终决定最佳青贮饲料综合品质，相比采用单一指标评价不同地区青贮饲料综合品质更加合理、客观（宋江峰等，2010）。此次试验中，综合评价D值以中卫市青贮饲料得分最高，其次是银川市和吴忠市。同时发现各地区青贮饲料综合D值差异较大，造成这种情况的原因可能是各地区采样量、气候条件、田间管理以及青贮操作把控过程不同所致。

四、结论

在宁夏冬季、深秋和初春时节，青贮饲料在奶牛养殖生产中发挥着巨大的作用。青贮饲料中粗蛋白质、粗脂肪、中性纤维、酸性纤维等成分的含量是决定其饲用品质的物质基础，其含量高低直接影响着奶牛的生产性能及奶产品质量。本研究对固原市、银川市、中卫市、吴忠市及石嘴山市青贮饲料中粗蛋白质、粗脂肪等营养指标进行主成分分析，结合隶属函数评价法，评价了宁夏全区青贮饲料综合营养品质，其中以中卫市青贮饲料综合品质最优，其次是银川市，最差的是固原市，建议各地区在实际青贮饲料生产中，根据当地气候条件，选择合适青贮玉米品种进行种植，同时加强田间管理、青贮技术，从而获得高品质的青贮饲料。

第二节　宁夏地区奶牛常规青贮饲料安全现状评价

多年来，我国非常重视饲草产品质量安全，开展了饲草产品质量管理工作。颁布实施了《饲料及饲料添加剂管理条例》，对饲料（包括草产品）中允许添加的化学物质做出了明确的规定。颁布了饲料中重金属、微生物、其他有毒有害物质等多项检测方法标准，建立了饲料中有毒有害物质检测方法标准。但目前我国关于青贮饲料质量安全标准与检测方法尚未实施。近年来，宁夏畜产业得到快速发展，青贮饲料产业已初步形成规模，随着良种牧草资源的开发和天然新饲料添加剂的安全评价需要，开展宁夏地区青贮饲料质量安全评价已显得尤为重要。

因此，本项目通过采用物理、化学、生物及仪器分析的手段，针对青贮饲料中可能存在的有毒有害物、饲料添加剂及潜在的危害因素建立了青贮饲料的检测与评价模块，为宁夏地区青贮饲料的安全使用、安全监管提供科学的技术支撑。

一、材料与方法

1. 试验材料

见本章第一节试验材料。

2. 重金属测定

见第五章第三节。

3. 真菌毒素测定

见第五章第三节。

4. 农药残留测定

见第五章第三节。

5. 不同贮藏时间对青贮饲料质量安全影响研究

供试材料为苜蓿，2021年由西吉牧草公司制作成小型青贮包裹，每个样3个平行，于发酵60d后，不定期采样，通过测定营养成分粗蛋白质

(CP)、干物质（DM）、酸性洗涤纤维（ADF）、中性洗涤纤维（NDF），发酵参数铵态氮（NH_3-N）乳酸（LA）、乙酸（AA）、丙酸（PA）、丁酸（BA），安全指标重金属、农药残留、生物毒素等，进行不同贮藏时间青贮饲料质量安全评价。

二、结果与分析

1. 宁夏各地区青贮饲料重金属含量分析

47份青贮饲料中除银川市镉元素未检出之外，其他金属元素均有检出，详见表10-8。按照《饲料卫生标准》（GB 13078—2017）规定：砷≤4mg/kg，镉≤1mg/kg，铅≤30mg/kg，汞≤0.1mg/kg，铬≤5mg/kg判定，5种重金属元素中除铬出现超标，其余4种重金属元素均未超标。铬的超标情况为：石嘴山市37.5%，吴忠市6.25%，中卫市33.33%，固原市50%。单因素方差分析，不同地区Cd、Pb、Cr、As无显著性差异，详见表10-9。

表10-8 宁夏全区青贮饲料中重金属含量一览表　　　　单位：mg/kg

采样地点	镉	铅	铬	汞	砷
固原市	0.003~0.033	0.275~2.634	2.912~22.433	0.00282~0.00802	0.148~0.942
银川市	—	0.530~2.130	1.271~3.240	0.00336~0.00719	0.139~0.225
中卫市	0.01~0.058	0.400~1.554	3.047~8.919	0.00568~0.01164	0.202~1.041
吴忠市	0.006~0.208	0.277~1.926	1.381~6.757	0.00460~0.01090	0.154~0.789
石嘴山市	0.020~0.055	0.407~0.055	1.128~37.438	0.00445~0.01185	0.149~0.964
全区	0.003~0.208	0.275~2.634	1.128~37.438	0.00282~0.01185	0.148~1.041

表10-9 宁夏各地区重金属元素含量比较结果（$\bar{x}\pm s$）　　　　单位：mg/kg

项目	Cd	Pb	Cr	Hg	As
固原市	0.014±0.001	0.689±0.155	6.228±1.772	0.006±0.000	0.332±0.044
银川市	0.000±0.000	1.103±0.553	2.175±0.080	0.005±0.001	0.19±0.019
中卫市	0.031±0.025	0.787±0.664	5.168±3.257	0.008±0.003	0.488±0.479
吴忠市	0.043±0.027	0.598±0.159	2.809±0.724	0.007±0.000	0.292±0.074
石嘴山市	0.032±0.010	0.838±0.407	7.567±8.560	0.008±0.001	0.347±0.282
F	3.003	0.571	0.886	2.680	0.547
P	0.072	0.690	0.506	0.094	0.706

2. 宁夏各地区青贮饲料农药残留分析

采用高效液相色谱-质谱及气相色谱-质谱,对全区 47 份青贮饲料进行甲胺磷、氯氰菊酯等 68 种农药残留检测分析,结果显示,不同地区,所检出农药种类不同,检出农药种类从高到低依次排序为银川市 8 种>吴忠市 6 种>中卫市 4 种>石嘴山市 3 种>固原市 1 种,涉及农药共 11 种,分别是啶虫脒、甲氰菊酯、吡虫啉、氰戊菊酯、虫螨腈、哒螨灵、氯虫苯甲酰胺、毒死蜱、氯氟氰菊酯、噻虫嗪、吡唑醚菌酯、氰戊菊酯,检出率前三的农药有啶虫脒、甲氰菊酯、吡虫啉,检出数量分别为啶虫脒 9 个、甲氰菊酯 6 个、吡虫啉 5 个,检出率分别是 19.1%、12.8%、10.6%,结果详见表 10-10、表 10-11。

表 10-10 不同地区青贮饲料中检出农药名称一览表

采样地点	检出农药名称
固原市	甲氰菊酯
银川市	毒死蜱、虫螨腈、啶虫脒、噻虫嗪、吡虫啉、吡唑醚菌酯、甲氰菊酯、哒螨灵
中卫市	啶虫脒、氯虫苯甲酰胺、氰戊菊酯、哒螨灵
吴忠市	啶虫脒、氯虫苯甲酰胺、吡虫啉、甲氰菊酯、虫螨腈、氯氟氰菊酯
石嘴山市	毒死蜱、哒螨灵、啶虫脒

表 10-11 宁夏全区青贮饲料中检出农药情况

采样地点	农药名称	最小值/(mg/kg)	最大值/(mg/kg)	检出数量/个	检出率/%
固原市 银川市 中卫市 吴忠市 石嘴山市	啶虫脒	0.012	0.086	9	19.1
	甲氰菊酯	0.011	0.037	6	12.8
	吡虫啉	0.013	0.017	5	10.6
	虫螨腈	0.019	0.066	4	8.5
固原市 银川市 中卫市 吴忠市 石嘴山市	哒螨灵	0.013	0.020	3	6.4
	氯虫苯甲酰胺	0.011	0.058	4	8.5
	毒死蜱	0.018	0.029	3	6.4
	氯氟氰菊酯	0.170	0.310	2	4.3
	噻虫嗪	0.012	0.013	2	4.3
	吡唑醚菌酯	—	0.039	1	2.1
	氰戊菊酯	—	0.051	1	2.1

3. 宁夏各地区青贮饲料生物毒素分析

宁夏各地区 47 份青贮饲料中生物毒素的测定结果见表 10-12。可以看出，除黄曲霉毒素未检出之外，其余几种毒素均有检出，其中检出率依次为脱氧雪腐镰刀菌烯醇、伏马毒素、玉米赤霉烯酮，按照饲料卫生标准《配合饲料中脱氧雪腐镰刀菌烯醇的允许量》（GB 13078.3—2007）中脱氧雪腐镰刀菌烯醇 ≤5000μg/kg 及欧盟委员会指令 2002/32/EC 中伏马毒素 ≤20000μg/kg，两者均不超标，其次为玉米赤霉烯酮，按照《饲料卫生标准 饲料中赭曲霉毒素 A 和玉米赤霉烯酮的允许量》（GB 13078.2—2006）玉米赤霉烯酮 ≤500μg/kg，所检出生物毒素均不超标。不超标并不代表安全，因此在后续生产中，应尽量控制减少青贮饲料受毒素污染。

表 10-12 宁夏青贮饲料中生物毒素含量一览表 单位：μg/kg

地区	名称	最小值/(μg/kg)	最大值/(μg/kg)	检出/个	检出率/%	限量/(μg/kg)
固原市 银川市 中卫市 吴忠市 石嘴山市	FB_1	11.36	110.17	13	48.15	
	FB_2	11.91	65.63	10	37.04	20 000
	FB_3	12.36	19.16	3	11.11	
	DON	20.78	581.09	17	62.96	5 000
	ZEN_1	5.59	20.95	13	48.15	500

注：FB 检出限 10μg/kg，DON 检出限 20μg/kg，ZEN 检出限 5μg/kg，AFB_1、AFB_2 未检出。

4. 不同贮藏时间对青贮饲料质量安全影响研究

（1）不同贮藏时间青贮饲料营养成分变化分析。不同贮藏时间青贮饲料营养成分分析结果见表 10-13。结果显示，随着贮存时间延长，干物质变化趋势不明显，酸性纤维和中性纤维呈先升后高降低的趋势，蛋白呈先降低后升高趋势。单因素方差分析，贮存时间对青贮饲料的干物质含量、粗蛋白质含量无显著影响，对 ADF 和 NDF 具有显著性影响（$P<0.05$）。

表 10-13 贮藏时间对裹包青贮饲料营养成分含量

采样时间	采样间隔	DM/%	CP/%	ADF/%	NDF/%
2021 年 1 月 25 日	0 个月	94.01	12.01	52.98	63.03
2021 年 2 月 25 日	1 个月	92.28	12.53	52.20	62.10

（续表）

采样时间	采样间隔	DM/%	CP/%	ADF/%	NDF/%
2021年5月25日	4个月	94.33	10.27	56.63	67.33
2021年10月25日	9个月	94.25	11.80	53.81	63.20
2021年12月25日	11个月	93.76	12.25	54.17	60.77
	F	0.54	0.73	8.44	15.102
	显著性	0.71	0.591	0.003	0

（2）不同贮藏时间青贮饲料发酵品质变化分析。不同贮藏时间青贮饲料发酵品质分析结果见表10-14。结果显示，随着贮存时间延长，LA变化趋势不明显，铵态氮/全氮呈先升高后降低趋势。单因素方差分析，贮存时间对青贮饲料的AA含量无显著影响，对LA、BA和AN/TN具有显著性影响（$P<0.05$）。

表10-14 贮藏时间对裹包青贮饲料发酵品质影响

采样时间	采样间隔	LA	AA	BA	AN/TN
2021年1月25日	0个月	17.99	13.44	5.20	0.83
2021年2月25日	1个月	7.33	13.13	4.85	1.17
2021年5月25日	4个月	16.52	13.33	5.07	1.28
2021年10月25日	9个月	1.37	8.81	3.29	1.22
2021年12月25日	11个月	1.40	19.11	0.07	0.92
	F	11.274	2.187	9.626	469.614
	显著性	0.01	0.207	0.014	0

（3）不同贮藏时间青贮饲料重金属含量分析。贮藏时间对裹包青贮饲料重金属含量的影响结果见表10-15。结果显示，随着贮存时间延长，砷含量呈降低趋势，镉呈先降低后升高趋势，铅与之相反。

表10-15 贮藏时间对裹包青贮饲料重金属含量的影响   单位：mg/kg

采样时间	采样间隔	铅	砷	镉	汞
2021年1月25日	0个月	1.030	0.88	0.0395	0.0061
2021年2月25日	1个月	1.051	0.87	0.0357	0.0066

(续表)

采样时间	采样间隔	铅	砷	镉	汞
2021年5月25日	4个月	1.040	0.86	0.0341	0.0069
2021年10月25日	9个月	1.146	0.77	0.0252	0.00615
2021年12月25日	11个月	0.916	0.63	0.0340	0.00675

按照《饲料卫生标准》（GB 13078—2017）规定：砷≤4mg/kg、镉≤1mg/kg、铅≤30mg/kg、汞≤0.1mg/kg、铬≤5mg/kg判定，用于实验的包裹青贮饲料重金属含量均低于限量值。

（4）不同贮藏时间青贮饲料重金属含量分析。对不同贮存时间青贮饲料进行了9种生物毒素分析，除了15-DON有检出之外，其余均未检出，结果见表10-16。结果显示，15-DON含量呈先升高后降低趋势。这可能是因为DON主要是在苜蓿收获及制作过程产生并且其在青贮中分布不均匀导致的。

表10-16 贮藏时间对苜蓿青贮中生物毒素含量的影响　　单位：μg/kg

采样间隔	0个月	1个月	4个月	9个月	11个月
15DON	145.76	151.16	168.63	100.56	108.99

注：黄曲霉毒素、伏马毒素、玉米赤霉烯酮均未检出。

按照饲料卫生标准《配合饲料中脱氧雪腐镰刀菌烯醇的允许量》（GB 13078.3—2007）中脱氧雪腐镰刀菌烯醇≤5000μg/kg，所供试验用的裹包青贮15DON含量均低于限量。

三、结论

青贮饲料中有毒有害物质的来源比较复杂，主要有为防治作物病虫害而使用农药引起的农药残留：如滴滴涕（DDT）、六六六、呋喃丹等高毒高残留的有机氯农药，甲胺磷、甲拌磷、甲基对硫磷、对硫磷等有机磷农药；环境污染导致的重金属超标等有毒有害物质的蓄积：如汞、铅、镉、铬、钴、砷等；收获后储存不当而产生的黄曲霉菌、沙门氏菌等污染等。

本试验通过对宁夏地区47份青贮饲料（苜蓿青贮饲料、玉米青贮饲料）中重金属含量、生物毒素和农药残留进行测定和全面评价，得出以下结论：

宁夏各地区青贮饲料中除银川市镉元素未检出之外，其他金属元素均有检出。按照《饲料卫生标准》（GB 13078—2017）判定，5种重金属元素中除铬出现超标，其余4种重金属元素均未超标。单因素方差分析，不同地区镉、铅、铬、砷无显著差异性。

通过农药残留测定分析，结果表明，宁夏地区青贮饲料中外源性农药残留风险较小，就目前检测的农药种类而言，其青贮饲料质量处于相对安全水平。

生物毒素的测定结果显示除黄曲霉毒素未检出之外，其余几种毒素均有检出，其中检出率依次为脱氧雪腐镰刀菌烯醇、伏马毒素、玉米赤霉烯酮，所有检出生物毒素均不超标。不超标并不代表安全，因此在后续生产中，应尽量控制减少青贮饲料受毒素污染。

考察了不同贮藏时间对青贮饲料营养和发酵品质、重金属、生物毒素含量的影响，结果显示，随贮藏时间延长，干物质与乳酸变化趋势不明显，酸性纤维、中性纤维、铵态氮/全氮呈先升后高降低趋势。生物毒素除了15DON有检出之外，其余均未检出，且随时间变化不明显。

参考文献

巴尔古丽·苏甫尔,2017. 甲醛添加及贮后不同开封方式对新苏 2 号苏丹草青贮饲料二次发酵的影响研究. 乌鲁木齐：新疆农业大学.

包军义,2024. 玉米青贮饲料变质原因及解决措施. 畜牧兽医杂志,43（1）：91-93.

蔡阿敏,范逸婷,李鹏涛,等,2021. 小麦青贮的营养价值及其在奶牛生产中的应用. 动物营养学报,33（5）：2452-2460.

陈焕雄,郭林,李静,等,2024. 基于主成分分析的豫北平原浅层地下水化学特征. 地球与环境,52（3）：386-396.

邓海军,杨富裕,2013. 3 种添加剂对紫花苜蓿青贮发酵品质的影响. 草地学报,21（2）：360-364.

丁良,原现军,闻爱友,等,2016. 添加剂对西藏啤酒糟全混合日粮青贮发酵品质及有氧稳定性的影响. 草业学报,25（7）：112-120.

丁桑岚,2001. 环境评价概论. 北京：化学工业出版社.

杜瑞芝,2023. 优质青贮饲料制作及在畜牧生产中的应用. 今日畜牧兽医,39（11）：74-76.

杜书增,孔嫄嫄,张秋菊,等,2021. 紫花苜蓿营养价值的研究进展. 北方牧业（19）：23-24.

段伟伟,2015. 乳酸菌作为青贮添加剂的研究现状. 当代畜牧（30）：23-26.

范凯利,苏亚军,吴建平,等,2022. 青贮发酵促进剂和收获期对全株青贮玉米营养品质的影响. 草业科学,39（3）：586-596.

冯淦熠,刘莹莹,李颖慧,等,2020. 桑叶黄酮降糖、降脂作用与机制及其在动物生产中的应用. 动物营养学报, 32 (1): 48-53.

冯骁骋, 尹强, 刘兴波, 等, 2014. 典型草原天然牧草青贮条件的研究. 中国草地学, 36 (1): 64-68.

付志慧, 2023. 多花黑麦草青贮微生态系统发酵机制及适宜乳酸菌筛选研究. 呼和浩特: 内蒙古农业大学.

高海娟, 柴凤久, 刘泽东, 等, 2016. 应用 V-Score 体系评价不同含水量苜蓿青贮饲料品质. 中国饲料 (12): 16-18.

高婷, 2023. 确立草业经济发展和生态治理的战略地位——宁夏牧草产业发展现状、存在问题与对策. 宁夏农林科技, 64 (11): 36-39.

高燕春, 袁凯, 刘爱菊, 2024. 不同微生物发酵剂对青贮玉米营养成分、感官评定及发酵品质的影响. 中国饲料 (2): 76-79.

宫秀杰, 阿力腾才斯克, 萨仁高娃, 等, 2020. 畜产品质量安全风险应对措施及防控办法. 吉林畜牧兽医, 41 (9): 114-115.

关皓, 郭旭生, 干友民, 等, 2016. 添加剂对不同含水量多花黑麦草青贮发酵品质及有氧稳定性的影响. 草地学报 (3): 669-675.

郭睿, 彭宏鑫, 周正, 等, 2022. 不同水平乳酸菌组合对残次香梨发酵物营养成分、发酵品质及有氧稳定性的影响. 黑龙江畜牧兽医 (22): 107-113.

郭旭生, 周禾, 2006. 不同添加剂对青贮饲料有氧稳定性的影响. 中国奶牛 (9): 18-20.

郭正刚, 刘慧霞, 王彦荣, 2004. 收割对紫花苜蓿根系生长影响的初步分析. 西北植物学报, 24 (2): 215-220.

国家标准化管理委员会, 国家质量监督检验检疫总局, 2008. 土壤质量 总汞、总砷、总铅的测定 原子荧光法 第 1 部分: 土壤中总汞的测定: GB/T 22105.2—2008. 北京: 中国标准出版社.

国家标准化管理委员会, 国家质量监督检验检疫总局, 2008. 土壤质量 总汞、总砷、总铅的测定 原子荧光法 第 2 部分: 土壤中总砷的测定: GB/T 22105.2—2008. 北京: 中国标准出版社.

国家标准化管理委员会, 国家质量监督检验检疫总局, 2017. 饲料卫生标准: GB 13078—2017. 北京: 中国标准出版社.

国家环境保护局，国家技术监督局，1997. 土壤质量总汞、总砷、总铅的测定：GB/T 17141—1997. 北京：中国标准出版社.

国家市场监督管理局、中国国家标准化管理委员会，2018. 饲料中粗蛋白质的测定 凯氏定氮法：GB/T 6432—2018. 北京：中国标准出版社.

国家卫生和计划生育委员会，2015. GB 5009.11—2014 食品安全国家标准 食品中总砷及无机砷的测定. 北京：中国标准出版社.

国家卫生和计划生育委员会，2017. GB 5009.12—2017 食品安全国家标准 食品中铅的测定. 北京：中国标准出版社.

国家卫生和计划生育委员会，2015. GB 5009.15—2014 食品安全国家标准 食品中镉的测定. 北京：中国标准出版社.

国家卫生和计划生育委员会，2015. GB 5009.17—2014 食品安全国家标准 食品中总汞及无机汞的测定. 北京：中国标准出版社.

韩紫燕，王忠艳，刘亚楠，等，2019. 不同添加剂对玉米秸秆青贮料 pH 及粗蛋白质含量的影响. 饲料博览（7）：22-25.

何幼宽，李鑫垚，凌浩，等，2021. 青贮构树对肉羊生长性能、养分表观消化率和肠道健康的影响. 动物营养学报，33（9）：5131-5141.

何周瑞，2017. 饲用甜高粱青贮营养价值和饲用价值的评定. 乌鲁木齐：新疆农业大学.

贺佳仪，林颖，王长康，等，2022. 黄酮类化合物的生物活性作用及其在畜禽中的研究进展. 饲料工业，43（4）：30-35.

贺婷婷，王旭哲，宋磊，等，2022. 不同添加剂对油莎豆青贮品质及有氧稳定性的影响. 新疆农业科学，59（7）：1767-1775.

胡勇，茹巧红，李秀萍，等，2019. 自然青贮玉米饲料开窖后微生物菌群的动态变化. 青海畜牧兽医杂志，49（2）：32-35.

胡张涛，陈书礼，倪洁，等，2022. 青贮燕麦和发酵杂交构树对肉牛生长性能、血清生化指标、肉品质以及肌肉组织学特性的影响. 动物营养学报，34（7）：4474-4486.

黄峰，张露，周波，等，2019. 青贮微生物及其对青贮饲料有氧稳定性影响的研究进展. 动物营养学报，31（1）：82-89.

黄秋莲,周昕,王健,等,2021. 添加乳酸菌、糖蜜和无机酸对羊草青贮饲料发酵品质及体外干物质消失率的影响. 动物营养学报,33(1): 420-427.

黄水金,秦厚国,张华满,等,2002. 稻象甲的防治指标和防治适期研究. 植物保护,28(3): 12-15.

冀红芹,孟令楠,于明,等,2021. 青贮饲料的质量评价. 现代畜牧兽医(6): 92-96.

贾婷婷,赵苗苗,吴哲,等,2017. 雨淋及干燥方式对紫花苜蓿干草品质的影响. 草地学报,25(6): 1362-1367.

贾薇,2009. 中药材中重金属的分析方法及其吸收富集特征研究. 贵阳: 贵州师范大学.

贾玉山,于浩然,都帅,等,2018. 天然牧草青贮添加剂研究进展. 草地学报,26(3): 533-538.

简玲,2003. 青海省化隆县紫花苜蓿病虫害的调查及防治措施. 草业科学,20(4): 28-30.

简耀威,赵静,张佩华,2024. 水稻秸秆青贮品质影响因素及青贮饲料品质评定体系介绍. 中国奶牛(3): 5-9.

蒋再慧,侯建军,邱胜桥,2017. 乳酸菌制剂对苜蓿青贮发酵品质及营养价值的影响. 黑龙江畜牧兽医(11): 147-150.

金风霞,麻冬梅,刘昊焱,等,2014. 不同种植年限苜蓿地土壤环境效应的研究. 干旱地区农业研究,32(2): 73.

靳思玉,王立超,李苗苗,等,2020. 添加糖蜜对油莎草青贮发酵品质及黄酮的影响. 中国乳品工业,48(3): 31-37.

康露,帕尔哈提·克依木,赵多勇,等,2018. 新疆产区葡萄和桃中重金属含量特征及风险评价. 干旱区资源与环境,32(1): 147-154.

李国璋,张映琪,胡方同,2010. 隆德县的气候资源及其利用. 甘肃农业科技(2): 36-38.

李君风,孙肖慧,原现军,等,2014. 添加乙酸对西藏燕麦和紫花苜蓿混合青贮发酵品质和有氧稳定性的影响. 草业学报,23(5): 271-278.

李莉, 何胜江, 王普昶, 等, 2014. 喀斯特山区特征灌木白刺花的青贮效果. 草业学报, 31 (10): 1957-1965.

李茂, 字学娟, 刁其玉, 等, 2019. 添加单宁酸对木薯叶青贮品质和有氧稳定性的影响. 草业科学, 36 (6): 1662-1667.

李明超, 李成云, 李香子, 2016. 乳酸菌制剂对紫花苜蓿青贮品质的影响. 饲料研究, 434 (1): 4-7.

李如阳, 2022. 不同生物添加剂对苜蓿青贮品质和有氧稳定性影响的研究. 张家口: 河北北方学院.

李晓红, 罗红霞, 句荣辉, 等, 2018. 有机酸盐在青贮乳酸发酵中的抑菌效果研究. 安徽农业大学学报, 45 (3): 416-421.

李新乐, 2014. 连续多年灌水施磷肥对紫花苜蓿产量和土壤环境的影响. 北京: 中国农业科学院.

李宇宇, 格根图, 降晓伟, 等, 2021. 不同地势对天然草地牧草产量和营养品质的影响. 内蒙古农业大学学报 (自然科学版), 42 (2): 49-53.

李毓堂, 2009. 确保我国粮食安全的战略途径——发展牧草绿色蛋白质饲料, 减少饲料用粮. 草业科学, 26 (2): 1-4.

梁姝婕, 董涛, 叶慧, 等, 2021. 氨基酸营养对家禽免疫的影响. 饲料工业, 42 (5): 26-33.

梁小玉, 季杨, 易军, 等, 2018. 混合比例和添加剂对菊苣与青贮玉米混合青贮品质的影响. 草业学报, 27 (2): 173-181.

林厦菁, 朱晓彤, 江青艳, 等, 2012. 叶绿醇对脂肪细胞分化及糖脂代谢的调节作用. 动物营养学报, 24 (10): 1866-1870.

刘建新, 杨振海, 叶均安, 1999. 青贮饲料的合理调制与质量评定标准. 饲料工业, 20 (3): 4-7.

刘建新, 杨振海, 叶均安, 1999. 青贮饲料的合理调制与质量评定标准 (续). 饲料工业, 20 (4): 3-5.

刘磊, 郭龙, 李飞, 等, 2023. 青贮饲料的种类、制作要点及其在羊健康养殖过程中的应用. 畜牧兽医杂志, 42 (6): 65-71.

刘立山, 郎侠, 周瑞, 等, 2019. 模拟降雨和风干对玉米青贮营养品质及有氧暴露期微生物数量的影响. 中国饲料（3）：18-22.

刘巧玲, 赵芳芳, 马晓蕾, 等, 2022. 添加乳酸菌对营养期菊芋茎叶青贮发酵品质动态变化的影响. 草原与草坪, 42（2）：34-41.

刘双双, 秦保亮, 朱春玲, 等, 2022. 抗菌肽抗病毒作用机制和应用研究进展. 动物医学进展, 43（9）：100-104.

刘婷婷, 2017. "张杂谷" 饲草加工调制技术及营养价值评定研究. 张家口：河北北方学院.

刘霞, 王晓静, 赵子丹, 等, 2019. 苜蓿质量安全问题及对策研究. 宁夏农林科技, 60（4）：46-47.

刘月, 王国良, 吴浩, 等, 2019. 全株青贮玉米品种对其发酵品质及营养价值的影响. 草业学报, 28（6）：148-156.

陆龙超, 莫本田, 周文章, 等, 2024. 菌酶添加对喀斯特地区全株青贮玉米发酵品质和有氧稳定性的影响. 饲料工业, 45（3）：95.

吕仁龙, 胡海超, 张兴波, 等, 2019. 不同刈割高度王草中叶绿素和叶绿醇含量在青贮前后的变动. 动物营养学报, 31（9）：4208-4217.

马召稳, 李元晓, 梁含, 等, 2019. 苜蓿青贮中微生物种群分析及主要菌种的筛选鉴. 草业科学, 36（11）：1980-2988.

农业部, 2017-01-20. 全国苜蓿产业发展规划（2016—2020 年）. http://www.moa.gov.cn/nybgb/2017/dyiq/201712/t20171227_6129812.htm.

曲艳, 2017. 草地牧草的饲用价值评价. 饲料博览（5）：63.

阮文潇, 2018. 三种中蒙药材添加剂对牧草青贮品质的影响. 呼和浩特：内蒙古农业大学.

佘永新, 2012. 西藏地区草产品质量安全评价试验研究. 西藏科技（7）：3-7.

生态环境部, 国家市场监督管理总局, 2018. 土壤环境质量农用地土壤污染风险管控标准（试行）：GB 15608—2018. 北京：中国标准出版社.

石子墨, 肖晴, 玉柱, 2022. 全株玉米青贮有氧稳定性研究进展. 饲料工业, 43（23）：14-19.

石自忠, 王明利, 2019. 我国苜蓿生产技术效率测度: 2011—2017 年. 中国草地学报, 41 (3): 100-106.

舒健虹, 王子苑, 刘晓霞, 等, 2021. 中草药添加剂对不同比例的多花黑麦草与紫花苜蓿混贮品质的影响. 黑龙江八一农垦大学学报, 33 (6): 20-27.

苏嘉琪, 辛杭书, 张广宁, 等, 2022. 国内外青贮饲料原料来源、品质评价及影响因素的研究进展. 动物营养学报, 34 (12): 7585-7594.

唐维新, 2004. 绿汁发酵液改善紫花苜蓿青贮品质机理初探. 北京: 中国农业大学.

陶莎, 王玉庭, 张峭, 2019. 国内苜蓿草供需现状及中美贸易摩擦带来的影响与对策. 畜牧与饲料科学, 40 (10): 46-50.

田吉鹏, 玉柱, 2013. 苜蓿饲料质量安全研究进展//中国畜牧业协会, 内蒙古自治区赤峰市人民政府, 内蒙古自治区农牧业厅. 第五届中国苜蓿发展大会论文集. 中国农业大学动物科技学院: 5.

万学瑞, 豆思远, 李玉, 等, 2020. 复合乳酸菌对全株玉米青贮及有氧暴露后微生物及饲料品质的影响. 草业学报, 29 (11): 83-90.

王冬梅, 杨惠敏, 2011. 4 种牧草不同生长期 C、N 生态化学计量特征. 草业科学, 28 (6): 921-925.

王改芳, 王彦林, 2022. 不同青贮剂青贮全株玉米对肉羊生长性能、养分表观消化率、血液生化指标及肉品质的影响. 中国畜牧杂志, 58 (3): 142-146, 152.

王惠, 苗福泓, 孙娟, 等, 2017. 鲁东南地区不同年龄紫花苜蓿 N、P 生态化学计量特征研究. 草业学报, 26 (8): 216-222.

王加黛, 王利军, 王平, 等, 2023. 植物乳杆菌与纤维素酶组合对玉米秸秆微贮品质的影响. 饲料工业, 44 (19): 90-94.

王金飞, 杨国义, 樊子菡, 等, 2021. 饲粮中全株玉米青贮比例对杜湖杂交母羔生长性能、瘤胃发酵、养分消化率及血清学指标的影响. 中国农业科学, 54 (4): 831-844.

王坤龙, 贾玉山, 王石莹, 等, 2015. 苜蓿青贮收获技术研究. 饲料研究 (10): 30-34.

王曼, 敖翔, 何健, 2020. 发酵金银花渣饲料对生长肥育猪生长性能和肉品质的影响. 养猪 (4): 14-16.

王青兰, 谢展, 张志飞, 2020. 有机酸盐在青贮发酵中的应用研究进展. 草学 (6): 13-18, 29.

王清, 2023. 畜产品质量安全影响因素及对策. 吉林畜牧兽医, 44 (4): 131-132.

王亚芳, 姜富贵, 成海建, 等, 2020. 不同青贮添加剂对全株玉米青贮营养价值、发酵品质和瘤胃降解率的影响. 动物营养学报, 32 (6): 2765-2774.

王洋, 姚权, 孙娟娟, 等, 2018. 乳酸菌添加剂对苜蓿青贮品质和黄酮含量的影响. 中国草地学报, 40 (2): 48-53.

王莹, 玉柱, 2010. 不同添加剂对紫花苜蓿青贮发酵品质的影响. 中国草地学报, 32 (5): 80-84.

王运亨, 张振山, 何启军, 等, 2000. 苜蓿是饲喂奶牛的好饲料 [J]. 中国奶牛 (6): 27-28.

王振南, 2016. 黄土高原雨养农区不同时间尺度苜蓿草地 C、N、P 生态化学计量特征研究. 银川: 兰州大学.

尉志霞, 刘强, 霍文婕, 等, 2019. 茬次和一天内不同收获时间对紫花苜蓿青贮发酵质量和体外发酵参数的影响. 草地学报, 27 (1): 235-242.

邬彩霞, 汤前, 韩志森, 等, 2015. 水分、乳酸菌和蔗糖对青贮苜蓿品质的影响. 中国奶牛, 302 (18): 22-26.

吴庆宇, 孙芸, 杨晶晶, 等, 2022. 北方寒区温度对苜蓿青贮的发酵品质及营养成分影响. 饲料工业, 43 (15): 28-34.

武海杰, 杨国锋, 孙娟, 等, 2015. 苜蓿不同种植模式下土壤结构及养分的响应. 华北农学报, 30 (5): 189-196.

肖凯, 2024. 浅谈畜产品质量安全的隐患及对策. 吉林畜牧兽医, 45 (2): 142-144.

谢小峰, 周玉明, 2013. 燕麦草青贮和全株玉米青贮对奶牛产奶量和乳成分的影响 [J]. 畜牧与兽医, 45 (9): 35-37.

参考文献

谢燕妮, 雷国华, 2022. 饲料青贮关键技术及品质鉴定方法. 广西农学报, 37 (4): 36-40.

熊乙, 2019. 木质纤维素降解菌的筛选鉴定及降解产物研究. 太原: 山西农业大学.

徐进益, 那彬彬, 刘顺, 等, 2021. 青贮饲料的优良乳酸菌及其应用. 生物技术通报, 37 (9): 39-47.

许庆方, 韩建国, 玉柱, 2005. 青贮渗出液的研究进展. 草业科学 (11): 90-95.

薛艳林, 白春生, 玉柱, 等, 2000. 添加剂对苜蓿草渣青贮饲料品质的影响. 草地学报, 15 (4): 339-343.

闫峻, 2011. 玉米青贮饲料开窖后贮存期营养成分及霉菌变化规律研究. 杨凌: 西北农林科技大学.

杨富裕, 周禾, 2000. 苜蓿在粮食和饲料工业中的应用. 粮食与饲料工业 (9): 28-30.

杨国义, 罗薇, 高家俊, 等, 2008. 广东省典型区域蔬菜重金属含量特征与污染评价. 土壤通报, 39 (1): 133-136.

杨洁, 杨仪, 丁园, 等, 2020. 添加麦麸对饲料油菜与玉米秸秆混贮品质的影响. 草业科学, 37 (12): 2594-2602.

杨菁, 谢应忠, 吴旭东, 等, 2014. 不同种植年限人工苜蓿草地植物和土壤化学计量特征. 草业学报, 23 (2): 340-345.

杨琪, 2023. 两种商用乳酸菌添加剂对全株玉米青贮品质的影响. 哈尔滨: 东北农业大学.

杨锐珊, 2024. 畜产品质量安全主要危害因子及风险控制. 畜牧兽医, 45 (2): 142-144.

杨玉海, 蒋平安, 2005. 种植苜蓿对土壤肥力的影响. 干旱区地理, 28 (2): 248-251.

叶雨浓, 余淑艳, 王星, 等, 2024. 灌溉方式与磷素对紫花苜蓿生产性能和营养品质的影响. 草地学报, 32 (5): 1592-1600.

于彩梅, 2024. 青贮饲料实现产业化的难点分析及对策思考. 中国动物保健, 26 (3): 78-79.

于辉，刘惠青，崔国文，2008. 不同刈割频率下紫花苜蓿品种的越冬率与主根 C/N 比变化. 中国草地学报，30（4）：21-24.

余伯良，1999. 发酵饲料生产与应用新技术. 北京：中国农业出版社.

袁文焕，张天琦，张振强，等，2018. 饲喂小麦秸秆和小麦青贮对泌乳奶牛采食量、产奶性能和消化率的影响. 中国饲料（6）：61-64.

曾德慧，陈广生，2005. 生态化学计量学：复杂生命系统奥秘的探索. 植物生态学报，29（6）：1007-1019.

张凡凡，张玉琳，王旭哲，等，2021. 纤维素分解菌与布氏乳杆菌联合接种对青贮玉米发酵品质、有氧稳定性和瘤胃降解参数的影响. 动物营养学报，33（3）：1735-1746.

张洪艳，2024. 青贮饲料的种类、营养价值及其在反刍动物养殖中的应用. 四川畜牧兽医，51（2）：35-37.

张嘉宾，李苗苗，靳思玉，等，2021. 添加乳酸菌对苜蓿青贮过程中总黄酮提取率、β-葡萄糖苷酶活性及主要黄酮苷元含量的影响. 动物营养学报，33（3）：1584-1593.

张建春，热孜婉，王丽丽，2014. 目前我县畜牧业生产中潜在的安全隐患及对应的预防措施. 兽医导刊（14）：3-4.

张建国，河本英宪，加茂干男，等，2001. 乳酸菌添加对青贮饲料发酵品质和好氧变质的影响. 日本草地学会报，47（增）：260-261.

张丽英，2016. 饲料分析及饲料质量检测技术. 北京：中国农业大学出版社.

张凌洪，2012. 苜蓿半干青贮饲料的调制技术. 中国畜禽种业，8（3）：28-29.

张涛，崔宗均，李建平，2005. 不同发酵类型青贮菌制剂对青贮发酵的影响. 草业学报，14（3）：67-71.

张秀芬，1992. 饲草饲料加工与贮藏. 北京：中国农业出版社.

张玉诚，达吾列提别克·卡里，苏力堂别克·祖巴依尔，等，2022. 青贮饲料营养价值及在反刍动物中的应用. 畜牧兽医科学（电子版）（12）：96-98.

张智安，周文静，潘发明，等，2021. 粗饲料中不同全株玉米青贮比例对湖羊生长性能、养分表观消化率、肉品质及血液生理指标的影响. 动物营养学报, 33（9）：4998-5006.

张子仪, 2000. 中国饲料学. 北京：中国农业出版社.

章检明, 步雨珊, 杨慧, 等, 2018. 产抗菌肽乳酸菌筛选及抗菌肽的分离纯化与特性研究. 食品安全质量检测学报, 9（4）：781-787.

赵璐洁, 范华芳, 孙鑫畅, 等, 2023. 乳酸菌改善苜蓿、无芒雀麦混贮发酵品质及CNCPS蛋白组分. 草业科学, 40（5）：1397-1409.

赵牧其尔, 2020. 谷子饲用价值评价及其加工技术研究. 呼和浩特：内蒙古农业大学.

赵萍, 2018. 我国上市银行经营业绩分析——基于因子分析的研究. 金融经济（8）：140-142.

赵青山, 夏明, 王兆兰, 等, 2010. 苜蓿营养价值比较分析及市场培育途径探讨//第三届中国苜蓿发展大会论文集. 中国畜牧业协会：617-622.

折凤霞, 郝明德, 臧逸飞, 2013. 黄土高原沟壑区苜蓿生产力及养分特性的研究. 草业学报, 22（2）：313-317.

中国饲料工业协会, 2018. 苜蓿青贮高效生产利用技术. 中国农业科学技术出版社.

中华人民共和国国家质量监督检验检疫总局、中国国家标准化管理委员会, 2008. 饲料中粗灰分的测定：GB/T 6438—2007. 北京：中国标准出版社.

中华人民共和国国家质量监督检验检疫总局、中国国家标准化管理委员会, 2015. 饲料中水分的测定：GB/T 6435—2014. 北京：中国标准出版社.

中华人民共和国国家质量监督检验检疫总局、中国国家标准化管理委员会, 2007. 饲料中中性洗涤纤维（NDF）的测定：GB/T 20806—2006. 北京：中国标准出版社.

中华人民共和国农业部, 2008. 饲料中酸性洗涤纤维的测定：NY/T 1456—2007. 北京：中国标准出版社.

周春雷, 2008. 紫花苜蓿高产技术及常见病虫害防治. 山西农业畜牧兽医

(1): 17-18.

朱晋佳，2020.日粮不同来源的非蛋白氮对瘤胃发酵特性及蛋氨酸代谢的影响.长沙：湖南农业大学.

朱九刚，张健，邵涛，等，2020.添加剂对全株燕麦青贮饲料发酵品质和有氧稳定性的影响.草地学报，28（6）：1756-1761.

朱兰保，盛蒂，戚小明，等，2014.蚌埠市蔬菜重金属含量及食用安全性评价.食品工业科技，35（7）：260-271.

ABARKAPA I S, PALI D V, MILI D B, et al., 2010. The influence of bonsilage plus and bonsilage forte on microflora reduction during ensiling of alfalfa, Food and Feed Research (Serbia), 37: 59-64.

ABDALLAH A, ELEMBA E, ZHONG Q, et al., 2020. Gastrointestinal interaction between dietary amino acids and gut microbiota: with special emphasis on host nutrition, Curr. Protein Pept. Sci, 21: 785-798.

ALBRECHT K A, MUCK R E, 1991. Proteolysis in ensiled forage leg-umes that vary in tannin concentration. Crop Science, 31: 464-469.

AMER S, HASSANAT F, BERTHIAUME R, et al., 2012. Effects of water soluble carbohydrate content on ensiling characteristics, chemical composition and in vitro gas production of forage millet and forage sorghum silages, Anim. Feed Sci. Technol, 177: 23-29.

AUER L, MARIADASSOU M, MICHAEL, et al., 2017. Analysis of large 16s rRNA illumina data sets: impact of singleton read filtering on microbial community description, Molecular Ecology Resources.

ÁVILA C L S, CARVALHO B F, 2020. Silage fermentation – updates focusing on the performance of micro-organisms. Journal of Applied Microbiology, 128 (4): 966-984.

BAI J, XU D, XIE D, et al., 2020. Effects of antibacterial peptide producing Bacillus subtilis and Lactobacillus buchneri on fermentation, aerobic stability, and microbial community of alfalfa silage. Bioresource Technology, 315: 123881.

BAL M A, COORS J G, SHAVER R D, 1997. Impact of the maturity of corn for use as silage in the diets of dairy cows on intake, digestion, and milk production. J. Dairy Sci, 80 (10): 2497-2503.

BANGAR S P, SHARMA N, KUMAR M, et al., 2021. Recent developments in applications of lactic acid bacteria against mycotoxin production and fungal contamination, Food Biosci, 44: 101444.

BECKER R, SZAKIEL A, 2019. Phytochemical characteristics and potential therapeutic properties of blue honeysuckle lonicera caerulea L. (Caprifoliaceae). J. Herb. Med, 16: 100237.

BOLSEN K K, LIN C, BRENT B E, et al., 1992. Effect of silage additives on the microbial succession and fermentation process of alfalfa and corn silages1. J. Dairy Sci, 75: 3066-3083.

BRAGA R M, DOURADO M N, ARAÚJO W L, 2016. Microbial interactions: ecology in a molecular perspective. Braz. J. Microbiol, 47: 86-98.

BRODERICK G A, KANG J H, 1980. Automated simultaneous determination of ammonia and total amino acids in ruminal fluid and in vitro media. Journal of Dairy Science, 63 (1): 64-75.

BU T L, 2006. In vitro gas production method to assess the combined effect among silage maize, Leymus chinensis and alfalfa grass. Hangzhou: Zhejiang University.

CAI Y, 1999. Identification and characterization of enterococcus species isolated from forage crops and their influence on silage fermentation. Journal of Dairy Science, 82 (11): 2466-2471.

CAO Y, CAI Y, TAKAHASHI T, et al., 2011. Effect of lactic acid bacteria inoculant and beet pulp addition on fermentation characteristics and in vitro ruminal digestion of vegetable residue silage. Journal of Dairy Science, 94 (8): 3902-3912.

CHANG C, YIN Q, LIU H L, 2013. Study on cutting periods and cutting times of alfalfa. Chinese Journal of Grassland: 24: 35-36.

CHELI F, CAMPAGNOLI A, DELL'ORTO V, 2013. Fungal populations and mycotoxins in silages: from occurrence to analysis. Animal Feed

Science and Technology, 183 (1-2): 1-16.

CHEN S W, CHANG Y Y, HUANG H Y, et al., 2020. Application of condensed molasses fermentation solubles and lactic acid bacteria in corn silage production. Science and Food Agriculture, 100 (6): 2722-2731.

CHEN Y T, HARRISON J H, BUNTING L D, 2018. Effects of replacement of alfalfa silage with corn silage and supplementation of methionine analog and lysine HCl on milk production and nitrogen feed efficiency in early lactating cows. Animal Feed Science and Technology, 242: 120-126.

CHENG J, ZHANG Y, ZHANG D, et al., 2021. In vitro digestion characteristics and combination effects of a combination of whole-plant corn silage, wheat straw, and alfalfa hay. Journal of Animal Nutrition, 21: 51-56.

COURTIN M G, SPOELSTRA S F, 1990. A simulation model of the microbiological and chemical changes accompanying the initialstage of aerobic deterioration of silage. Grass and ForageScience, 45: 153-165.

DAI T, DONG D, WANG S, et al., 2022. Assessment of organic acidsalts on fermentation quality, aerobic stability, and in vitro rumen digestibility of total mixed ration silage. Tropical Animal Health and Production, 54 (5): 261.

DE GARCÍA V, BRIZZIO S, LIBKIND D, et al., 2010. Wickerhamomyces patagonicus sp. Nov., an ascomycetous yeast species from patagonia, Argentina. Int. J. Syst. Evol. Microbiol, 60: 1693-1696.

DRIEHUIS F, ELFERINK S J W H O, 2000. The impact of the quality of silage on animal health and food safety: a review. Veterinary Quarterly, 22 (4): 212-216.

DRIEHUIS F, VAN WIKSELLAR P G, VAN VUUREN A M, et al., 1997. Effect of a bacterial inoculant on rate of fermentation and chemical composition of high dry matter grass silages. Journal of Agriculture Science, 128 (5): 323-329.

DU Z, L SUN C, CHEN J, et al., 2021. Exploring microbial community structure and metabolic gene clusters during silage fermentation of paper mulberry, a high-protein woody plant. Anim. Feed Sci. Technol, 275: 114766.

DU Z, SUN L, CHEN C, et al., 2020. Exploring microbial community structure and metabolic gene clusters during silage fermentation of paper mulberry, a high-protein woody plant. Anim. Feed Sci. Technol, 16: 31-37.

DUNIERE L, SINDOU J, CHAUCHEYRAS-DURAND F, et al., 2013. Silage processing and strategies to prevent persistence of undesirable microorganisms. Animal Feed Science Technology, 182 (1-4): 1-15.

EDWARDS J E, KIM E J, SCOLLAN N D, et al., 2009. The plant-microbe interactome in ruminants: identification of control for mitigation of negative ecosystem outputs. Aspect Appl. Biol, 15: 41-42.

GAO C, XU L, MONTOYA L, et al., 2022. Co-occurrence networks reveal more complexity than community composition in resistance and resilience of microbial communities. Nat. Commun, 13: 3867.

GAO T, SUN Q Z, WANG C, et al., 2017. Effect of harvesting time in fall on productivity of different dormancy alfalfa varieties. Chinese Journal of Grassland, 6: 63-65.

GETACHEW G, BLÜMMEL M, MAKKAR H P S, et al., 1998. In vitro gas measuring techniques for assessment of nutritional quality of feeds: a review. Anim. Feed Sci. Technol, 72 (3): 261-281.

GUO X, XU D, Li F, et al., 2023. Current approaches on the roles of lactic acid bacteria in crop silage. Microbial Biotechnology, 16 (1): 67-87.

GUTBROD K, ROMER J, DÖRMANN P, 2019. Phytol metabolism in plants. Progress in Lipid Research, 74: 1-17.

HARPER M T, OHJ, GIALLONG OF, et al., 2017. Inclusion of wheat and triticale silage in the diet of lactating dairy cows. Journal of Dairy Science, 100 (8): 6151-6163.

HEL W, 2017. Quality evaluation of corn silage and its effect on the growth performance and beef quality of finishing cattle. Beijing: China Agricultural University.

HIBBING M E, FUQUA C, PARSEK M R, et al., 2010. Bacterial competition: surviving and thriving in the microbial jungle. Nat. Rev. Microbiol, 8: 15-25.

HOLZER M, 2001. Development of a novel silage starter for the improvement of aerobic stability and quality with special focus on Lactobacillus buchneri. Ph. D. Thesis. Vienna: University of Agricultural Sciences.

HONIG H, WOOLFORD M K, 1980. Changes in silage on exposure to air// InC. Thomas (ed.) Forage conservation in the 80s. Occasional Symposium No.11. Hurley: British Grassland Society: 76-87.

HOOKER T D, COMPTON J E, 2003. Forest ecosystem carbon and nitrogen accumulation during the first century after agricultural abandonment. Ecological Applications, 13: 299-313.

HU W, SCHMIDT R J, MCDONELL E E, et al., 2009. The effect of Lactobacillus buchneri 40788 or Lactobacillus plantarum MTD-1 on the fermentation and aerobic stability of corn silages ensiled at two dry matter contents. Journal of Dairy Science, 92 (8): 3907-3914.

HUNT C W, KEZAR W, VINANDE R, 1989. Yield, chemical composition, and ruminai fermentability of corn whole plant, ear, and stover as affected by hybrid. J. Prod. Agric, 5 (2): 286.

HE H, ZHANG D, GAO J, et al., 2019. Mou, Identification and evaluation of lonicera japonica flos introduced to the hailuogou area based on its sequences and active compounds. Peer J, 7: e7636.

IVANOVA I V, HOLZAPFEL, WILHELM H, et al., 2022. Antimicrobial properties of Pediococcus acidilactici and Pediococcus pentosaceus isolated from silage. J. Appl. Microbiol, 132 (1): 311-330.

JIAO W, AYGUL A, AMERJAN O C et al., 2018. Study on the change of Ph and main microorganisms during the process of mixed silages made of sweet sorghum and alfalfa. Journal of Tarim University, 35: 15-20.

JIE R E, 2009. Effects of lactobacillus additives on silage quality of qinghai-tibet plateau oats, Journal of Anhui Agricultural Sciences, 20: 18-25.

JINGUI GUO, YIXIAO XIE, ZHU YU, et al., 2019. Effect of lactobacillus plantarum expressing multifunctional glycoside hydrolases on the characteristics of alfalfa silage. Applied Microbiology and Biotechnology, 103 (19): 63-67.

JONSSON A, 1990. Enumeration and confirmation of *C. tyrobutyricumin* silages using neutral red, D-cycloserine and lactate dehydrogenase activity. Journal of Dairy Science, 73 (3): 719-725.

JONSSON A, 1991. Growth of *Clostridium tyrobutyricum* during fermentation and aerobic deterioration of grass silage. Journal of the Science of Food Agriculture, 54 (4): 557-568.

JUNG J S, RAVINDRAN B, SOUNDHARRAJAN I, et al., 2022. Choi, Improved performance and microbial community dynamics in anaerobic fermentation of triticale silages at different stages, Bioresour. Technol, 345: 126485.

KAISER E, WEI K, KRAUSE R, 2000. Beurteilung skriterien fürdie Garqualitat vongrassilagen. Proceedings of the Societyfor Nutritional Physiology (9): 94.

KAVITA K, SINGH V K, MISHRA A, et al., 2014. Characterisation and anti-biofilm activity of extracellular polymeric substances from oceanobacillus iheyensis. Carbohydrate Polymers, 101: 29-35.

KHAN N A, YU P, ALI M, et al., 2015. Nutritive value of maize silage in relation to dairy cow performance and milk quality. J. Sci. Food Agric, 95 (2): 238-252.

KOCA N, FERYAL K, HANDE S B, 2007. Effect of pH on chlorophyll degradation and colour loss in blanched green peas. Food Chemistry, 100 (2): 609-615.

KOERSELMAN W, MEULEMAN A F M, 1996. The vegetation N : P ratio: A new tool to detect the nature of nutrient limitation. Journal of Applied

Ecology, 33: 1441-1450.

KUNG J R L, SHAVER R D, GRANT R J, et al., 2018. Silage review: Interpretation of chemical, microbial, and organoleptic components of silages. Journal of Dairy Science, 101 (5): 4020-4033.

KUNG L J R, RANJIT N K, 2001. The effect of Lactobacillus buchneriand other additives on the fermentation and aerobic stabilityof barley silage. Journal of Dairy Science, 84: 1149-1155.

KUNG L, SHAVER R D, GRANT R J, et al., 2018. Silage review: interpretation of chemical, microbial, and organoleptic components of silages. J. Dairy Sci, 101: 4020-4033.

LAMB J A F S, HANS J G J, RIDAY H, 2012. Harvest impacts on alfalfa stem neutral detergent fiber concentration and digestibility and cell wall concentration and composition. Crop Sci, 52 (5): 2402.

LAPARA T M, ZAKHAROVA T, NAKATSU C H, et al., 2002. Functional and structural adaptations of bacterial communities growing on particulate substrates under stringent nutrient limitation. Microb. Ecol, 44: 317-326.

LEI Z M, WANG J F, WU J P, et al., 2017. Effect of 5 strains of lactic acid bacteria with antibacterial activity on the corn silage quality, Acta Prataculturae Sinica, 21: 68-71.

LI D, XIA R, DU L, et al., 2018. Analysis of nutritional composition of different parts of honeysuckle. Food Res. Dev, 39: 5.

LI L, MA X Q, 2015. Study on silage technology of whole plant silage maize in different growth stages. J. Anim. Sci. Vet. Med, 34 (4): 2.

LI R, JIANG D, ZHENG M, et al., 2020. Microbial community dynamics during alfalfa silage with or without clostridial fermentation, Sci. Rep, 10: 17782.

LI X, ZUO S, WANG B, et al., 2022. Antimicrobial mechanisms and clinical application prospects of antimicrobial peptides. Molecules, 27 (9): 2675.

LI Y F, 2019. Effects of mixed corn and alfalfa on nutritional value and quality. Doctoral dissertation, Northwest A&F University.

LIN B, CAI B, WANG H, 2019. Honeysuckle extract relieves ovalbumin-induced allergic rhinitis by inhibiting ar-induced inflammation and autoimmunity, Biosci. Rep, 39: 673.

LIN H L, ZHANG J R, ZHOU Z Y, et al., 2017. Production potential analysis for alfalfa production in China, in: Annual International Conference on Management, Economics and Social Development.

LING W, ZHANG L, FENG Q, et al., Effects of different additives on fermentation quality, microbial communities, and rumen degradation of alfalfa silage, Fermentation, 8: 660.

LIU Q, PANG Z, LIU Y, et al., 2023. Rhizosphere fungal dynamics in sugarcane during different growth stages. Int. J. Mol. Sci, 24: 5701.

LIU Q, PANG Z, YANG Z, et al., 2022. Bio-fertilizer affects structural dynamics, function, and network patterns of the sugarcane rhizospheric microbiota. Microb. Ecol, 84: 1195-1211.

LU X, LIU S, ZHENG C, et al., 2006. Overview of Chinese medicine fermentation research. Heilongjiang Medicine, 19: 2.

LUCIANO G, NATALELLO A, MATTIOLI S, et al., 2019. Feeding lambs with silage mixtures of grass, sainfoin and red clover improves meat oxidative stability under high oxidative challenge. Meat Sci, 156: 59-67.

LV H, PIAN R, XING Y, et al., 2020. Effects of citric acid on fermentation characteristics and bacterial diversity of Amomum villosum silage. Bioresource Technology, 307: 123290.

MAKI M L, IDREES A, LEUNG K T, et al., 2012. Newly isolated and characterized bacteria with great application potential for decomposition of lignocellulosic biomass. Molecular Microbiology and Biotechnology, 22(3): 156-166.

MCALLISTER T A, FENIUK R, MIR Z, et al., 1998. Inoculants for alfalfa silage: effects on aerobic stability, digestibility and the growth performance of feedlot steers. Livestock Production Science, 53 (2): 171-181.

MCCARY C L, VYAS D, FACIOLA A P, et al., 2020. Graduate student literature review: current perspectives on whole plant sorghum silage production and utilization by lactating dairy cows. Journal of Dairy Science, 103 (6): 5783-5790.

MENKE K H, RAAB L, SALEWSKI A, et al., 1979. The estimation of the digestibility and metabolizable energy content of ruminant feedingstuffs from the gas production when they are incubated with rumen liquor in vitro. J. Agric. Sci, 93 (1): 217-222.

MIDDELHOVEN W J, VAN BAALLEN A H M, 2010. Development of the yeast flora of whole-crop maize during ensiling and subsequent aerobiosis. Journal of the Science of Food Agriculture, 42 (3): 199-207.

MITIKU A A, ANDETA A F, BORREMANS A, et al., 2020. Silage making of maize stover and banana pseudostem under South Ethiopian conditions: evolution of pH, dry matter and microbiological profile. Micro Biotech, 13 (5): 1477-1488.

MO W X, LI B, XIN S, et al., 2020. Impact of fiber initial water content on the water retention capacity of poplar apmp fibers during the thermal drying. Wood Sci. Technol, 54: 227-235.

MOON N J, 1983. Inhibition of the growth of acid tolerant yeasts by acetate, lactate and propionate and their synergistic mixtures. Journal of Applied Bacteriology, 55 (3): 454-460.

MOON N J, ELY L O, 1979. Identification and properties of yeasts associated with aerobic deterioration of wheat and alfalfa silages. Mycopathologica, 69 (3): 153-156.

MUCK R E, 2013. Recent advances in silage microbiology. Agriculture and Food Science, 22 (1): 3-15.

MUCK R E, KUNG L J R, 1997. Effects of silage additives on ensilingin silage: field to feedbunk NRAES-99//Northeast re-gional agricultural engineering service. Ithaca, N. Y: 187-199.

MUCK R E, NADEAU E M G, MCALLISTER T A, et al., 2018. Silage review: recent advances and future uses of silage additives. Journal of Dairy Science, 101 (5): 3980-4000.

NI K, WANG F, ZHU B, et al., 2017. Effects of lactic acid bacteria and molasses additives on the microbial community and fermentation quality of soybean silage. Bioresource Technology, 238: 706-715.

NISHINO N, YOSHIDA M, SHIOTA H, et al., 2010. Accumulation of 1, 2-propanediol and enhancement of aerobic stability in whole crop maize silage inoculated with Lactobacillus buchneri. Journal of Applied Microbiology, 94 (5): 800-807.

OUDE E S J, KROONEMAN J, GOTTSCHAL J C, et al., 2001. Anaerobic conversion of lactic acid to acetic acid and 1, 2 - propanediol by Lactobacillus buchneri. Applied and Environmental Microbiology, 67 (1): 125-132.

OWENS V N, ALBRECHT KENNETH A, MUCK R E, 1999. Protein degradation and fermentation characteristics of red clover and alfalfa silage harvested with varying levels of total nonstructural carbohydrates. Crop Science, 39 (6): 1873-1880.

OZTURK D, KIZILSIMSEK M, KAMALAK A, et al., 2006. Effects of ensiling alfalfa with whole - crop maize on the chemical composition and nutritive value of silage mixtures. Asian Australas. J. Anim. Sci, 19 (4): 526-532.

PAHLOW G, MUCK R E, DRIEHUIS F, et al., 2003. Microbiology of ensiling. Silage Science and Technology, 42: 31-93.

PHIPPS R, 1979. The development of plant components and their effects on the composition of fresh and ensiled forage maize: 3. the effect of grain content on milk production. J. Agric. Sci, 92 (2): 493-498.

PITT R E, MUCK R E, 1993. A diffusion model of aerobic deterioration at the exposed face of bunker silos. Journal of Agricultural Engineering Research, 55 (1): 11-26.

QUEIROZ O C, ARRIOLA K G, DANIEL J L, et al., 2013. Effects of 8 chemical and bacterial additives on the quality of corn silage. Journal of Dairy Science, 96 (9): 5836-5843.

RAHMAN A, AL-REZA S M, SIDDIQUI S A, et al., 2014. Antifungal potential of essential oil and ethanol extracts of lonicera japonica thunb. Against dermatophytes, Excli J, 13: 427-436.

RAHMAN A, KANG S C, 2009. In vitro control of food-borne and food spoilage bacteria by essential oil and ethanol extracts of lonicera japonica thunb, Food Chem, 116 (2009): 670-675.

RANJIT N K, KUNG L J R, 2000. The effect ofLactobacillus buchneri, andL. plantarum, or a chemical preservative on the fermen-tation and aerobic stability of corn silage. Dairy Science, 83: 526-535.

RAN T, TANG S X, YU X, et al., 2021. Diets varying in ratio of sweet sorghum silage to corn silage for lactating dairy cows: feed intake, milk production, blood biochemistry, ruminal fermentation, and ruminal microbial community. Journal of Dairy Science, 104 (12): 12600-12615.

RAUDSEPP P, ANTON D, ROASTO M, et al., 2013. The antioxidative and antimicrobial properties of the blue honeysuckle (*Lonicera caerulea* L.): Siberian rhubarb (*Rheum rhaponticum* L.) and some other plants, compared to ascorbic acid and sodium nitrite, Food Control, 31: 129-135.

REN H, SUN Y, REN Y, et al., 2022. Research progress of silage additives based on bibliometrics, Biotechnol. Bull, 38: 261-274.

ROBERTSON D J, TAYLOR K G, HOON S R, 2003. Geochemical and mineral magnetic characterization of urban sediment particulates. Manchester, UK. Applied Geochemistry, 18 (2): 269-282.

SADAHIRO O, OSAMU T, KITAMOTO H K, et al., 2002. Silage and microbial performance, old story but new problems, Japan Agricultural Research Quarterly Jarq, 36: 59-71.

SALAWU M B, ACAMOVIC T, STEWART C S, et al., 1999. The use of tannins as silage additives: effects on silage composition and mobil bag disappearance of dry matter and protein. Animal Feed Science & Technology, 82 (3-4): 243-259.

SAMINATHAN M, WAN M W N, NOH M A, et al., 2022. Effects of urea-treated oil palm frond on nutrient composition and in vitro rumen fermentation using goat rumen fluid. Journal of Animal Physiology and Animal Nutrition, 106 (6): 1228-1237.

SANTOS M C, KUNG L, 2016. Short communication: the effects of dry matter and length of storage on the composition and nutritive value of alfalfa silage. J. Dairy Sci, 7: 5466-5469.

SEO O N, KIM G, PARK S, et al., 2012. Determination of polyphenol components of lonicera japonica thunb. Using liquid chromatography-tandem mass spectrometry: contribution to the overall antioxidant activity. Food Chem, 134: 572-577.

SHAH A A, WU J, QIAN C, et al., 2020. Ensiling of whole-plant hybrid pennisetum with natamycin and Lactobacillus plantarum impacts on fermentation characteristics and meta-genomic microbial community at low temperature. Journal of the Science of Food and Agriculture, 100 (8): 3378-3385.

SPOELSTRA S F, COURTIN M G, VAN BEERS J A C, 1988. Acetic acid bacteria can initiate aerobic deterioration of whole crop maize silage. Journal of Agriculture Science, 111 (8): 127-132.

STERNER R W, ELSER J J, 2002. Ecological stoichiometry: The biology of elements from molecules to the biosphere. Princeton: Princeton University Press.

SUN G L, LIN X, SHEN L, et al., 2013. Mono-pegylated radix ophiopogonis polysaccharide for the treatment of myocardial ischemia. Eur. J. Pharm. Sci, 49 (4): 629-636.

TANG Z, ZANG S, ZHANG X, 2012. Detection of chlorogenic acid in honeysuckle using infrared-assisted extraction followed by capillary electrophoresis with uv detector. J. Chromatogr. Sci, 50: 76-80.

TISMA M, PLANINIC M, BUCIC-KOJIC A, et al., 2018. Corn silage fungal-based solid-state pretreatment for enhanced biogas production in anaerobic co-digestion with cow manure. Bioresour Techonlogy, 253: 220-226.

WANG C H, YANG J Q, WANG Y X, et al., 2004. Effects of the different harvesting time and different drying ways on nutrient levels in alfalfa meal. Chin. J. Anim. Nutr, 16 (2): 60-64.

WANG J, YANG B Y, ZHANG S J, et al., 2021. Using mixed silages of sweet sorghum and alfalfa in total mixed rations to improve growth performance, nutrient digestibility, carcass traits and meat quality of sheep. Animal, 15 (7): 100246.

WANG L, SUN Q Z, ZHANG H J, 2011. Study on the quality of mixed storage of alfalfa and corn. Acta Praticulturae Sin, 20 (4): 8.

WANG M S, CHEN M Y, BAI J, et al., 2022. Ensiling characteristics, in vitro rumen fermentation profile, methane emission and archaeal and protozoal community of silage prepared with alfalfa, sainfoin and their mixture. Anim. Feed Sci. Technol, 284: 115154.

WANG M, GAO R, FRANCO M, 2021. Effect of mixing alfalfa with whole plant corn in different proportions on fermentation characteristics and bacterial community of silage. Agriculture, 11: 174.

WANG M, YU Z, WU Z, et al., 2018. Effect of lactobacillus plantarum 'kr107070' and a propionic acid-based preservative on the fermentation characteristics, nutritive value and aerobic stability of alfalfa-corn mixed silage ensiled with four ratios. Grassl Sci, 64: 51-60.

WANG Q, WANG R, WANG C, et al., 2022. Effects of cellulase and Lactobacillus plantarum on fermentation quality, chemical composition, and microbial community of mixed silage of whole-plant corn and peanut vines. Applied Biochemistry and Biotechnology, 194 (6): 2465-2480.

WANG S, LI J, ZHAO J, et al., 2022. Dynamics of the bacterial communities and predicted functional profiles in wilted alfalfa silage. J. Appl. Microbiol, 132: 2613-2624.

WANG Y T, YANG Z M, LIU J C, et al., 2018. Effect of cultivars and harvest stages on the maize yield and silage quality. Acta Agrestia Sin, 26 (1): 261-263.

WANG Y, 2005. The regulation of nutritional value on different breedsog corn, corn-stalk and corn silage. Beijing: China Agricultural University.

WANG Y, WU J, LV M, et al., 2021. Metabolism characteristics of lactic acid bacteria and the expanding applications in food industry. Front. Bioeng. Biotechnol, 9: 36-47.

WANG YUN T, YANG Z M, LIU J C, et al., 2018. Effect of cultivars and harvest stages on the maize yield and silage quality. Acta Agrestia Sin, 26 (1): 261-263.

WEINBERG Z G, MUCK R E, 1996. New trends and opportunities in the development and use of inoculants for silage. FEMS Microbiology Review, 9 (19): 53-68.

WILDING L P, 1985. Spatial variability: its documentation, accommodation and implication to soil surveys // Soil spatial wariability. Workshop: 166-194.

WOOLFORD M K, 2010. The detrimental effects of air in silage. Journal of Applied Bacteriology, 68 (2): 101-116.

WU Y, WEN J, SU C, et al., 2023. Inhibitions of microbial fermentation by residual reductive lignin oil: concerns on the bioconversion of reductive catalytic fractionated carbohydrate pulp. Chem. Eng. J, 452: 139267.

XU N, TAN G, WANG H, et al., 2016. Effect of biochar additions to soil on nitrogen leaching, microbial biomass and bacterial community structure. Eur. J. Soil Biol, 74: 1-8.

YANG D S, WANG S P, HE X Q, et al., 2019. Effect of harvest time on silage quality and in vitro fermentation characteristics of silage maize. Acta Veterinaria ET Zootechnica Sin., 50 (11): 2264-2272.

YANG L, YUAN X, LI J, et al., 2019. Dynamics of microbial community and fermentation quality during ensiling of sterile and nonsterile alfalfa with or without Lactobacillus plantarum inoculant. Bioresour. Technol, 275: 280-287.

YANG Y, FERREIRAG, CORL B A, et al., 2019. Production performance, nutrient digestibility, and milk fatty acid profile of lactating dairy cows fed corn silageor sorghum silagebased diets with and without xylanase supplementation. Journal of Dairy Science, 102 (3): 2266-2274.

YEH Y C, MCNICHOL J D M, NEEDHAM E B, et al., 2021. Comprehensive single-pcr 16s and 18s rRNA community analysis validated with mock communities, and estimation of sequencing bias against 18s. Environ. Microbiol, 23: 36-38.

YIN Q, LIU L Y, WANG K L, et al., 2016. Influence of drying target moisture on yields and nutritional value of alfalfa hay. Chin. J. Grassl, 38 (5): 26-31.

YITBAREK M B, TAMIR B, 2014. Silage additives: review. Open J. Appl. Sci, 4: 258-274.

YU H, YAO J H, LIU R, et al., 2010. Comprehensive evaluation on forage yield, nutrition quality and winter surviving rate of different Alfalfa varieties. Chin. J. Grassl, 32 (3): 108-111.

ZAHEER R, NOYES N, ORTEGA P R, et al., 2018. Impact of sequencing depth on the characterization of the microbiome and resistome. Sci. Rep, 8: 5890.

ZE-B C, BING L I, DING K W, et al., 2016. Study on the diversity of endophytic bacteria in maize using illumina miseq high-throughput sequencing system. Modern Food Science and Technology.

ZHAN G H, XUE X, SONG M, et al., 2022. Comparison of feeding value, ruminal fermentation and bacterial community of a diet comprised of various corn silages or combination with wheat straw in finishing beef cattle. Livestock Science, 258: 104876.

ZHANG C Y, LI Y H, WANG X Z, et al., 2020. Study on the silage quality of sweet clover and corn stalk fermentation in different proportion. Feed Res, 12: 101-105.

ZHANG F F, WANG X Z, LU W H, et al., 2018. Meta-analysis of the effects of combined homo-and heterofermentative lactic acid bacteria on the fermentation and aerobic stability of corn silage. International Journal of Agriculture and Biology, 20 (8): 1846-1852.

ZHANG J, CAI Y, KOBAYASHI R, et al., 2000. Characteristics of lactic acid bacteria isolated from forage crops and their effects on silage fermentation. Journal of the Science of Food and Agriculture, 80 (10): 1455-1460.

ZHANG J, LIU Y, WANG Z, et al., 2023. Effects of different types of LAB on dynamic fermentation quality and microbial community of native grass silage during anaerobic fermentation and aerobic exposure. Microorganisms, 11 (2): 513.

ZHANG L, ZHANG H, WANG Z, et al., 2016. Wang, Dynamic changes of the dominant functioning microbial community in the compost of a 90m^3 aerobic solid state fermentor revealed by integrated meta-omics. Bioresour. Technol, 203: 1-10.

ZHANG M, WANG L, WU G, et al., 2021. Effects of Lactobacillus plantarum on the fermentation profile and microbiological composition of wheat fermented silage under the freezing and thawing low temperatures. Frontiers in Microbiology, 12: 671287.

ZHANG R, XU L, DONG C, 2022. Antimicrobial peptides: an overview of their structure, function and mechanism of action. Protein and Peptide Letters, 29 (8): 641-650.

ZHANG Y, LIU Y, MENG Q, et al., 2020. A mixture of potassium sorbate and sodium benzoate improved fermentation quality of whole-plant corn silage by shifting bacterial communities. Applied Microbiology, 128 (5): 1312-1323.

ZHAO J, TAO X, WANG S, et al., 2021. Effect of sorbic acid and dual-purpose inoculants on the fermentation quality and aerobic stability of high dry matter rice straw silage. Journal of Applied Microbiology, 130 (5): 1456-1465.

ZHAO M D, TANG Z Y, LI M C, et al., 2018. Effects of mixed silage with different proportions of alfalfa and corn stover on fermentation quality. J. Agron. Yanbian Univ, 40 (2): 7.

ZHAO M M, WANG X G, YU Z, 2015. Mixed silage of alfalfa and whole corn. Chin. J. Anim. Husb, 51 (21): 5.

ZHAO Y M, ZHONG H, CUI Z W, et al., 2015. Nutritional properties of different varieties and harvest periods of alfalfa. J. Grassl. Forage Sci, 1: 6.

ZHAO Y, LIU J H, HAN F Y, et al., 2007. Effects of cutting times on yield and quality of different forage grasses and alfalfa varieties1. Acta Agriculturae Boreali-Sin, 22 (S3): 61-65.

ZHAO Y, WEXLER A, HASE F, et al., 2021. Carbon monoxide emissions from corn silage. J. Environ. Prot, 12: 438-453.

ZHENG M L, NIU D Z, JIANG D, et al., 2017. Dynamics of microbial community during ensiling direct-cut alfalfa with and without lab inoculant and sugar. J. Appl. Microbiol, 122: 1456-1470.

ZHOU J, 2022. Effects of different additives on fermentation quality, microbial communities, and rumen degradation of alfalfa silage. Fermentation, 8: 76-79.

ZI X, LI M, CHEN R, et al., 2021. Effects of citric acid and lactobacillus plantarum on silage quality and bacterial diversity of king grass silage. Front. Microbiol, 12: 31-36.

ZIELINSKA K, FABISZEWSKA A, STEFANSKA I, 2015. Different aspects of Lactobacillus inoculants on the improvement of quality and safety of alfalfa silage. Chilean Journal of Agricultural Research, 75 (3): 298-306.

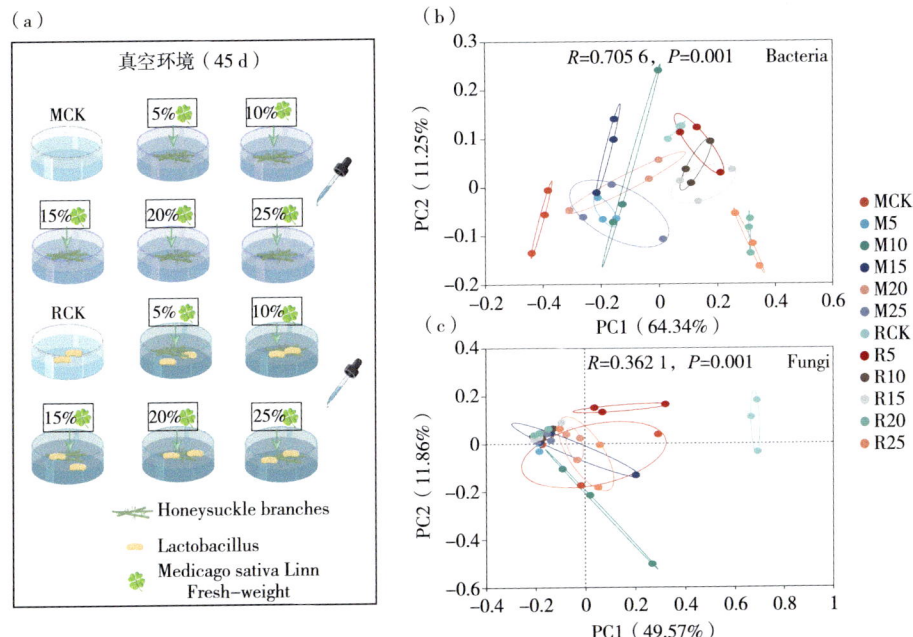

图 7-1 试验设计示意图

注：（a）基于bray-curtis距离的细菌（b）和真菌（c）的PCoA分析、OSIM检验、百分比表示主成分解释样本组成差异的程度。

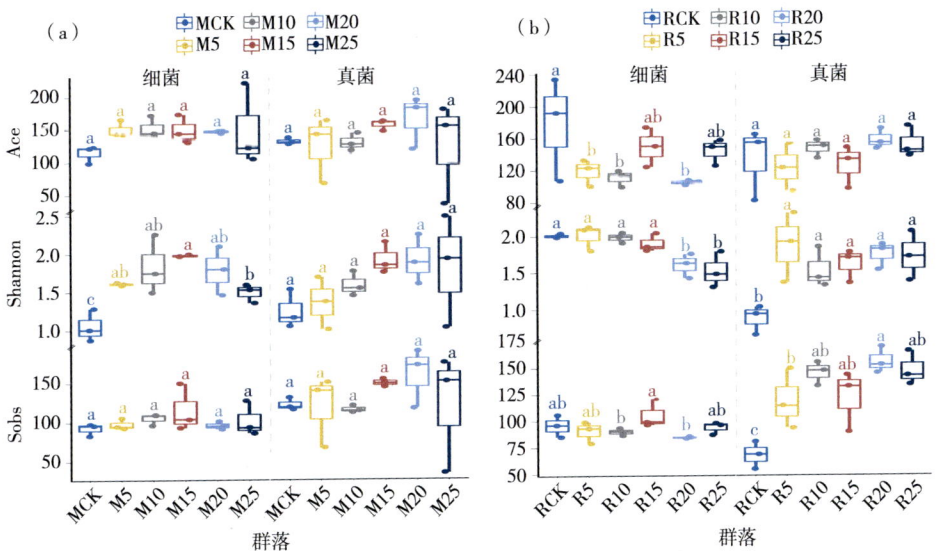

图 7-2 基于LSD方法差异检验的微生物 α 多样性指数箱线图

注：未添加乳酸菌的处理组（a）和添加乳酸菌处理组（b）。

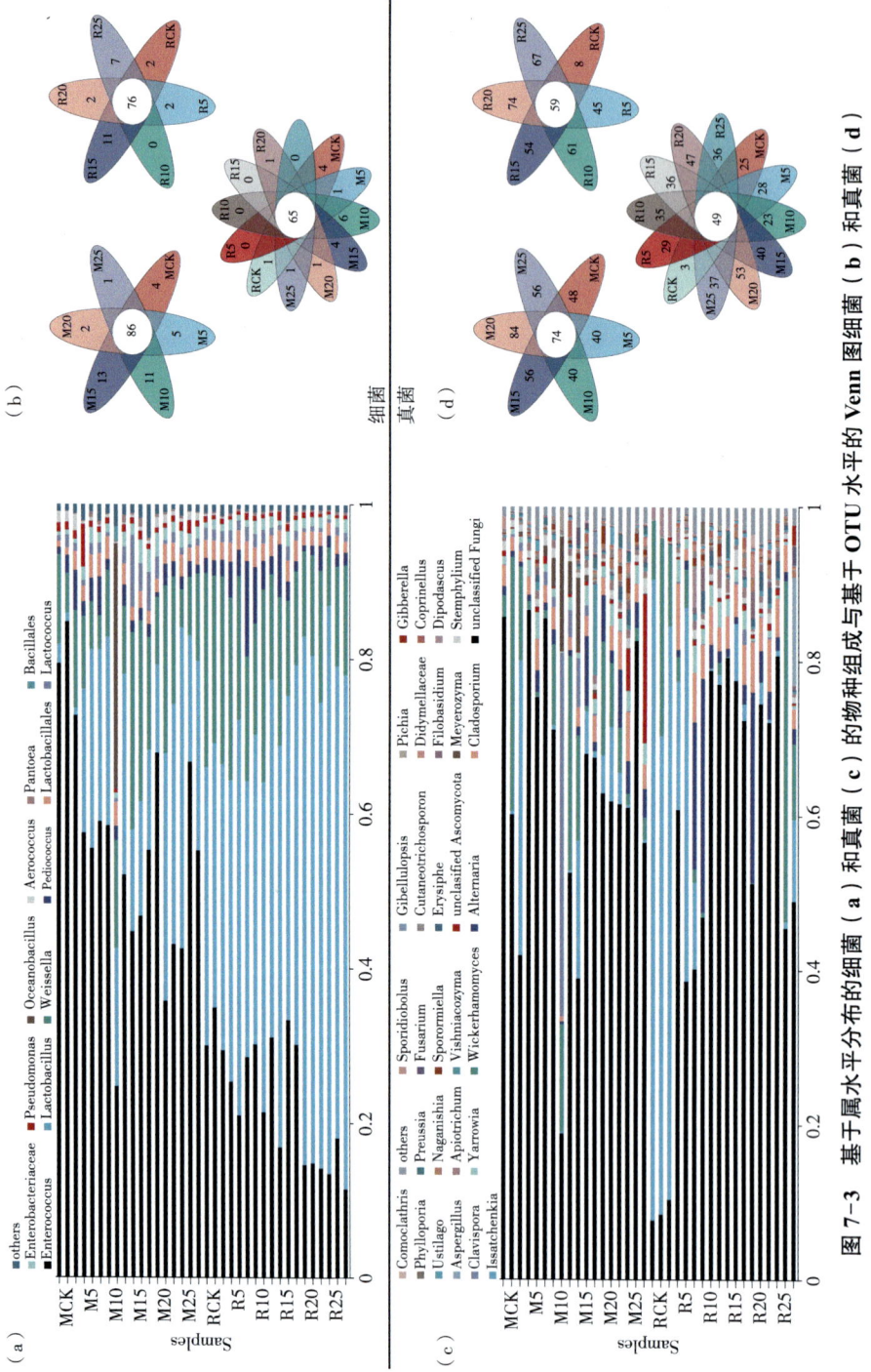

图 7-3 基于属水平分布的细菌（a）和真菌（c）的物种组成与基于 OTU 水平的 Venn 图细菌（b）和真菌（d）

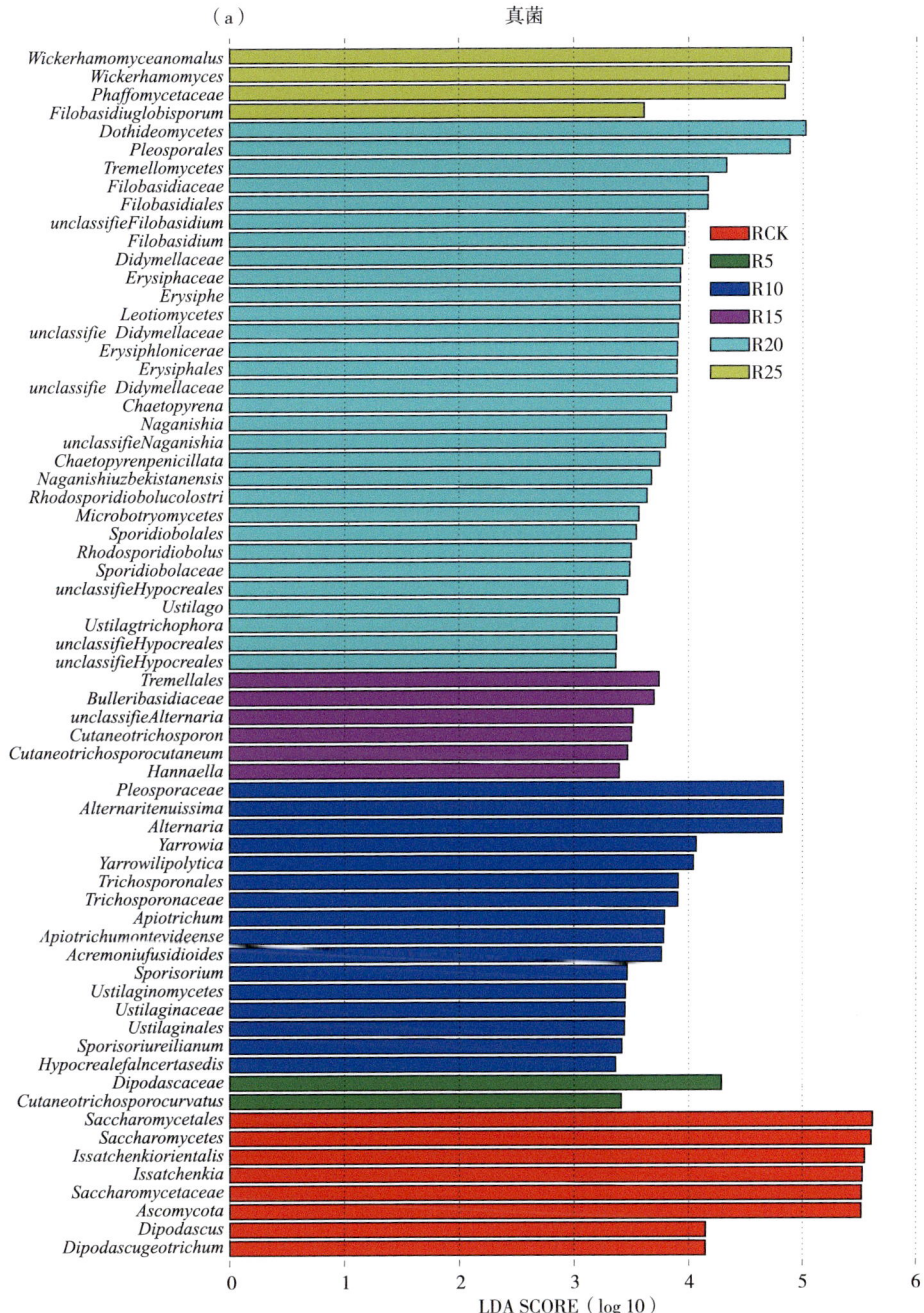

图 7-4 不同条件下的生物标志物筛选 LEfSe 分析图

注：细菌（c和d）和真菌（a和b）的筛查阈值为LDA评分≥2。不同的颜色表示不同的试验处理。

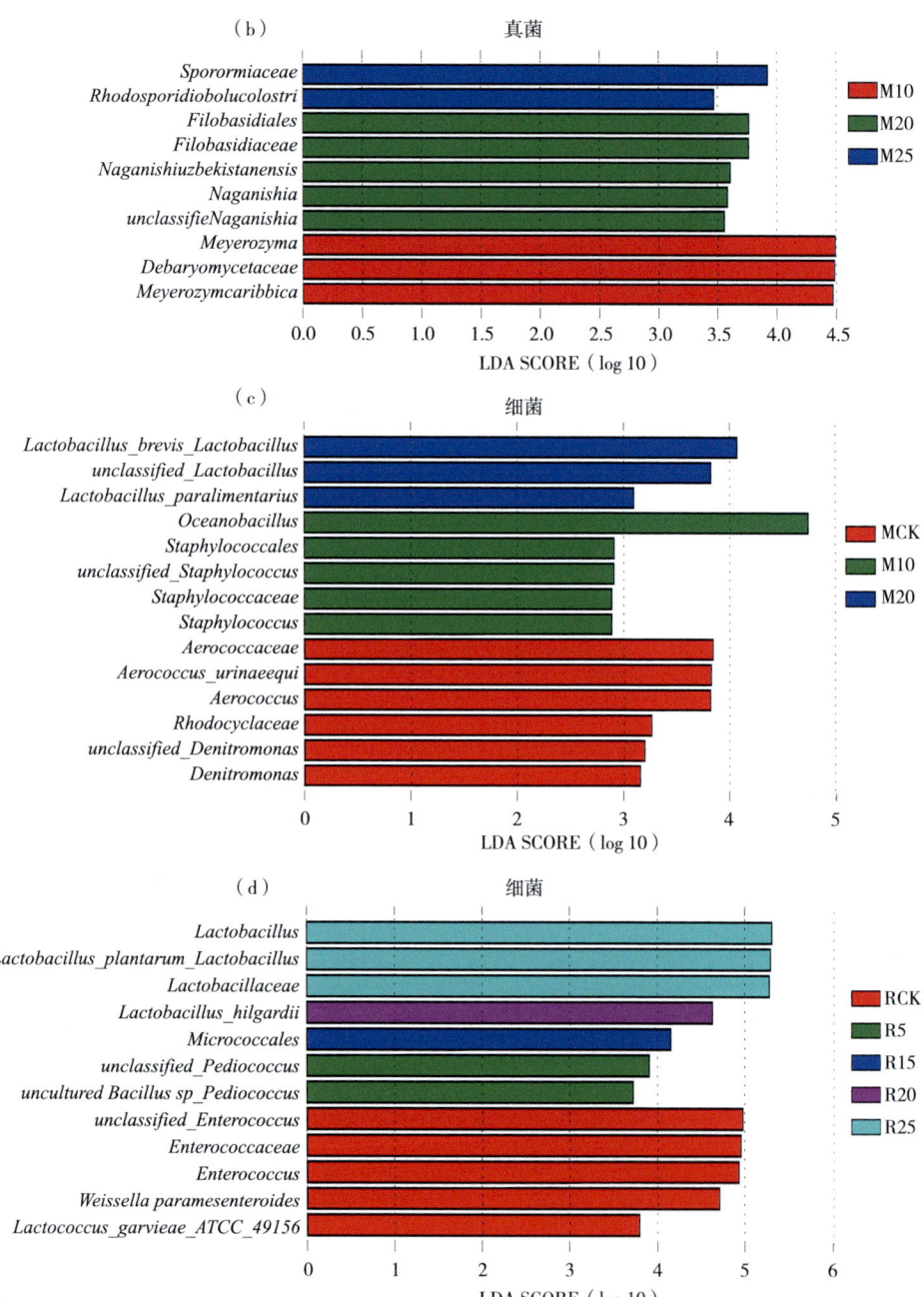

图 7-4 不同条件下的生物标志物筛选 LEfSe 分析图(续)

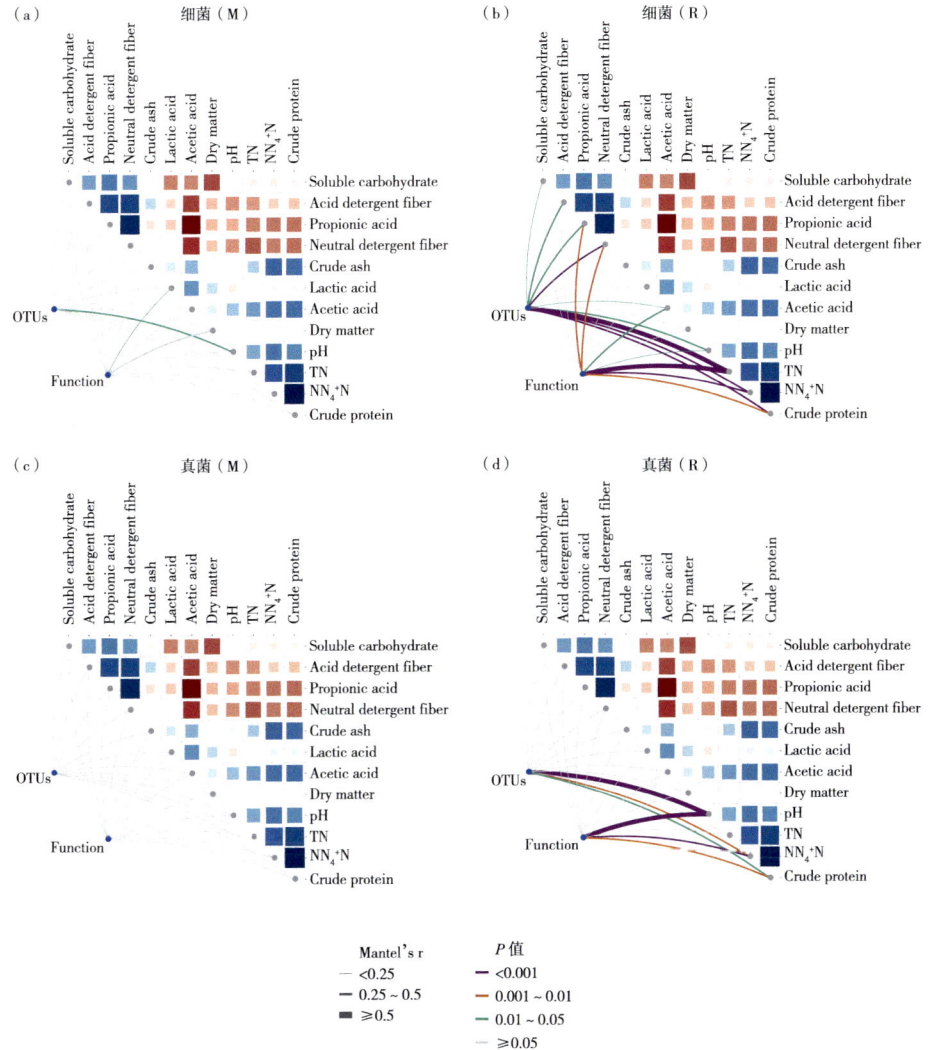

图7-5 颜色梯度显示了环境因素的成对比较

注：Mantel检验用于分别显示细菌群落组成和基于PICRUSt2的预测功能集与环境因素（a和b）的相关性，以及真菌群落和基于FUNGild的功能集成与环境变量（c和d）的相关性。每个连接的边缘宽度与基于Mantel检验的相关性相匹配。

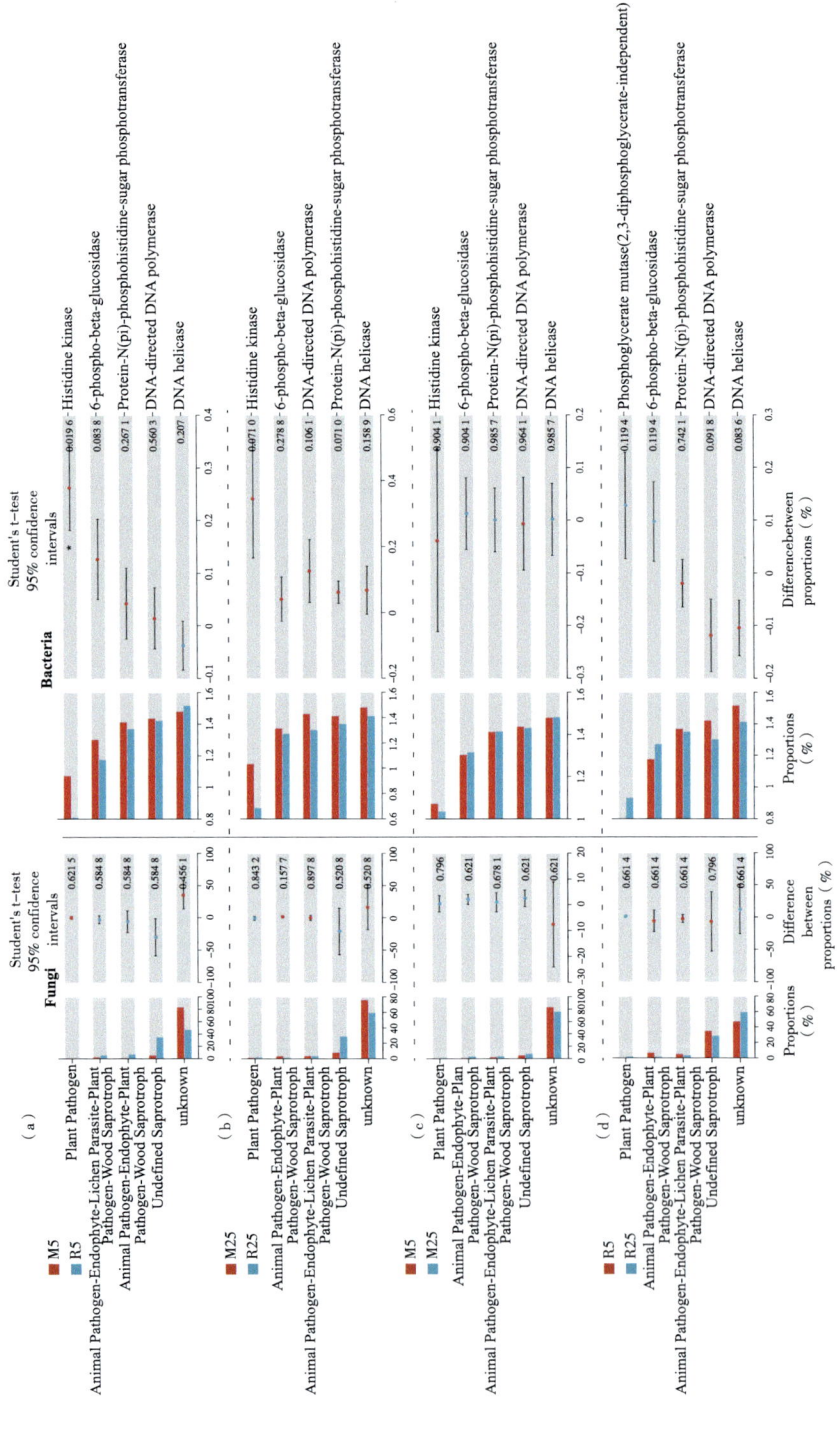

图7-6 基于KEGG_Level 2 的细菌和真菌功能差异

注：带有扩展误差条的图表描绘了不同治疗组之间的差异，*P<0.05。

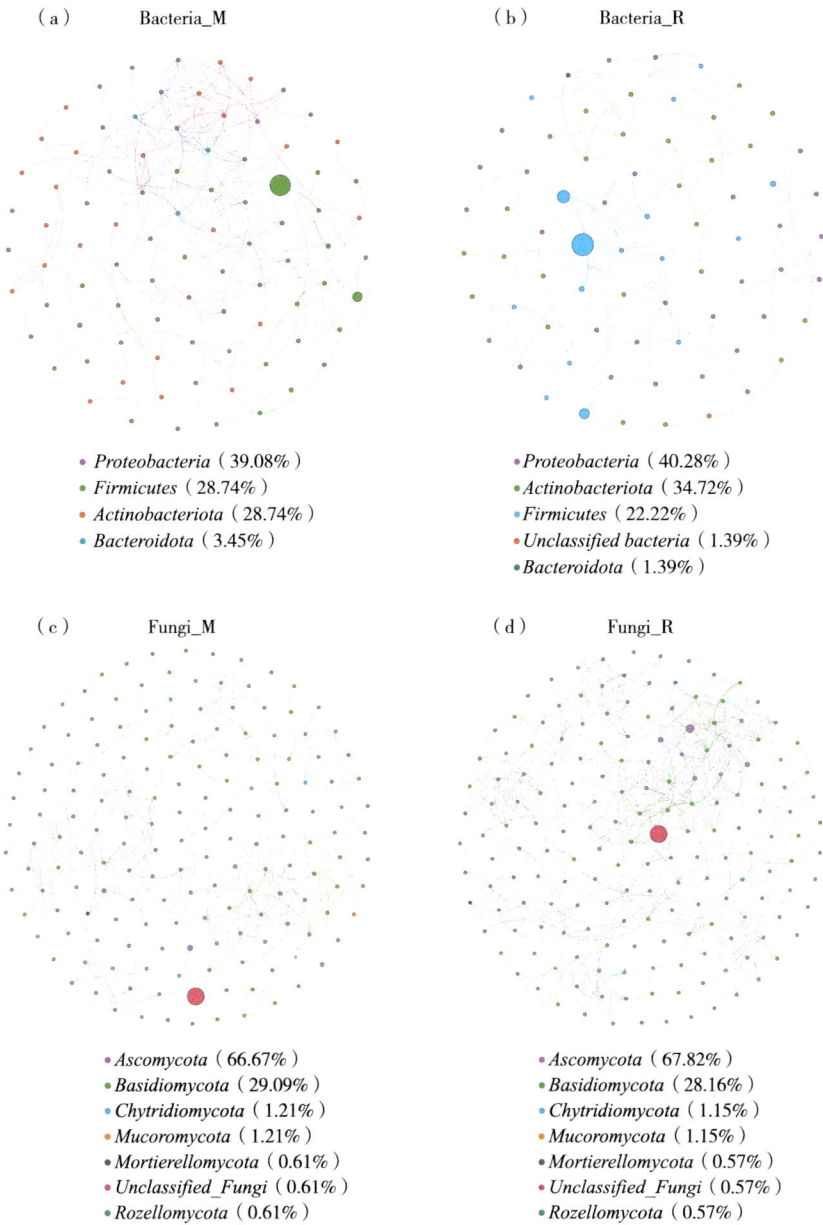

图 7-7 使用 Spearman 相关系数在不同试验条件下为细菌（a 和 b）和真菌（c 和 d）构建共现网络

注：连接线表示|r|>0.6 的相关性。圆圈代表微生物属，它们的大小描述了相对物种丰富。不同的颜色显示了不同微生物所属的门级分类。

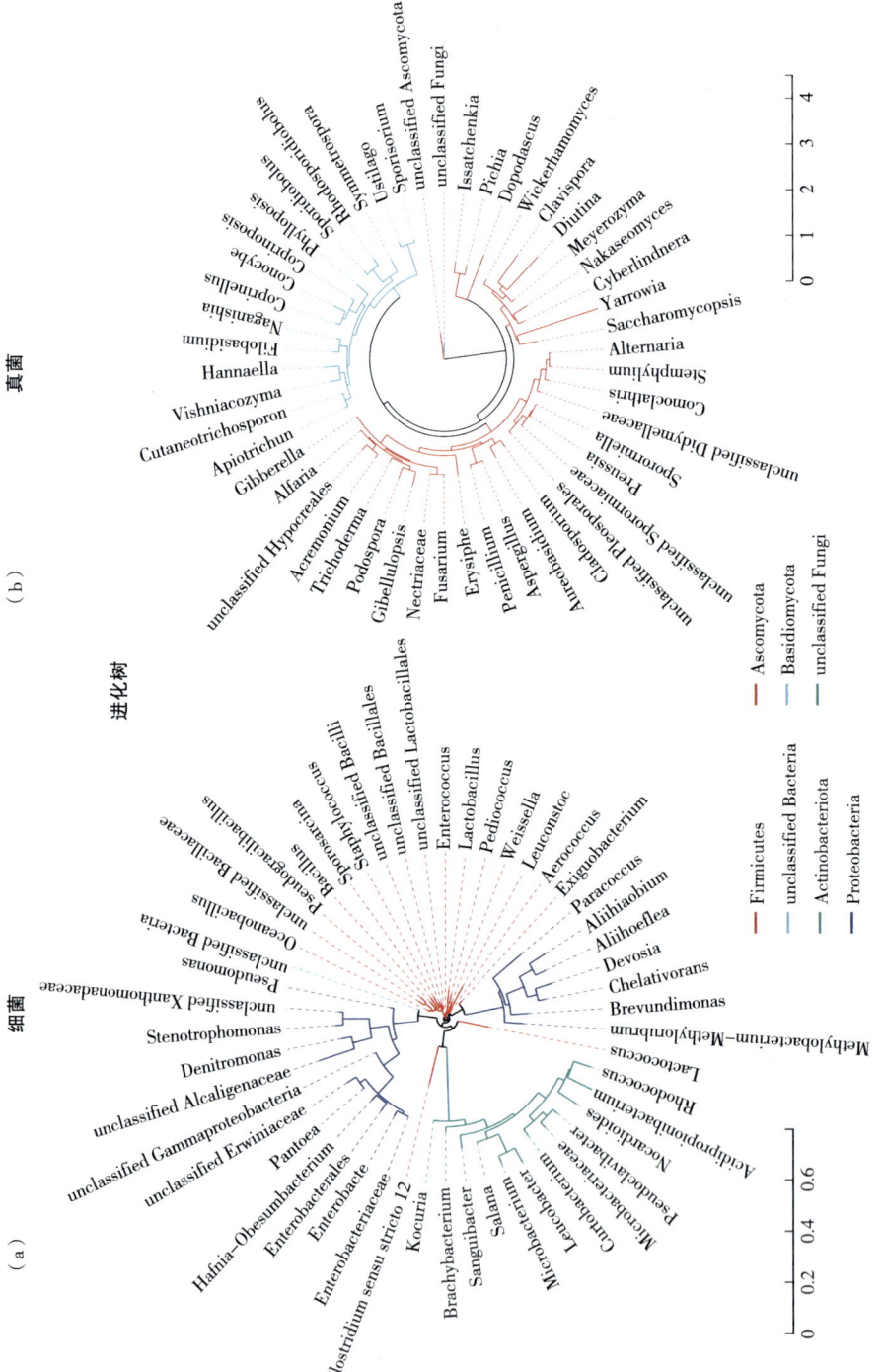

图 7-8 根据最大似然（ML）方法，在微生物属水平上构建细菌（a）和真菌（b）进化树

注：每个分支代表一类物种，根据物种所属的更高分类级别着色，分支的长度代表进化距离，表明物种之间的变异程度。